지반공학 수치해석을 위한 가이드라인

신종호, 이용주, 이철주 역

D. Potts, K. Axelsson, L. Grande,
H. Schweiger, M. Long 저

씨아이알

서문

세계의 많은 도시에서 도심지 개발이 진행되고 있으며 이러한 활동은 향후 더 증가할 것으로 예상된다. 지상 공간의 부족으로 인해 이런 개발들이 많은 경우 지하공간의 활용을 포함하고 있다. 새로운 건설공사는 도심지의 기존 건물 주변에서 수행되므로, 기존구조물과 신설구조물 사이의 상호거동을 유발하게 된다. 신설구조물의 설계 시 기존 구조물이 안전하며, 경제적인 공사가 보장되어야 한다. 따라서 이런 상호거동을 정량적으로 평가할 수 있는 해석을 수행하여야 한다.

지난 10년간 큰 발전을 이루어온 고급수치해석은 이러한 해석에 가장 이상적인 도구이다. 그러나 수치 해석법은 비교적 새로운 도구에 해당하므로 이를 일반적으로 수용하기에 앞서 여러 사항들이 해결되어야 한다. 그중 하나는 수치해석법의 활용에 대한 가이드라인을 제공하는 것이다.

본 보고서는 도심지 토목공사의 지반–구조물 상호거동과 관련된 COST (Co-operation in Science and Technology)의 공동노력의 일부로서 준비되었다(COST, Co-operation in Science and Technology). COST C7은 17개국을 대표하는 67명의 회원으로 구성되었으며, 유럽의 결속력을 유도하고 유럽의 경쟁력을 강화시키기 위하여 유럽공동체가 만들어 지원하고 있다.

본 가이드라인의 저자는 다음과 같다.

Professor D. Potts, Imperial College, London, United Kingdom

Professor K. Axelsson, Jönköping College, Sweden

Professor L. Grande, NTNU Trondheim, Norway

Professor H. Schweiger, Graz University of Technology, Graz, Austria

Dr M. Long, University College, Dublin, Ireland

Professor C. Sagaseta, University Cantabria, Santander, Spain
Dr M. Dolezalova, Belvederem, Prague, Czech Republic
Dr G. Anagnostou, OMETE AE Consulting Engineers, Athens, Greece
Dr P. de la Fuente, Ciudad University, Madrid, Spain
Dr J. Laue, ETH Zürich, Switzerland
Dr I. Herle, Czech Academy of Sciences, Prague, Czech Republic
Professor D. Battelino, Trieste University, Trieste, Italy

COST 7의 의장인 노르웨이 Norwegian Geotechnical Institute의 Mr O. Kjekstad의 기여와 조언에 깊이 감사드린다.

COST C7에 의한 준비된 다른 가이드라인은 다음과 같다.

- 도심지 건설의 숨겨진 측면-지상 및 지하공간 개발
- 구조기술자와 지반기술자 사이의 상호교류
- 지반-구조물 상호작용에 의한 피해 방지, 시공사례를 통한 교훈

역자 서문

도시화와 함께 현장에서 발생하는 지반과 관련된 공학적 문제는 갈수록 복잡해지고 있다. 그 대표적인 예로 도심지 공사에서 지반-구조물의 상호거동 문제를 들 수 있다. 이들 문제는 물성의 공간적 변화, 기하학적 부정형성, 그리고 경계조건의 복잡성을 수반한다. 이러한 복잡한 지반공학적인 문제는 기존의 이론해 또는 경험에 근거한 단순 해석법만으로는 해결하기 어렵다. 현재 이러한 조건을 적절히 고려할 수 있는 최적의 방법은 수치해석법이 유일하며, 수치해석의 활용과 유용성이 점점 더 일상화, 보편화되고 있다.

대부분의 지반기술자들은 수치해석이 설계해석에 반드시 필요한 설계도구라는 사실에 대해 잘 인지하고 있다. 하지만 토질역학이나 지반공학의 교과과정에서 수치해석법을 충분히 학습할 여건이 아직 잘 조성되어 있지 않아 이론과 실무를 겸비한 전문가적 소양을 학습하기 쉽지 않다. 또한 주로 상용화된 프로그램을 이용하다보니 매뉴얼에 기반을 둔 기능적 해석에 치우치는 경우가 많다. 따라서 수치해석의 이론과 프로그램의 연결성, 실제거동의 모델링, 입력 값의 선정, 그리고 결과해석 등에 보다 전문적인 수치해석 정보의 제공이 필요한 실정이다.

그간 수치해석과 관련된 다양한 저서가 출판되었지만 대부분 이론에 치중하고 있어, 지반공학전문가 또는 수치해석 모델러(numerical modeler)가 좀 더 쉽게 이론적 배경을 이해하고, 이를 토대로 실제 해석에 활용할 수 있는 수치해석 정보는 충분하지 못하였다. 기존의 대부분의 수치해석 저서들은 구조해석 측면만을 중점적으로 다루는 문제가 있고, 상업용 프로그램은 '따라 하기'와 같은 기능적인 학습에 너무 치우쳐 있어 전문가적 소양함양과 기술축적에 한계가 있다. 그런 측면에서 본 'Guidelines for the use of advanced numerical analysis'는 수치해석과 관련한 지반

전문가의 학문적, 기술적 의문을 해소할 수 있어 위의 지반공학 수치해석 관련 정보 제공이라는 취지에 잘 부합되는 저서임을 공감하여 번역을 결정하게 되었다.

본 저서는 비교적 엄격한 설계해석의 기술문화를 형성하고 있는 영국을 포함한 EU 국가의 지반수치해석 전문가들이 집필한 것이다. 지반공학 문제의 유형에 따른 다양한 모델링 기법, 그리고 대표적 지반해석 문제에 대한 벤치마킹(benchmarking) 등은 기존의 저서에서 찾아 볼 수 없는 이 저서만의 아주 독특한 특징으로써 수치해석 모델러들에게 여러 가지 시사점을 제시해 줄 것으로 기대한다.

가이드라인 특유의 압축적 표현 등으로 인해 저자들이 의도했던 의미를 정확히 번역하기 힘든 부분도 있었다. 통상적으로 많이 사용하는 지반공학적인 의미에 충실하고자 노력하였지만, 가이드라인의 한계, 역서의 한계로써 미진한 부분이 있거나, 그 의미가 쉽게 전달되지 못하는 부분에 대해서는 독자들에게 너그러운 양해를 구한다. 끝으로 본 번역서가 지반공학을 전공하는 대학원생 그리고 전문가들께 조금이나마 도움이 되기를 소망하며, 이 책의 출판을 지원해 준 씨아이알 출판사에 심심한 감사를 드린다.

2013년 12월

신종호(건국대학교 토목공학과 교수)
이용주(서울과학기술대학교 건설시스템디자인공학과 교수)
이철주(강원대학교 토목공학과 교수)

전체 요약

이 책은 도심지 개발과 관련하여 실무기술자에게 지반수치해석의 가이드라인을 제공하는 것을 목적으로 한다. 주로 지반기술자를 대상으로 했지만, 구조기술자에게도 역시 유용할 것이다.

도심지 건설은 이미 존재하는 건물이나 지하기반시설(서비스, 터널, 가스 및 물 파이프라인)의 인근에서 실시되는 건설공사를 포함한다. 지상공간의 부족으로 인해 신설 건설공사의 상당 부분이 지하에서 수행된다(터널, 지하층). 설계는 신설 구조물 및 기존 건물 간 상호거동을 평가하고, 설명하는 것을 포함한다. 이는 결국 구조물-지반 상호거동의 정도를 정량화하는 것을 수반한다. 이런 관점에서 전통적 토질역학의 이용이 제한적이므로, 수치해석법에 근거한 고급해석이 불가피하다. 그러나 구조물-지반 상호거동 문제를 분석하기 위해 이러한 방법을 이용하는 것은 비교적 새롭고, 활용할만한 경험도 제한적이다.

수치해석의 수행을 위해 해석자는 여러 분야의 전문적 지식을 갖추어야 한다. 첫째, 토질역학, 구조역학 및 수치해석의 배경이론에 대한 충분한 이해가 필요하다. 둘째, 현재 적용 가능한 다양한 수치해석의 한계에 대한 심도 있는 이해가 필요하다. 마지막으로 해석자는 사용 중인 소프트웨어가 작동하는 방식에 대해 이해하고 있어야 한다. 불행히도 이런 분야들이 학부나 대학원 학위과정에 모두 포함되는 경우는 드물기 때문에, 해석자가 이런 지식을 모두 갖추기는 쉬운 일이 아니다. 따라서 이런 해석을 수행하고 결과를 이용하는 많은 해석자들이 수치해석의 잠재적인 제약과 함정에 대해 잘 알지 못하는 것은 그리 놀랄 일이 아닐 것이다.

이 책은 이런 상황을 개선하기 위한 조언을 제공한다. 이를 위해서 수치해석의 근사화(approximations)에 대해 다음과 같은 논의를 다룬다.

- 비선형 수치해석과 관련된 주요 근사화를 다룬다. 이는 독자들이 사용 중인 소프트웨어의 정확성을 평가할 수 있게 한다.
- 현재 이용이 가능한 좀더 인기 있는 구성 모델에 대해 설명하고, 그 모델의 장점 및 단점을 분석한다.
- 흙의 거동을 정의하는 재료 물성치의 결정을 고찰한다.
- 구조 요소의 모델링 및 흙과의 경계면에 대한 다양한 옵션을 설명하고 비교한다.
- 지반해석에서 다양하고 적절한 경계조건 및 그 경계조건을 사용할 때 내포되는 가정이 의미하는 바를 살펴본다.
- 도심지 개발에서 흔히 사용하는 특별한 형식의 지반-구조물 상호거동에 대한 모델링을 논의하고, 최적의 실무적용을 위한 가이드라인을 제공한다.
- 수치해석과 관련된 좀더 일반적인 제약과 함정을 설명한다.
- 여러 벤치마킹 수행 결과에 대한 분석을 통해 그 역할을 논의하고 가이드라인을 제공한다.

이 책은 토질역학 및 수치해석에 대한 경험이 있는 해석자를 대상으로 작성되었다. 따라서 수치해석의 여러 형식 및 토질역학 심화이론에 대한 심도 있는 설명은 포함하지 않는다. 오히려 수치해석에 포함된 주요 가정과 이러한 가정이 구조물-지반 상호거동과 관련된 어떤 해석의 정확도에 어떻게 영향을 주는지를 강조하여 다룬다. 이 점이 평가된다면, 이 책은 실무를 위한 최고의 가이드라인이 될 것이다.

CONTENTS

1 서론

도시개발이 점점 복잡해짐에 따라 도시계획 및 토목공학은 대단한 도전에 직면해 왔다. 이러한 도전은 기술적, 경제적, 그리고 환경적 차원을 포함하고 있다.

도시개발의 결과 가운데 하나는 신설 터널이나 지하층의 형태로 지하공간을 다양하게 활용하는 것인데, 건설로 인해 이미 존재하는 건물기초나 지중기반시설(service)과 상호거동을 하게 된다. 이러한 건설 사업이 안전하고 경제적으로 수행하기 위해, 신설구조물과 기존 사회기반시설 사이의 상호거동에 대한 명확한 이해가 필요하다. 이러한 관점에서 많은 잠재적인 문제들이 지반-구조물 상호거동을 포함하게 될 것이다. 건설 중 접하게 될 수 있는 상황에 대한 사례를 그림 1.1~1.3에 나타내었다.

그림 1.1은 신설건물의 지하층 공사가 도로인근에서 수행되는 일반적인 상황을 보여주고 있는데, 도로하부에는 사용 중인 파이프라인이나 터널이 위치하고 있다. 건설 동안 굴착면의 측면을 지지하기 위한 지보재가 필요하다. 이러한 작업과 관련된 많은 설계 고려 사항이 있지만, 가장 큰 고려사항은 굴착작업이 파이프라인이나 터널에 미치는 영향이다. 특히, 파이프라인이 압력상태의 가스나 물을 운반하는 경우에는 더욱 그러하다. 높은 압력상태의 도심지 상수도관은 취성거동을 보이는 주철로 제작되었기 때문에, 지반의 변형에 매우 민감할 수 있다는 점을 주목할 필요가 있다. 설계 시 흙막이 벽체(강널말뚝, 주열식 벽체, 지중연속벽)의 형식, 시공방법 및 지보재의 규모 등에 대한 결정이 이루어져야 한다. 안전하고 경제적인 시공법이 도출될 수 있도록, 굴착으로 인해 예상되는 파이프라인의 변형 및 유발되는 응력을 평가하기 위한 해석을 반드시 수행하여야 한다. 전통적 계산방법은 정량적으로 극히 근사적인 결과만을 제시해줄 수 있을 뿐이다.

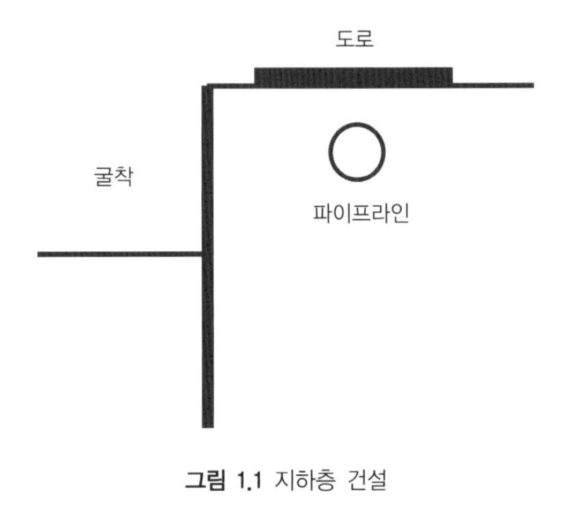

그림 1.1 지하층 건설

그림 1.2는 지하층과 신설건물의 기초가 시공되는 보다 복잡한 상황을 보여주고 있다. 지하층의 인근에는 말뚝기초나 얕은 기초로 지지되는 기존건물이 위치하고 있으며, 그 하부에는 2개의 도시철도 터널이 존재하고 있다. 지하층의 건설은 지하굴착과 지보재 설치를 필요로 한다. 굴착 작업은 지반을 교란하여 지반의 변형을 유발시켜, 결국 기존건물을 지지하는 기초의 지지력에 영향을 주며 터널 라이닝에도 하중 및 변형을 유발하게 된다. 이러한 영향은 충분히 작아야 하며 그렇지 못한 경우 허용한도를 초과하는 변위가 발생하거나, 심지어는 구조물의 파괴를 유발할 수 있다. 예를 들어, 과도한 터널의 변형은 철도차량이 터널 구조물 측면과 닿게 되는 상황을 초래하며, 또한 인근건물 기초에 부등침하를 야기하여 건물에 균열을 발생시킬 수 있다. 극단적인 경우, 지반이 보유하는 지지능력이 감소하여 터널의 라이닝에 과도한 응력을 유발하거나 기초의 지지력을 감소시킬 수 있다.

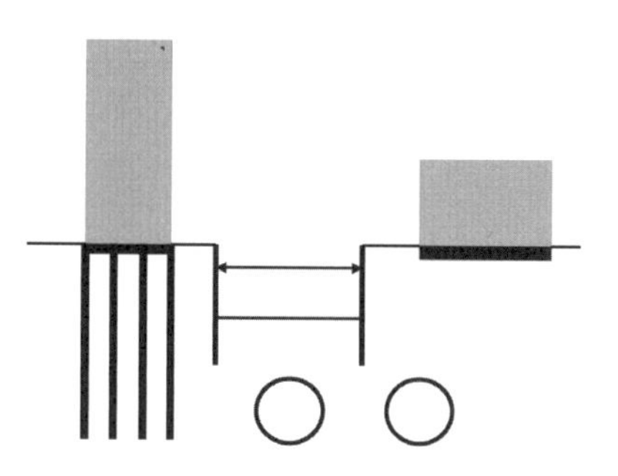

그림 1.2 도심지에서의 지하층 건설

그림 1.3은 기존 건물의 하부에 신설 지하철 터널이 건설되는 흔한 시나리오를 보여주고 있다. 터널 공사는 기존 건물의 기초가 건물의 하중을 지지하는 능력에 부정적인 영향을 주거나, 건물의 기능을 위협하는 과도한 변형을 유발해서도 안 된다. 이와는 반대의 경우로 지하철 시스템이 구축되어 있는 대도시에서는 이미 존재하는 터널의 상부에 신설건물을 시공하는 경우가 있다. 이 경우 신설건물의 기초가 터널 라이닝의 하중을 변화시켜 변형을 유발할 수 있다.

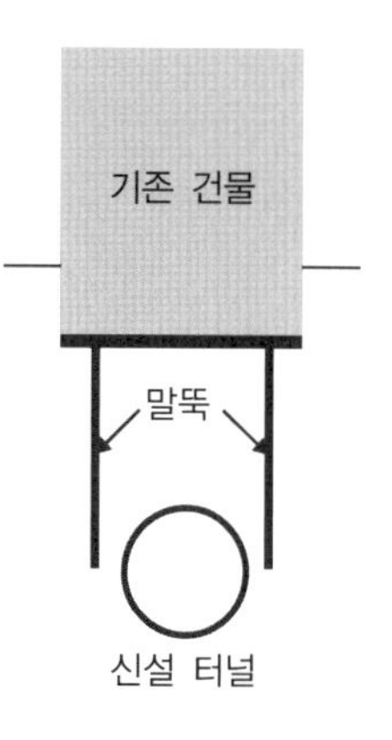

그림 1.3 터널 건설

새로운 개발을 위한 건설 계획에서는 반드시 신설구조물과 기존구조물 사이의 상호거동을 고려해야 한다. 이를 위해서 신설구조물 건설로 유발될 것으로 예상되는 하중이나 변위를 정량적으로 평가할 수 있어야 한다. 이러한 관점에서 이미 존재하는 구조물이나 도시시설물은 신설구조물의 거동에 영향을 미친다는 것을 주목해야 한다. 그러나 불행히도 이러한 계산은 단순하지 않으며, 아마도 구조기술자나 지반기술자가 해석하기 가장 어려운 문제라 할 수 있다. 과거에는 불충분한 정보로 인해 주로 경험적인 방법이 많이 활용되었는데, 이는 새로운 시도를 제한하기도 하였다. 그러나 지난 10여 년간 강력한 컴퓨터를 기반으로 하는 수치해석기법이 구조물-지반 상호거동 해석을 위하여 개발되었다.

이러한 기법은 매우 강력하며 도심개발에서 발생할 수 있는 대부분의 상황을 다룰 수 있는 잠재능력을 가지고 있다. 그러나 이러한 해법이 일반적으로 수용될 수 있기 전에 충족되어야 할 몇 가지 사안들이 있다. 첫째, 대상 문제들이 지반과 다양한 구조 요소를 포함하고 있으므로 구조 및 지반의 거동에 대한 종합적 이해가 필요하다. 이는 과거보다 많이 가까워진, 구조기술자와 지반기술자 사이의 협동이 필요함을 의미한다. 둘째, 기술자가 새로운 해석법을 충분히 이해하고 있어야 한다. 이는 사용 중인 수치해석법과 다양한 지층 및 구조 요소를 모델링하기 위해 적용되는 구성방정식에 대한 지식과 함께 업무에 적용되는 소프트웨어에 대한 충분한 이해를 포함한다.

따라서 고급수치해석의 활용에 대한 가이드라인이 필요하며 이 책은 이를 목적으로 하는 최초의 시도이다. 유럽의 실무에 적용하는 것을 기본으로 하였으며 적용 대상을 지반-구조물의 상호거동으로 국한하였다.

이 책은 암반으로 구성된 지반이나 동하중이 중요한 경우에 대해서는 직접적으로 다루지 않았다.

이 책은 총 12개의 장으로 구성되어 있다. 2장은 지반해석에 대한 개요를 설명하고, 전통적 해석기법에 비해 고급수치해석이 가지는 상대적인 장점을 판단할 수 있는 특징을 제시한다. 흙의 거동을 나타내는 데 적용되는 좀더 일반적인 구성 모델에 대해서는 3장에서 소개한다. 모델의 장점 및 단점을 살펴본다. 4장에서는 흙의 거동을 정의하는 데 필요한 물성치를 결정하기 위한 다양한 방법들을 고찰한다. 비선형수치해석은 5장에서 다룬다. 재료, 형상 및 연계해석 등 비선형의 요소를 소개하고 이를 다루는 몇 가지 수치해석 기법을 비교·고찰한다. 구조 요소를 모델링하기 위한 특별한 기법에 대해 6장에서 간단하게 소개하며, 7장에서는 구조물-지반 상호거동에 적합한 경계조건을 설명한다. 8장에서는 수치해석의 입력치 및 결과에 대한 가이드라인을 제시한다. 특수한 상호거동문제를 모델링하는 것은 9장에서 다루고, 수치해석과 관련된 한계 및 겉으로 드러나지 않는 수치해석의 오류와 함정은 10장에서 소개한다. 11장은 벤치마킹과 관련된 중요한 주제를 살펴보고, 몇 가지 해석 예제를 다룬다.

2

지반해석

2.1 서론

거의 모든 토목구조물은 어떤 방식으로든 지반을 포함한다. 절토사면, 흙이나 암석으로 된 제방은 지반재료로 구성된다(그림 2.1 참조). 흙(또는 암석)은 구조물의 평형성을 유지할 수 있게도 하고, 깨뜨리기도 한다. 직접기초와 말뚝기초는 건물, 교량이나 해상 구조물로부터의 하중을 지반에 전달하여 지지한다. 흙막이 벽체는 수직굴착이 가능하도록 한다. 대부분의 경우 흙은 전달 메커니즘(transfer mechanism) 역할을 하는 옹벽과 지보구조체(structural support)를 통해 작용력(acting force)과 저항력(resisting force)을 동시에 제공한다. 따라서 지반공학은 토목구조물의 설계에 핵심 기능을 담당하고 있다.

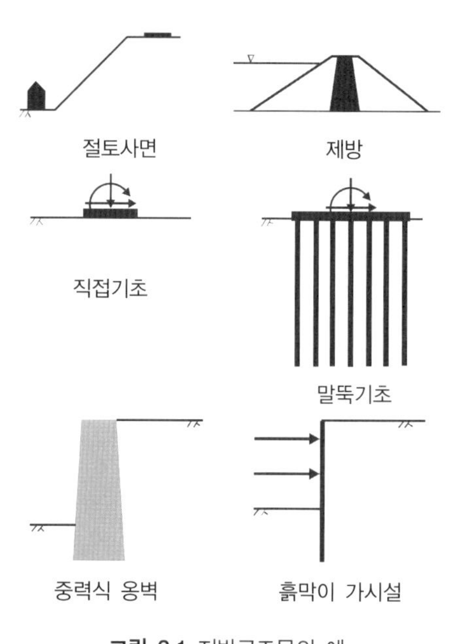

그림 2.1 지반구조물의 예

설계기술자는 흙과 구조 요소에 작용하는 하중 및 구조 요소와 인접지반에서 발생 가능한 변형을 평가할 수 있어야 한다. 일반적으로 이러한 평가는 설계하중 및 극한하중 작용 조건에 대하여 이루어져야 한다.

전통적으로 지반설계는 단순법 및 경험적 방법을 통해 수행되어 왔다. 대부분의 설계 코드 및 매뉴얼은 이러한 접근법을 근거로 하고 있다. 저가이지만 정교한 컴퓨터 하드웨어와 소프트웨어의 도입으로 지반구조물의 해석 및 설계에 주목할 만한 발전이 있었다. 사용 중인 지반구조물의 거동을 모델링하고자 하는 시도와 구조물-지반 상호거동의 메커니즘을 분석하기 위한 시도를 통해서 해석법의 많은 발전이 이루어졌다.

현재 지반구조물의 해석을 위한 매우 다양한 계산 방법이 존재한다. 이는 경험이 부족한 지반기술자에게는 매우 혼란스러운 일이다. 이 장에서는 지반해석(geotechnical analysis)을 소개한다. 기본적인 이론적 고찰과 다양한 해석방법을 살펴볼 것이다. 이 장의 주요 목적은 현재 적용되는 해석절차를 소개하고, 여러 해석 방법을 비교할 수 있는 토대를 제공하는 것이다. 이러한 토대에서 수치해석의 위상을 정립하면, 수치해석에 대한 잠재적인 장점을 확인할 수 있다.

2.2 설계목표

어떤 지반구조물을 설계하는 경우 기술자는 구조물의 안정성을 확보해야 한다. 안정성은 여러 가지의 형태로 표현할 수 있다.

첫째, 구조물과 지보 시스템은 전체 시스템으로서 안정해야 한다. 회전,

수직 및 이동파괴(translational failure)의 위험성이 없어야 한다(그림 2.2). 둘째, 전반 안정성(overall stability)이 확립되어야 한다. 예를 들어 옹벽구조물이 경사면을 지지하고 있을 때 건설공사가 전반 사면파괴를 유발할 수 있는 가능성에 대해 검토해야 한다(그림 2.3).

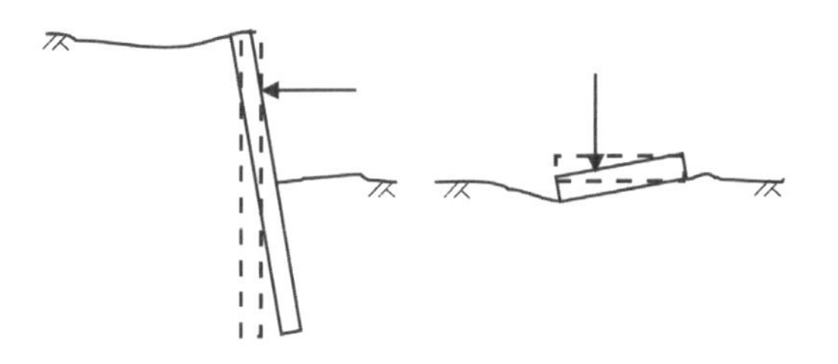

그림 2.2 국부 안정성

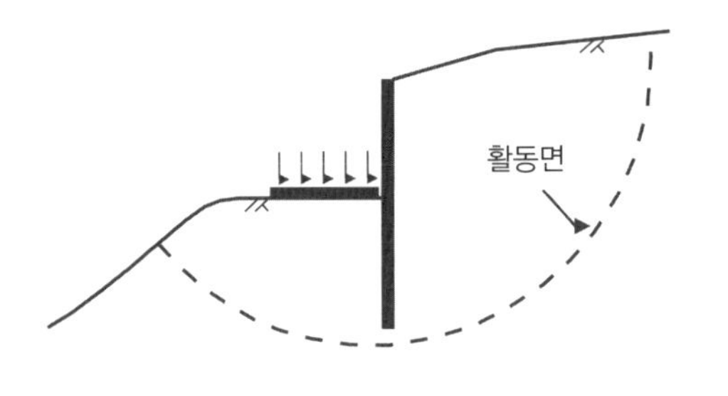

그림 2.3 전반 안정성

건설과 관련된 임의의 구조 요소에 작용하는 하중은 반드시 평가되어야 하고, 구조 요소는 그 하중을 안전하게 지지할 수 있도록 설계되어야 한다.

구조물 및 지반의 변형은 반드시 평가되어야 한다. 이는 인근에 건물이나 예민한 지중기반시설(service)이 존재하는 경우 특히 중요하다. 예를 들어 도심지에서 기존 지중기반시설이나 건물의 인근에서 굴착을 실시하는 경우(그림 2.4) 주요 설계제약 가운데 하나는 굴착이 인접 구조물 및 지중기반시설에 미치는 영향이다. 이런 인접 구조물이나 지중기반시설에 유발된 구조적 하중의 예측이 필요하다.

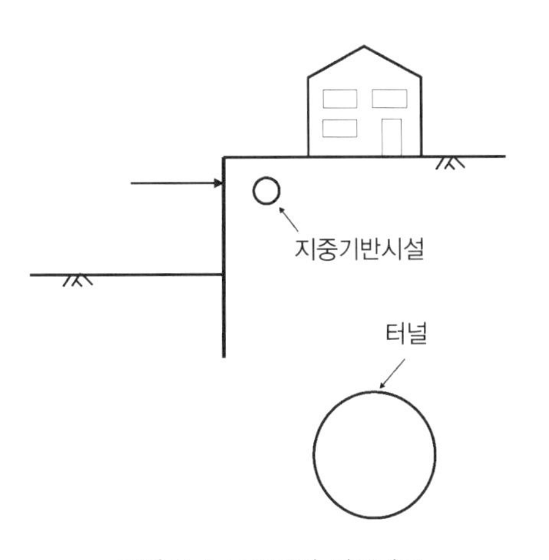

그림 2.4 구조물의 상호거동

설계 과정의 한 부분으로 기술자는 위에서 언급한 거동을 평가하기 위한 계산을 수행하는 것이 필요하다. 해석은 이런 계산을 위한 수학적 토대를 제공한다. 실제 거동을 잘 모사하는 좋은 해석은 기술자들이 문제를 보다 명확하게 이해할 수 있게 해준다. 해석은 설계과정의 중요한 부분이지만, 기술자가 재료의 물성치와 하중조건을 이용하여 영향을 정량화할 수 있는 도구일 뿐이다. 설계(design)과정은 해석(analysis)보다 훨씬 더 많은 것을 포함한다.

2.3 설계 요구조건

설계과정에 착수하기 전 광범위한 양의 정보가 수집되어야 한다. 기본적인 기하학적 형상과 하중조건이 설정되어야 한다. 이는 보통 공학 프로젝트의 특성에 따라 정의된다.

다음으로 지반조건을 확정하기 위해 지반조사가 필요하다. 지층의 분포 및 지반의 물성치가 결정되어야 한다. 이러한 관점에서 흙의 강도(strength)를 결정해야 하고, 만일 지반변형이 중요한 경우 지반의 강성(stiffness)도 평가해야 한다. 지하수의 위치, 암거배수나 피압층의 유무 여부 역시 반드시 확인해야 한다. 이런 지하수 조건이 변할 가능성에 대해서도 검토해야 한다. 일례로 세계 여러 주요도시에서 지하수위가 상승하고 있다.

또한 지반조사 시 대상 건설부지 인근의 다양한 지중기반시설(가스, 상하수도, 전기, 통신, 하수관 및 터널)의 위치를 확인해야 한다. 인접 건물 기초의 형식(줄기초, 직접기초, 말뚝기초)과 깊이도 확인해야 한다. 이러한 지중기반시설 및 기초의 허용변위량에 대해서도 검토, 설정하여야 한다.

신설 지반구조물의 성능에 관한 제약조건에 대해서도 반드시 확인해야 한다. 제약조건은 매우 다양한 형태로 설정될 수 있다. 예를 들어 인접한 지중기반시설이나 구조물로 인한 지반변형에 대한 규제가 있을 수 있다.

일단 위의 정보가 수집되면 지반구조물에 대한 설계 제약 조건이 설정될 수 있다. 이는 건설기간 및 구조물의 설계사용 기간을 고려해야 한다. 이 과정에서 어떤 형식의 구조물이 적합한지 그렇지 않은지가 규명된다. 예를 들어 지하굴착을 설계할 때 굴착면의 변형에 대한 제한이 있는 경우, 버팀보나 앵커로 지지되는 흙막이 가시설이 중력식 또는 보강토 옹벽보다 적합할 것이다. 또한 설계제약조건은 수행할 설계해석법을 결정하게 된다.

2.4 이론적 고찰

2.4.1 일반해를 위한 요구조건

일반적으로 이론해는 하중 및 변위에 대한 평형성, 적합성, 재료의 구성거동 및 경계조건을 만족해야 한다. 각 조건에 대해서는 다음에서 각각 고찰한다.

2.4.2 평형성

연속체를 통해 하중이 어떻게 전달되는지를 정량화하기 위해서 기술자는 응력 개념을 이용한다(응력=하중/단위 면적). 응력의 크기, 방향 그리고 응력이 공간에서 변화하는 방식은 하중이 어떻게 전달되는지를 나타낸다. 그러나 이러한 응력들은 불규칙적으로 변화하는 것이 아니라 특정한 규칙을 따라 일어난다.

예를 들어 그림 2.5와 같이 하부의 두 지점에서 지지되고 상부에 하중 L이 작용하는 콘크리트 보를 고려해보자. 전체 평형을 고려하면 명백하게 반력은 각각 2L/3 및 L/3이다. 그러나 분명하지 않은 것은 하중이 보를 통해 어떻게 전달되는가 하는 점이다. 앞서 언급한 바와 같이 기술자들은 하중전달을 분석하기 위하여 응력 개념을 이용한다. 응력은 근본적으로 가상의 양(quantity)이다. 예를 들어 주응력이 보에서 변화하는 방식이 그림 2.5에 나타나 있다. 각 궤적은 응력의 크기 및 그 작용방향을 나타낸다.

응력은 6개의 성분으로 구성된 텐서(tensor)이며, 연속체 내에서 응력 성분이 변화하는 방식을 지배하는 법칙이 존재한다(그림 2.6). 흙의 자중을 제외한 관성효과(inertia effect)와 체적력(body force)을 무시하는 경우, 흙에서의 응력은 아래 3개의 식을 만족시켜야 한다(Timoshenko & Goodier, 1951).

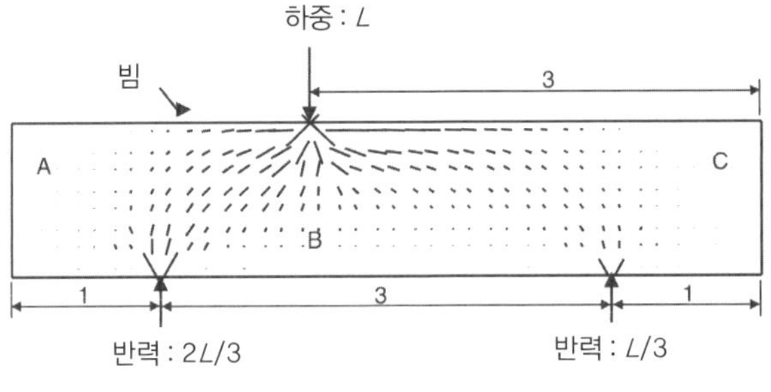

그림 2.5 응력 궤적

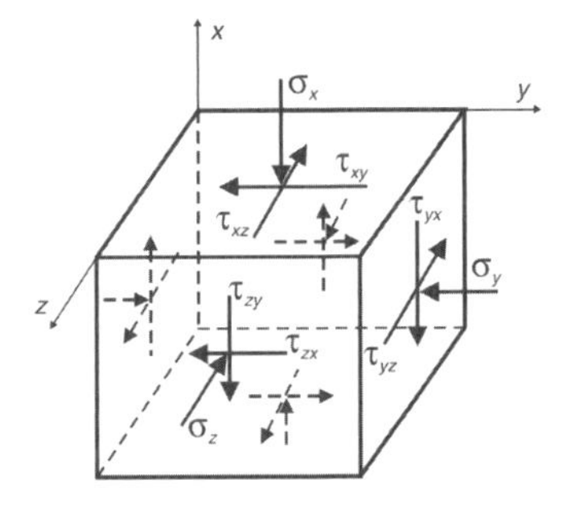

그림 2.6 임의 요소에 작용하는 응력

$$\frac{\partial \sigma_x}{\partial x}+\frac{\partial \tau_{yx}}{\partial y}+\frac{\partial \tau_{zx}}{\partial z}+\gamma=0 \tag{2.1}$$

$$\frac{\partial \tau_{xy}}{\partial x}+\frac{\partial \sigma_y}{\partial y}+\frac{\partial \tau_{zy}}{\partial z}=0$$

$$\frac{\partial \tau_{xz}}{\partial x}+\frac{\partial \tau_{yz}}{\partial y}+\frac{\partial \sigma_z}{\partial z}=0$$

다음 사항을 유의해야 한다.

- 자중 γ은 X 방향으로 작용한다.
- 압축응력은 (+)로 가정한다.
- 식 (2.1)의 평형공식은 전응력으로 표시되어 있다.
- 응력은 경계조건을 만족해야 한다[경계면에서의 응력은 작용 표면력(surface traction forces)과 평형 상태를 이루고 있어야 한다].

2.4.3 적합성

2.4.3.1 물리적 적합성

재료의 겹침(overlapping)이나 구멍이 발생하지 않는 변형을 적합변형이라 한다. 적합성의 물리적인 의미는 그림 2.7(a)에 보인 작은 판 요소(plate elements)들로 구성된 판(plate)을 이용하여 설명할 수 있다. 변형 후 판 요소들은 그림 2.7(b)에 보인 것처럼 뒤틀림이 매우 커서 결대로 분리되어 배열(array)을 형성할 수 있다. 이 상황은 파열(rupture)에 의한 파괴를 나타낸다. 또 다른 변형은 그림 2.7(c)처럼 구멍이나 겹침이 발생하지 않고 각 판 요소들이 서로 연속되어 발생하는 경우이다. 이러한 조건이 적합한 변형에 해당한다.

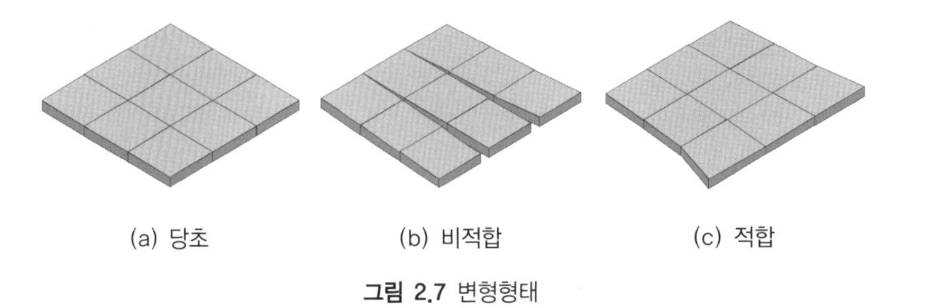

그림 2.7 변형형태

2.4.3.2 수학적 적합성

위에서 언급한 적합성에 대한 물리학적 해석은 변형률의 정의를 이용하여 수학적으로 나타낼 수 있다. 만약 변형이 x, y, z축 방향에 대하여 연속함수 u, v, w로 정의된다고 하면, 변형률[소변형률 이론을 가정하고, (+)는 압축]은 Timoshenko & Goodier(1951)에 의해 다음과 같이 정의된다.

$$\varepsilon_x = -\frac{\partial u}{\partial x}; \qquad \varepsilon_y = -\frac{\partial v}{\partial y}; \qquad \varepsilon_z = -\frac{\partial w}{\partial z} \tag{2.2}$$
$$\gamma_{xy} = -\frac{\partial v}{\partial x} - \frac{\partial u}{\partial y}; \quad \gamma_{yz} = -\frac{\partial w}{\partial y} - \frac{\partial v}{\partial z}; \quad \gamma_{xz} = -\frac{\partial w}{\partial x} - \frac{\partial u}{\partial z}$$

6개의 변형률은 단지 3개 변형성분의 함수이므로 변형률은 서로 독립적이지 않다. 적합한 변형장이 존재하기 위해서는 위의 모든 변형률 요소와 그의 미분이 존재해야 하고, 적어도 2차 미분이 연속임을 수학적으로 확인할 수 있어야 한다. 변형장은 경계면에 부과된 특정 변형이나 제약조건을 반드시 만족하여야 한다.

2.4.4 평형성 및 적합성 조건

식 (2.1)의 평형조건과 식 (2.2)의 적합성 조건을 결합하면 미지수 15개와 식 9개를 얻을 수 있다. 따라서 해를 얻기 위해서 6개의 추가 식을 필요로 한다. 추가 식은 구성관계로부터 얻을 수 있다.

2.4.5 구성거동

구성식은 재료의 거동에 대한 수학적 설명이다. 간단히 말해 이는 흙의 응력–변형률 거동이다. 보통 응력과 변형률 관계의 형태를 취하기 때문에 평형성과 적합성 사이의 관계를 이어준다. 계산을 위해서 구성거동은 수학적으로 표현되어야 한다.

$$\begin{Bmatrix} \Delta\sigma_x \\ \Delta\sigma_y \\ \Delta\sigma_z \\ \Delta\tau_{xy} \\ \Delta\tau_{xz} \\ \Delta\tau_{zy} \end{Bmatrix} = \begin{bmatrix} D_{11} & D_{12} & D_{13} & D_{14} & D_{15} & D_{16} \\ D_{21} & D_{22} & D_{23} & D_{24} & D_{25} & D_{26} \\ D_{31} & D_{32} & D_{33} & D_{34} & D_{35} & D_{36} \\ D_{41} & D_{42} & D_{43} & D_{44} & D_{45} & D_{46} \\ D_{51} & D_{52} & D_{53} & D_{54} & D_{55} & D_{56} \\ D_{61} & D_{62} & D_{63} & D_{64} & D_{65} & D_{66} \end{bmatrix} \begin{Bmatrix} \Delta\varepsilon_x \\ \Delta\varepsilon_y \\ \Delta\varepsilon_z \\ \Delta\gamma_{xy} \\ \Delta\gamma_{xz} \\ \Delta\gamma_{zy} \end{Bmatrix} \text{ or} \tag{2.3}$$

$$\Delta\sigma = [D]\Delta\varepsilon$$

예를 들어 선형탄성재료의 D 행렬은 다음의 형태를 취한다.

$$\frac{E}{(1+\mu)} \begin{bmatrix} (1-\mu) & \mu & \mu & 0 & 0 & 0 \\ \mu & (1-\mu) & \mu & 0 & 0 & 0 \\ \mu & \mu & (1-\mu) & 0 & 0 & 0 \\ 0 & 0 & 0 & (1/2-\mu) & 0 & 0 \\ 0 & 0 & 0 & 0 & (1/2-\mu) & 0 \\ 0 & 0 & 0 & 0 & 0 & (1/2-\mu) \end{bmatrix} \tag{2.4}$$

여기서 E와 μ는 각각 탄성계수와 포아송 비이다.

흙은 보통 비선형거동을 보이기 때문에 구성방정식은 식 (2.3)에 나타나 있듯이 응력과 변형률의 증분을 이용하고, D 행렬도 현재 및 과거의 응력 이력에 의존하도록 정의하는 것이 보다 현실적이다.

구성거동은 전응력이나 유효응력의 형태로 표현될 수 있다. 유효응력으로 표현되는 경우 평형방정식의 전응력에 유효응력의 원리가 적용되어야 할 것이다.

$$\Delta\sigma' = [D']\Delta\varepsilon; \quad \Delta\sigma_f = [D_f]\Delta\varepsilon; \tag{2.5}$$

$$\text{따라서} \quad \Delta\sigma = ([D'] + [D_f])\Delta\varepsilon$$

여기서 $[D_f]$는 간극수압의 변화 $\Delta\sigma_f$를 변형률의 변화와 연결시켜주는 구성 행렬이다. 비배수 거동의 경우 간극수압의 변화는 간극수의 (큰)체적탄성계수로 인해 나타나는 (작은)체적 변형률과 관련이 있다.

2.5 기하학적 이상화

위의 개념들을 실제 지반문제에 적용하기 위해 몇 개의 가정과 이상화가 이루어져야 한다. 특히, 흙의 거동을 수학적 구성관계식의 형태로 규정할 필요가 있다. 또한 문제의 기하학적 및 경계조건을 단순화하고 이상화시킬 필요도 있을 것이다.

2.5.1 평면변형률 조건

토질역학에서 취급되는 많은 물리적 문제들의 특별한 기하학적 특성으로 인해 상당한 수준의 단순화가 추가적으로 적용될 수 있다. 옹벽, 연속기초 및 사면의 안정성 등에 대한 문제는 한 방향의 길이가 다른 두 방향보다 매우 크다(그림 2.8). 따라서 하중이나 작용 변위경계조건이 긴 방향에 수직이고, 독립적인 경우 모든 단면은 동일하다. 만일 문제의 z 방향이 길고 $x-y$ 평면에 존재하는 상태가 이 면에 평행한 모든 평면에서 동일하다고 가정한다면, 임의의 $x-y$ 평면에 평행한 임의의 $x-y$ 평면에서의 상대변위는 0이다. 즉, $w=0$이고 변위 u, v는 z축에 대해 독립적임을 의미한다. 이러한 근사화에 부합되는 조건이 평면변형률 상태를 정의한다고 할 수 있다.

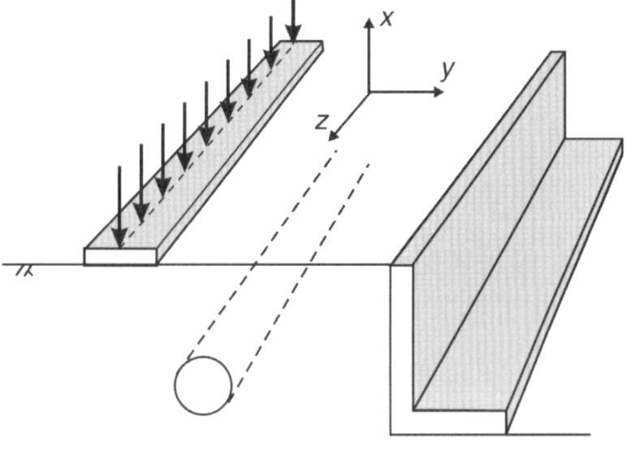

그림 2.8 평면변형률의 예

$$\varepsilon_z = -\frac{\partial w}{\partial z} = 0;\ \gamma_{yz} = -\frac{\partial w}{\partial y} - \frac{\partial v}{\partial z} = 0;\ \gamma_{xz} = -\frac{\partial w}{\partial x} - \frac{\partial u}{\partial z} = 0 \qquad (2.6)$$

구성 관계식은 다음과 같이 단순화될 수 있다.

$$\begin{Bmatrix} \Delta\sigma_x \\ \Delta\sigma_y \\ \Delta\sigma_z \\ \Delta\tau_{xy} \\ \Delta\tau_{xz} \\ \Delta\tau_{zy} \end{Bmatrix} = \begin{bmatrix} D_{11} & D_{12} & D_{14} \\ D_{21} & D_{22} & D_{24} \\ D_{31} & D_{32} & D_{34} \\ D_{41} & D_{42} & D_{44} \\ D_{51} & D_{52} & D_{54} \\ D_{61} & D_{62} & D_{64} \end{bmatrix} \begin{Bmatrix} \Delta\varepsilon_x \\ \Delta\varepsilon_y \\ \Delta\gamma_{xy} \end{Bmatrix} \tag{2.7}$$

이 경우 탄성 및 흙의 거동을 나타내기 위해 현재 적용되고 있는 재료이 상화는 대부분의 경우 $D_{51} = D_{52} = D_{54} = D_{61} = D_{62} = D_{64} = 0$이며, 따라서 $\Delta\tau_{xz} = \Delta\tau_{zy} = 0$이다. 이로써 0이 아닌 4개의 응력 성분 $\Delta\sigma_x$, $\Delta\sigma_y$, $\Delta\sigma_z$ 및 $\Delta\tau_{xy}$이 남는다.

따라서 평면변형률 문제를 해석할 때는 응력 성분 σ_x, σ_y 및 τ_{xy}만을 고려하는 것이 일반적이다. 이는 D_{11}, D_{12}, D_{14}, D_{21}, D_{22}, D_{24}, D_{41}, D_{42}, D_{44}가 σ_z에 대해 독립적인 경우 타당하다. 이 조건은 흙이 탄성이라고 가정할 때 만족된다. 이는 Tresca나 Mohr-Coulomb 파괴기준을 채택하고, 중간 응력을 $\sigma_2 = \sigma_z$로 가정하는 경우도 마찬가지다. 이러한 가정은 보통 단순한 지반문제 해석에 적용된다. 그러나 이는 특별한 경우라는 것을 반드시 명심할 필요가 있다.

2.5.2 축대칭 조건

어떤 문제는 회전대칭(rotational symmetry) 특성을 갖는다. 예를 들어 균질하거나 각 지층이 수평으로 구성되어 있는 지반에 등분포하중이나 중앙에 하중이 작용하는 원형 기초는 기초 중심을 관통하는 수직축에 대해 회전대칭이다. 원통형 삼축압축시험 시료, 단말뚝이나 케이슨도 회전대칭이 성립하는 사례에 해당한다(그림 2.9).

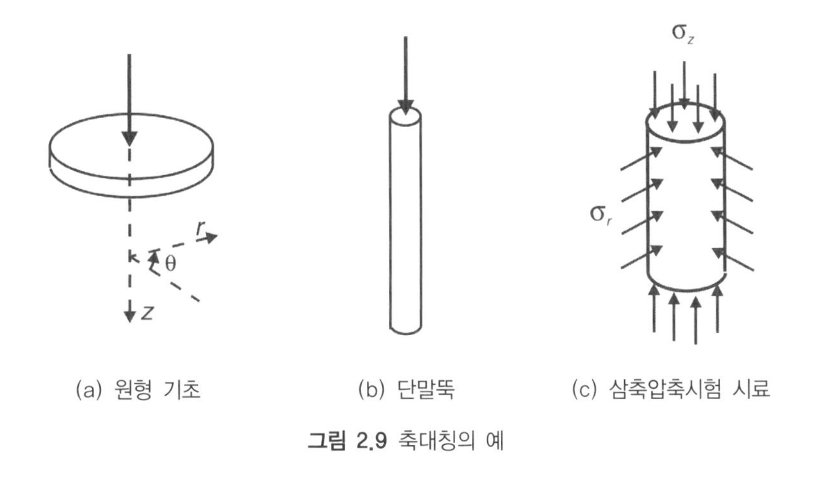

(a) 원형 기초 (b) 단말뚝 (c) 삼축압축시험 시료

그림 2.9 축대칭의 예

이런 형식의 문제에서는 보통 원통형 좌표계, r(방사 방향), z(수직 방향), 그리고 θ(원주 방향)를 이용하여 해석한다. 대칭으로 인해 θ 방향으로는 변형이 발생하지 않고, r, z 방향의 변위는 θ와는 무관하기 때문에 변형률은 다음과 같이 단순화된다(Timoshenko & Goodier, 1951).

$$\varepsilon_r = -\frac{\partial u}{\partial r}; \qquad \varepsilon_z = -\frac{\partial v}{\partial z}; \qquad \varepsilon_\theta = -\frac{u}{r}; \tag{2.8}$$

$$\gamma_{rz} = -\frac{\partial v}{\partial r} - \frac{\partial u}{\partial z}; \quad \gamma_{r\theta} = \gamma_{z\theta} = 0$$

여기서, u, v는 각각 r, z 방향의 변위를 의미한다.

이는 앞서 언급한 평면변형률 상황과 유사하며, 따라서 $[D]$ 행렬에 대한 유사한 특성이 여기서도 적용된다. 평면변형률의 경우와 마찬가지로 총

4개의 0이 아닌 응력 변화 성분 $\Delta\sigma_r$, $\Delta\sigma_z$, $\Delta\sigma_\theta$ 및 $\Delta\tau_{rz}$이 존재한다.

2.6 해석 방법

앞서 언급한 바와 같이 정밀해의 경우, 기본적으로 하중 및 변위에 대한 평형성, 적합성, 재료의 구성관계 및 경계조건을 반드시 만족하여야 한다. 따라서 이러한 요구조건에 대해 현재 이용되는 해석법을 폭넓게 검토해보는 것이 유용할 것이다. 현재의 해석법은 편의상 이론해법(closed form), 단순해석 및 수치해석으로 구분될 수 있다. 각 해석을 구분해 살펴보기로 한다. 각 해법들이 기본적 해의 요구조건을 만족하고, 설계 요구조건을 만족하는지의 여부를 각각 표 2.1, 2.2에 요약하였다.

표 2.1 해석법에 따른 기본해의 요구조건의 만족 여부

해석 방법	해의 요구조건				
	평형성	적합성	구성거동	경계조건*	
				하중	변위
이론해법	S	S	선형탄성	S	S
극한평형	S	NS	파괴기준과 함께 강성거동	S	NS
응력장	S	NS	파괴기준과 함께 강성거동	S	NS
한계해석 하한계	S	NS	관련 흐름법칙과 이상화된 소성론	S	NS
상한계	NS	S	관련 흐름법칙과 이상화된 소성론	NS	S
빔-스프링법	S	S	스프링이나 탄성 상호거동계수에 의한 지반 모델	S	S
완전 수치해석	S	S	임의	S	S

*S : 만족함, NS : 만족하지 않음

2.7 이론해(closed form solution)

특정 지반구조물에 대해 재료 거동에 대한 실제적인 구성 모델을 구축하고, 경계조건을 설정하여, 이를 평형성과 적합성의 공식으로 결합할 수 있으면 정확한 이론해를 구할 수 있다. 이론해는 이론적 의미에서 정확하지만 기하학적 형상, 적용 경계조건 및 구성거동에 대한 가정들을 통해서 실제 물리학적 문제를 등가의 수학적 형태로 이상화한 것이므로 실제 문제에 대해서는 여전히 근사해라 할 수 있다. 원칙적으로 처음 재하한 하중(시공 및 굴착)으로부터 장기간(long term)에 걸쳐 일어나는 거동을 예측하며, 단일 해석으로 거동 및 안정성에 대한 정보를 얻을 수 있다.

따라서 이론해는 최고의 해석법이라 할 수 있다. 이 해법은 모든 해석요구조건을 만족하고, 수치적 이론을 이용하여 대상 문제의 전체 거동을 해석적으로 완전하게 정의한다. 그러나 흙은 하중을 받으면 비선형으로 거동하는 매우 복잡한 다상(multi-phase)의 재료이므로, 실제 지반문제에 대해 해석적으로 완전한 이론해는 보통 가능하지 않다. 이론해는 단지 다음과 같은 두 경우의 단순한 문제에 대해서만 얻을 수 있다.

표 2.2 해석법에 따른 설계 요구조건의 만족 여부

해석 방법	설계 요구조건		
	안정성	변형	인접 구조물
이론해법(선형탄성)	아니오	예	예
극한평형	예	아니오	아니오
응력장	예	아니오	아니오
한계해석 하한계	예	아니오	아니오
상한계	예	개략평가	아니오
빔-스프링법	예	예	아니오
완전 수치해석	예	예	예

첫째, 흙이 등방선형탄성거동을 한다고 가정하면 이론해가 가능하다. 이 경우 개략 변형이나 구조 하중을 파악하는 데는 매우 유용하지만, 안정성의 분석에는 유용하지 않다. 실측거동과 비교한 결과, 이론해는 실제 거동을 적절히 예측하지 못하는 것으로 나타난다.

둘째, 충분한 기하학적 대칭을 포함하여 기본적으로 1차원으로 단순화될 수 있는 문제에 대해 이론해가 존재한다. 무한탄소성 연속체(infinite elasto-plastic continuum) 내의 구체 공동 또는, 무한 길이의 원통형 공동의 팽창 문제가 그 예이다.

2.8 단순법

보다 현실적인 해를 얻기 위해서는 반드시 근사화가 필요하다. 근사화는 다음 2가지 방법 가운데 하나로 이룰 수 있다. 첫째, 기본해의 요구조건을 완화하되, 여전히 이론해법을 사용하는 것이다. 이는 지반공학의 개척자들이 주로 이용한 방법이다. 이러한 접근방식이 여기서 소개할 단순법이다. 두 번째 방법은 좀더 현실적인 해를 얻을 수 있는 방법으로서 수치해석법을 도입하는 것이다. 수치해석법은 모든 해의 요구조건들을 만족하나, 근사적인 방식을 취한다. 후자의 접근방식은 다음 장에서 보다 상세히 언급될 것이다.

한계평형, 응력장, 한계해석은 단순법의 범주에 속한다. 모든 해법이 근본적으로 흙이 파괴상태에 있다고 가정하지만, 해에 도달하는 방식에 차이가 있다.

2.8.1 한계평형법

이 해석 방법에서는 임의의 파괴면이 가정되며, 파괴기준이 파괴면 어디에서나 적용된다고 가정하여 파괴되는 토체에 대한 평형상태를 고려한다. 파괴면은 평면, 곡면 또는 이 2개를 결합한 형태일 수 있다. 파괴면과 대상 문제의 경계조건으로 정의되는 토체에 대한 전체 평형만을 고려한다. 토체 내부의 내부 응력 분포는 고려되지 않는다. Coulomb의 쐐기해석 및 절편법은 극한평형법의 적용 예이다.

2.8.2 응력장법

이 해법은 흙이 어디에서나 파괴상태에 있다고 가정하고, 파괴기준과 평형식을 결합하여 해를 얻는다. 이 방법에서는 평면변형률 조건과 Mohr-Coulomb 파괴기준에 대하여 다음이 성립한다.

평형식

$$\frac{\partial \sigma_x}{\partial x} + \frac{\partial \tau_{xy}}{\partial y} = 0 \qquad (2.9)$$

$$\frac{\partial \tau_{xy}}{\partial x} + \frac{\partial \sigma_y}{\partial y} = \gamma$$

Mohr-Coulomb 파괴기준은(그림 2.10으로부터)

$$\sigma'_1 - \sigma'_3 = 2c'\cos\varphi' + (\sigma'_1 + \sigma'_3)\sin\varphi' \qquad (2.10)$$

여기서,

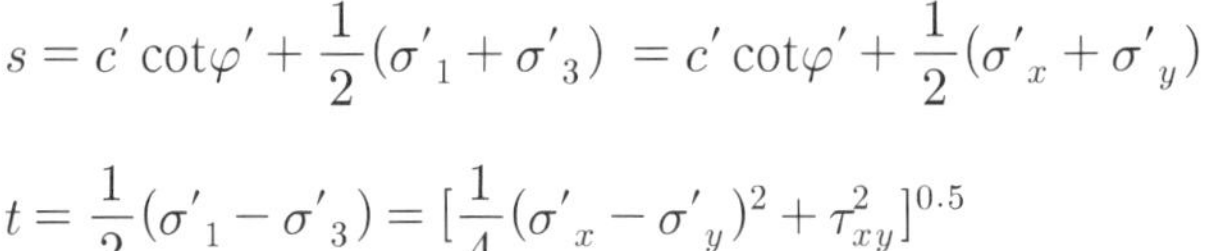

$$s = c'\cot\varphi' + \frac{1}{2}(\sigma'_1 + \sigma'_3) = c'\cot\varphi' + \frac{1}{2}(\sigma'_x + \sigma'_y)$$

$$t = \frac{1}{2}(\sigma'_1 - \sigma'_3) = [\frac{1}{4}(\sigma'_x - \sigma'_y)^2 + \tau_{xy}^2]^{0.5}$$

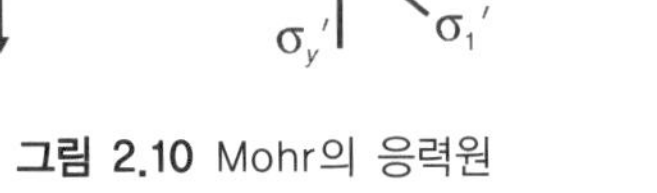

그림 2.10 Mohr의 응력원

위의 s와 t를 식 (2.10)에 대입하면 Mohr-Coulomb 기준에 대한 다음 식을 얻을 수 있다.

$$t = s\ \sin\varphi' \tag{2.11}$$

$$[\frac{1}{4}(\sigma'_x - \sigma'_y)^2 + \tau_{xy}^2]^{0.5} = [c' \cot\varphi' + \frac{1}{2}(\sigma'_x + \sigma'_y)]\sin\varphi' \qquad (2.12)$$

식 (2.9)의 평형식과 식 (2.12)의 파괴기준은 3개의 미지수로 표현된 3개의 방정식이다. 따라서 이론적으로 해를 얻는 게 가능하다. 위의 식을 결합하면 다음과 같다.

$$\left.\begin{aligned} &(1+\sin\varphi'\cos 2\theta)\frac{\partial s}{\partial x} + \sin\varphi'\sin 2\theta\frac{\partial s}{\partial y} \\ &\quad + 2s\sin\varphi'\left(\cos 2\theta\frac{\partial \theta}{\partial y} - \sin 2\theta\frac{\partial \theta}{\partial x}\right) = 0 \\ &\sin\varphi'\sin 2\theta\frac{\partial s}{\partial x} + (1-\sin\varphi'\cos 2\theta)\frac{\partial s}{\partial y} \\ &\quad + 2s\sin\varphi'\left(\sin 2\theta\frac{\partial \theta}{\partial y} - \cos 2\theta\frac{\partial \theta}{\partial x}\right) = \gamma \end{aligned}\right\} \qquad (2.13)$$

이 2개의 편미분 공식은 쌍곡선 형태임을 알 수 있다. 특성치의 방향(characteristic direction)을 고려하고, 이러한 특성치(characteristic)에 대한 응력의 식으로 해를 얻을 수 있다(Atkinson & Potts, 1975). 응력 특성치(stress characteristic)의 미분방정식은 다음과 같다.

$$\frac{dy}{dx} = \tan[\theta - (\pi/4 - \varphi'/2)] \qquad (2.14)$$

$$\frac{dy}{dx} = \tan[\theta + (\pi/4 - \varphi'/2)]$$

이를 특성치에 따라 다음 방정식이 성립한다.

$$\left.\begin{array}{l} ds - 2s\tan\varphi' d\theta = \gamma(dy - \tan\varphi' dx) \\ ds + 2s\tan\varphi' d\theta = \gamma(dy + \tan\varphi' dx) \end{array}\right\} \quad (2.15)$$

식 (2.14), (2.15)는 4개의 미분식과 4개의 미지수 x, y, s, θ를 포함하므로 원칙으로 수학적 이론해가 가능하다. 그러나 현재 매우 단순한 문제나 흙의 자중을 무시하는 $\gamma = 0$, 경우에만 해를 구할 수 있다. 일반적으로 유한차분법을 이용하여 수치적으로 풀 수 있다.

위의 공식에 근거한 해는 보통 흙 전체의 응력장에 대한 것이 아닌, 관심 지역으로 국한되는 국부적 응력장에 대한 해이다. 따라서 일반적으로 이 해는 하한해(lower bound solution)가 아니다.

위의 해석법은 방정식과 미지수의 수가 같다는 의미에서 정적 정정조건(static determinacy)처럼 보인다. 그러나 대부분의 실제 문제에서 경계조건은 하중 및 변위를 동시에 포함하기 때문에 정정조건(부정정이 아닌)은 잘못된 해를 줄 수도 있다. 이 해법의 단점은 적합성을 고려하지 않는다는 것이다.

Rankine의 주동 및 수동 응력장을 기초로 Sokolovski(1960, 1965)가 제시하여, 현재 일부 실무설계 코드에서 사용되고 있는 토압표는 응력장법 해의 한 사례이다. 또한 응력장법은 지지력 문제에 대한 해석해의 근간을 형성한다.

2.8.3 한계이론 해석

한계 이론 해석(theorems of limit analysis)은 다음 가정을 근거로 한다(Chen, 1975).

- 흙의 거동은 완전소성 또는 이상적 소성을 보이며, 가공경화/연화는 발생하지 않는다. 이는 탄성과 탄소성 거동을 구분하는 단일 항복면이 존재함을 의미한다.
- 항복곡면은 볼록한 형상이며 소성 변형률은 수직성(normality) 조건을 이용하여 항복면으로부터 유도될 수 있다.
- 파괴 시 토체의 기하학적 형상변화는 미미하다. 이 가정으로부터 가상일의 원리가 적용될 수 있다.

이러한 가정을 통해 유일한 파괴조건이 존재함을 증명할 수 있다. 한계정리(bound theorems)로부터 파괴하중을 평가할 수 있다. 안전 측 정리에 근거한 해는 이러한 하중을 안전 측으로 평가하고, 불안전 정리에서 얻은 하중은 불안전 측의 평가이다. 두 정리를 동시에 적용하면 실제(true) 파괴하중에 접근한 해를 얻을 수 있다.

2.8.3.1 불안전 정리(unsafe theorem)

이상적인 소성재료의 실제 파괴하중에 대한 불안전 측 해는 동적으로 가능한 임의의 파괴 메커니즘을 선택하고 적절한 일률(work rate) 계산을 통해서 얻을 수 있다. 이렇게 평가된 하중은 불안전 측이거나 실제 파괴하중과 동일하다.

이 정리를 보통 상한계 정리라 한다. 평형성을 고려하지 않기 때문에 무수히 많은 해가 찾아질 수 있다. 해의 정확성은 가정된 파괴 메커니즘이 실제와 얼마나 유사한가에 좌우된다.

2.8.3.2 안전정리(safe theorem)

항복조건을 위반하는 곳이 없는 전체 토체를 포함하는 정적으로 허용 가능한 응력장을 찾을 수 있다면, 응력장과 평형인 하중은 안전 측이거나 실제 파괴하중과 동일하다.

이 정리를 보통 하한계 정리라 한다. 정적으로 허용 가능한 응력장은 작용하중 및 체적력이 균형을 이루는 응력의 평형상태(equilibrium distribution of stress)로 구성된다. 적합성을 고려하지 않기 때문에 무수히 많은 해가 존재한다. 해의 정확도는 가정한 응력장이 실제와 얼마나 유사한가에 좌우된다.

만약, 안전 및 불안전 측 해가 동일한 파괴하중을 제시한다면 이는 이상적인 소성재료의 정확해가 된다. 이 경우 모든 기본해의 요구사항을 만족한다는 점을 명심할 필요가 있다. 이는 실제로는 거의 달성될 수 없다. 그러나 다음 두 경우는 이런 조건이 달성될 수 있는데, (1) 일정한 비배수 전단강도 s_u를 가지는 줄(대상)기초의 비배수 지지력(Chen 1975), (2) 비배수 전단강도가 일정하고 무한 연속체 지반에 근입되어 있는 무한 길이의 강성말뚝(rigid pile)의 비배수 조건의 수평지지력(Randolph & Wroth, 1984)을 구하는 문제이다.

2.8.4 고찰

표 2.1은 기본해의 요구조건 만족 여부에 대한 단순 모델의 적용능력을 보여주고 있다. 표 2.1을 검토해보면 모든 기본 요구조건을 만족시키는 방법이 없음을 알 수 있으며, 따라서 이런 해법들이 항상 정확한 이론해를 제공하지는 못함을 명확하게 알 수 있다. 따라서 모든 해법이 근사해석법이며, 동일한 문제에 대해서 매우 다양한 해가 존재한다는 사실도 놀라운 일이 아니다.

이러한 해석법은 흙이 모든 곳에서 동시에 파괴상태에 있다고 가정하는데, 이는 허용 하중(working load) 작용하의 거동을 분석하기에는 엄밀하게 말해 적합하지는 못하다. 지반문제에 적용할 경우, 이 방법은 서로 다른 시공법을 구분하지 못하고(굴착 대 성토) 초기응력 조건도 고려하지 못한다. 국부적 안정성에 대한 정보는 제공하지만, 지반이나 구조물 변형에 관련된 정보는 제공하지 못하여 전반 거동을 분석하기 위해서는 별도의 계산이 요구된다(표 2.2 참조).

이러한 한계에도 불구하고 단순법은 대부분의 설계에서 중요한 지위를 차지하고 있다. 이 방법이 현장 계측을 통해서 보완되는 경우 그 사용이 적절하다고 할 수 있다. 그러나 보정이 어렵고 보다 복잡한 구조물-지반 상호거동의 경우 단순법의 신뢰성은 아마도 낮을 것이다. 단순성과 용이성으로 인해 이 방법은 지반구조물의 설계에서 항상 중요한 역할을 할 것으로 예상된다. 특히, 이 방법은 안정성과 구조물 작용하중에 대한 예비 결과를 얻을 수 있어서 설계의 초기 단계에서 적절하다.

2.9 수치해석

2.9.1 빔-스프링 해석

이 방법은 지반-구조물 상호거동을 해석할 때 이용된다. 예를 들어 축력이나 수평력이 작용하는 말뚝, 얕은 기초, 옹벽 및 터널 라이닝의 거동을 분석할 때 이용될 수 있다. 이 방법의 주요 근사화는 흙의 거동을 가정하는 것으로서, 일반적으로 다음 2가지 접근법을 이용한다. 즉, 흙의 거동은 서로 연결되지 않은 여러 개의 수직 및 수평의 스프링(Borin, 1989)으로 표현하거나, 조합 선형탄성 상호거동계수(Papin 외, 1985)로 나타낼 수 있다. 이 방법으로는 단일 구조물만이 해석가능하다. 따라서 단독말뚝이나 옹벽이 해당된다. 2개 이상의 말뚝이나 옹벽 기초의 상호거동을 고려하기 위해서는 추가 근사화가 도입되어야 한다. 버팀보나 앵커 같은 임의의 구조지보재는 단순 스프링으로 표현할 수 있다(그림 2.11).

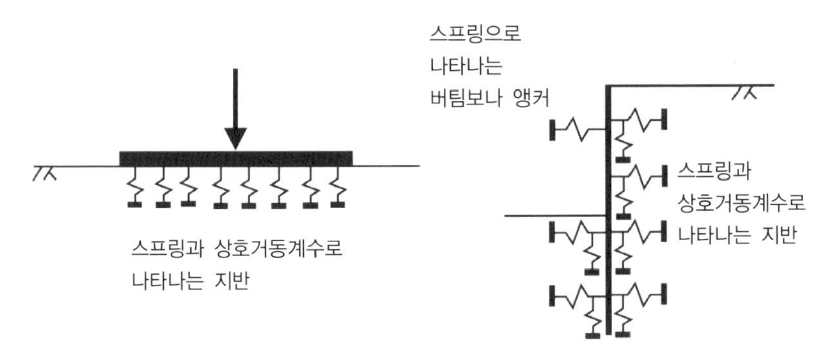

그림 2.11 빔-스프링 문제들의 예

예를 들어 옹벽 양쪽에 작용하는 압력의 한계를 도입하기 위해 보통 스프링 하중과 상호거동계수에 한계치(cut-offs)를 적용하여 흙의 거동을 나타낸다.

이 한계압력은 보통 위에서 언급한 한계평형, 응력장이나 한계해석 등 단순법을 통해서 산정된다. 한계압력은 빔-스프링 계산의 직접적인 결과가 아니라, 별도의 단순해를 통해 산정하여 이를 빔-스프링 계산과정에 부여한다는 점을 이해할 필요가 있다.

경계치 문제가 단말뚝, 기초 및 옹벽 등 단일 구조의 거동에 대한 해석에 국한되고, 흙의 거동에 대한 전반적인 가정이 이뤄지는 경우 대상 문제에 대한 완전 이론해를 구할 수 있다. 이러한 문제들은 문제의 복잡성으로 인해 보통 컴퓨터를 이용하여 해석한다. 말뚝, 기초 및 옹벽 등을 구조 요소로 유한차분이나 유한요소로 모델링되면 해의 모든 기본 조건을 만족하는 결과를 얻을 수 있다.

때로 이러한 계산을 수행하는 컴퓨터 프로그램은 유한차분이나 유한요소 프로그램으로 구분될 수 있다. 이 경우, 단지 구조 요소만이 이러한 요소로 표현되는 것을 주지할 필요가 있으며, 이러한 프로그램을 흙과 구조 요소가 동시에 모두 요소화되는 유한차분이나 유한요소법과 혼동하지 말아야 한다(2.9.2 참조).

이 해법으로 얻은 해는 구조물 인근에서 발생할 수 있는 토압의 한계값을 포함하고 있으므로, 이로부터 국부적 안정성에 대한 정보를 파악할 수 있다. 이는 흔히 프로그램이 수렴되지 못하는 상황을 통해 알 수 있다. 그러나 이러한 수치적인 불안정성은 다른 이유로 인해서도 유발될 수 있으며, 불안정성에 대한 잘못된 판단을 야기할 수 있다. 이 방법으로 구한 해는 구조물의 하중 및 변위를 포함한다. 이 해는 전반 안정성이나 인접 지반의 안정성에 대한 정보는 제공하지는 못한다. 또한, 인접 구조물을 포함하지 않아 이에 대한 아무런 정보도 제공하지 못한다.

2.9.2 완전 수치해석

이 범주의 해석은 모든 이론적 요구조건을 만족시키기 위한 접근방법이며, 실제 흙의 구성 모델과 현장조건을 구현하는 경계조건을 포함한다. 내재된 복잡성과 비선형 흙의 거동으로 인해 모든 해법이 사실상 수치적으로만 가능하다. 유한차분법이나 유한요소법에 근거한 접근법이 지반공학에서 가장 널리 이용된다. 경계요소법이나 셀(cell) 방법(Tonti, 2001; Pani 외, 2001)은 한정된 범주에서만 적용 가능하다. 이들 해법은 근본적으로 그린필드(green field, 교란이 없는 수평지반) 조건, 건설과정, 그리고 장기거동에 이르는 경계치 문제의 이력거동을 컴퓨터로 모사하는 것이다.

현장 조건을 구현하는 능력은 i) 흙의 실제거동을 나타내는 구성 모델의 성능, ii) 부과된 경계조건의 정확성에 좌우된다. 해석자는 적합한 기하학적 형상, 시공순서, 지반 물성치 및 경계조건만 정의하면 된다. 현장조건을 모델링하기 위해 구조 요소를 추가하거나, 제거할 수 있다. 여러 개의 옹벽이 구조 요소로 서로 결합된 지지구조물을 해석할 수 있고, 토체가 모델에 포함되기 때문에 레이커(raker)나 앵커 및 흙 사이의 복잡한 상호거동의 모사도 가능하다. 시간에 따른 간극비의 변화는 연계해석(coupled analysis)을 통해 모사할 수 있다. 파괴 메커니즘에 대한 가정이나 거동모드는 해석을 통해 알 수 있기 때문에 해석에 요구되는 사항이 아니다.

완전 수치해석으로 경계치 문제에 대해 전체 거동이력을 예측할 수 있으며, 단일해석으로 모든 설계 요구사항에 대한 정보를 제공할 수 있다.

완전 수치해석은 3차원 문제를 완전하게 해석할 수 있는 잠재적 능력을 가지며, 앞서 언급한 다른 방법의 한계를 극복한다. 현재 컴퓨터 속도는 대부분의 실질적인 문제를 2차원 평면변형률이나 축대칭단면에 대한 해석으로 제한하고 있다. 그러나 컴퓨터 하드웨어의 급격한 발전 및 가격 저하에 따라 완전 3차원 해석이 보편화 되고 있다.

완전 수치해석(full numerical analyses)은 복잡하므로 자격이 있거나 경험이 많은 사람을 통해서 수행되어야 한다. 해석자는 토질역학을 이해하고 있어야 하며, 특히 프로그램이 채택한 구성 모델을 숙지하고, 해석에 적용된 소프트웨어에 익숙해야 한다. 비선형 해석은 단순하지 않다. 현재 비선형 지배방정식을 해석하기 위한 여러 알고리즘이 존재한다. 어떤 것은 다른 것과 비교하여 보다 정확하며, 어떤 것은 증분(increments)수에 영향을 받는다. 알고리즘의 선택과 모델링 관련 오류 사이에 근사적 타협도 필요하다. 그러나 이런 사항은 경험 많은 해석자가 보다 정확한 해를 얻고자할 때나 활용할 수 있다.

완전 수치해석은 복잡한 조건의 현장 거동을 예측하는 데 이용될 수 있다. 또한, 근본적인 구조물-지반 상호거동을 분석하고, 위에서 언급한 단순법을 보정하는 데도 사용될 수 있다.

수치해석 그리고 수치해석의 지반구조물에 적용이 이후 본 핸드북의 남은 장에서 다룰 주제이다.

3

구성 모델

3.1 흙 거동의 기본

3.1.1 서론

흙은 복잡한 재료이며 실내 시험이나 현장 시험에서 관측된 바에 의하면 그 거동은 매우 다양한 요인에 의해 영향을 받는데, 그 가운데 가장 중요한 것은 흙의 구성(입자의 크기, 점토의 구성비 등), 응력 이력(압밀도, 응력 경로 등) 및 배수 조건이다. 흙은 여러 개의 상(phase)으로 구성된 재료이다. 광물 입자는 흙 구조체(골격)의 형태에서 고체상을 형성한다. 흙 구조 사이의 간극은 물(간극수)이나 가스(간극공기)를 포함한다. 각 상(phase)은 서로 다르게 거동한다. 의심할 여지없이 가장 모델링하기 어려운 것은 흙 구조체이며, 지반 복합체의 변형거동을 지배한다(예 : Terzaghi의 유효응력 원리). 흙의 거동은 복잡한 주제이기 때문에 본 저서의 지면상의 제약을 고려할 때 관련된 모든 주제를 다루는 것은 가능하지 않다. 따라서 여러 지반 모델과 그 응용의 기본을 이해하는 데 필요한 가장 중요한 특징들에 대해서만 살펴보기로 한다.

3.1.2 흙 구조체의 압축

흙의 압축성은 전통적으로 압밀실험(oedometer tests)을 이용하여 분석해왔다. 흙 시료의 간극비 e를 수직유효응력에 대해 도시하면 최소한 2가지의 특성을 관찰할 수 있다. 압축은 매우 비선형적이며[그림 3.1(a)], 임의의 하중으로부터 제하(unloading) 시 회복 불가능한 변형이 관찰된다. 재재하(reloading) 동안에는 처녀압축(virgin compression)에 비해 훨씬 더 큰 강성을 보인다. 그러나 선행압밀압력 상태에 해당하는 처녀

압축선(VCL, Virgin Compression Line)에 도달하면 압축강성은 정규압밀토의 강성으로 급격히 감소한다.

수직 압축 변형을 로그 수직유효응력 관계로 도시하면, VCL은 최소한 점토에 대해서는 대체로 직선으로 나타난다[그림 3.1(b)]. 과압밀 상태의 거동은 본질적으로 탄성이며, 편의를 위해 많은 경우 선형탄성으로 가정한다. 또한 하중제하 및 재재하 선은 일치한다고 가정할 수 있다. 그러나 제하–재재하 거동에 대한 보다 상세한 설명은 관찰된 이력거동(hysteresis behaviour)을 포함해야 한다.

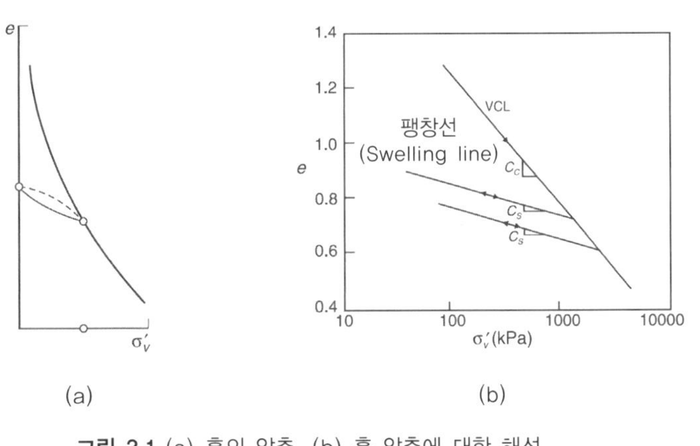

그림 3.1 (a) 흙의 압축, (b) 흙 압축에 대한 해석

흙의 실제 체적거동은 축차응력(deviatoric stress)을 0으로 유지하면서 평균유효응력(mean effective pressure)을 증가시키는 삼축압축시험을 이용하여 분석할 수 있다. 이 경우의 거동은 체적 변형률 또는 간극비와 평균유효응력의 관계로 도시할 수 있다. 이때, 그림 3.1과 유사한 압축선(line)을 얻을 수 있다.

점토와 모래의 압축선을 비교하면, 후자의 압축강성이 전자에 비해 매우 크다. 모래 및 조립토의 경우 비선형 VCL이 로그곡선보다 지수함수에 가깝다. 따라서 흙의 체적압축거동은 심한 비선형이며 탄소성이라 할 수 있다. 선행압밀압력은 항복응력으로 이해할 수 있다. 하중 재재하(reloading) 시 응력이 선행압밀압력에 도달하면 압축곡선은 다시 VCL을 따르게 되며, 흙의 소성(체적) 변형률 경화로 인해 선행압밀압력이 결과로 증가한다.

3.1.3 흙 구조체(골격)의 전단

전단을 받는 흙의 거동은 전통적으로 단순전단(simple shear), 직접전단(direct shear) 및 표준 삼축압축시험을 통해서 분석해왔는데, 그 가운데 삼축압축시험이 가장 완전한 정보를 제공해준다. 진삼축압축시험이나 원통 실린더(hollow cylinder) 시험을 통해서 더 많은 정보를 얻을 수 있으나 이러한 복잡한 시험은 보통 학계에서 연구용으로만 이용된다. 흙 구조의 거동을 이해하기 위해서 점토의 경우, 투수성이 낮기 때문에 배수전단시험은 매우 느리게 실시되어야 하며 포화된 모래의 경우 빠른 속도로 실시할 수 있다. 또한, 점토 구조체의 거동에 대한 정보는 비배수 삼축압축시험에서 획득한 응력 경로를 통해서 얻을 수 있다(아래 참조).

3.1.3.1 압축성 흙

그림 3.2(a)는 $q-\varepsilon_q$ 평면에 도시된 배수 조건하에서 정규압밀 또는 과압밀비가 높지 않은 흙에 대한 이상화된 전단응력-변형률 곡선을 보여주고 있다. 여기서 $q=\sigma_1-\sigma_3$는 축차응력(또는 2차 축차응력 불변량)이고

ε_q는 축차변형률(또는 2차 축차변형률 불변량)이다. 곡선 가운데 하나는 평균유효응력의 크기가 p'_1인 조건에서 전단응력이 일어난 흙을 나타내고, 다른 곡선은 동일한 흙이지만 더 큰 평균유효응력 $p'_2(p'_2 > p'_1)$ 작용하에서 전단이 일어난 흙을 나타낸다. 따라서 흙 구조체의 전단거동은 흙에 작용하는 평균유효응력에 좌우된다. 평균유효응력이 클수록 강성이 증가하며 파괴응력도 증가한다.

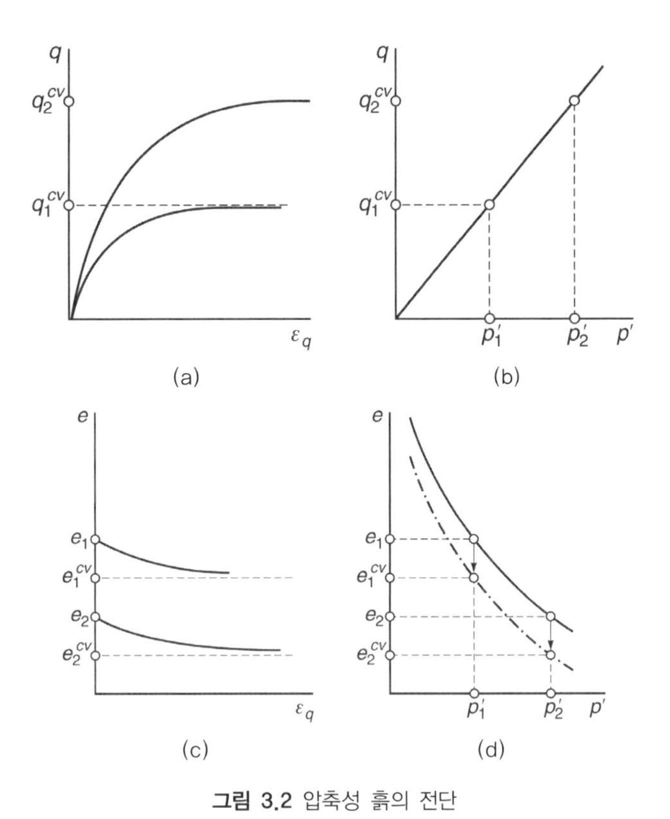

그림 3.2 압축성 흙의 전단

그림 3.2(a)의 전단곡선은 전단초기부터 심한 비선형 거동을 보이고 있는데, 전단강성은 흙의 전단이 진행됨에 따라 감소함을 보인다. 전단 변형률이 클수록 전단강성이 감소하고, 어떤 한계(limit)에 도달하면 전단곡선은 그림 3.2(b)와 같이 $q-p'$ 상에서 파괴점에 해당되는 q_1^{cv}, q_2^{cv}에 접근한다. 어떤 전단응력 상태에서 하중을 제하하면 회복 불가능한 변형률이 발생하는 탄소성 거동을 보인다. 이러한 하중제하 후 다시 재재하를 하면, 그 거동은 앞서 하중제하가 시작된 응력 수준까지는 당연히 탄성거동을 보인다. 여기서, 2가지 결론을 도출할 수 있다. 첫째, 이 응력(제하시작응력)은 전단(편차)항복응력의 역할을 하며, 둘째, 전단(편차) 변형률 경화가 발생한다.

정규압밀 또는 과압밀비가 높지 않은 흙의 또 다른 주요 특징은 배수조건의 전단시험 시 관찰되는 흙 시료의 체적감소이다[수축이 발생, 그림 3.2(c)]. 전단 변형률이 큰 경우 체적변화는 감소하고, 전단응력이 한계값에 도달하면서 일정한 체적을 유지한다[그림 3.2(a), (b)]. 따라서 $p'=p'_1$에 대응하는 전단시험 동안 시료의 간극비는 초기 간극비 e_1에서 흔히 한계 간극비로 불리는 값 e_1^{cv}으로 감소한다[그림 3.2(c), (d)]. 시험을 통해서 한계 간극비 e_1^{cv}, e_2^{cv}가 VCL 하부에 한계상태선(CSL)을 구성하게 됨을 알 수 있다[그림 3.2(d)]. e-ln p' 상에서 이 두 선은 서로 평행한 것으로 관찰되었다(그림 3.3).

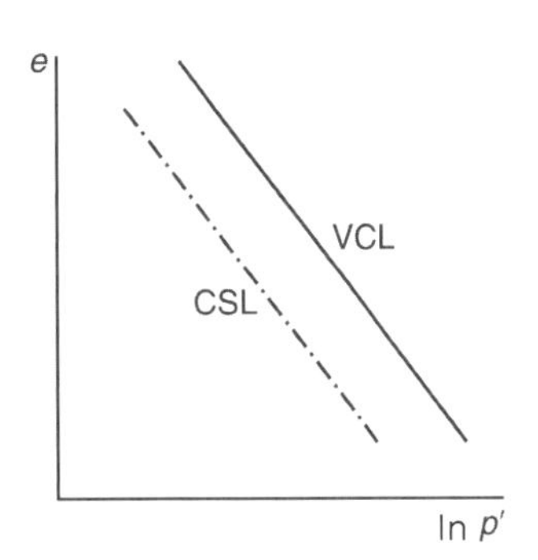

그림 3.3 처녀압축곡선(VCL)과 한계상태선(CSL)

3.1.3.2 팽창성 흙

전단 시 시료에 작용하는 평균유효응력뿐만이 아니라 선행압밀압력도 흙의 배수거동에 큰 영향을 준다. 그림 3.4는 과압밀비가 높은 흙의 전단거동을 개념적으로 보여주고 있다. 과압밀토에는 현재 응력 p'_1보다 매우 큰 선행압밀압력 p'_2가 작용된 적이 있다. 전단을 받을 때 이런 과압밀토는 초기에 매우 큰 강성을 나타낸다[그림 3.4(a)]. 초기 거동은 보통 탄성으로 간주되지만, 반드시 선형탄성인 것은 아니다. 초기의 큰 강성은 점차 감소하고, 어느 정도 전단변형이 진행되면 편차응력이 최대값인 q_1^{max}에 도달하고, 이후 그 크기는 지속적으로 감소하여 한계값인 q_1^{cv}에 도달한다.

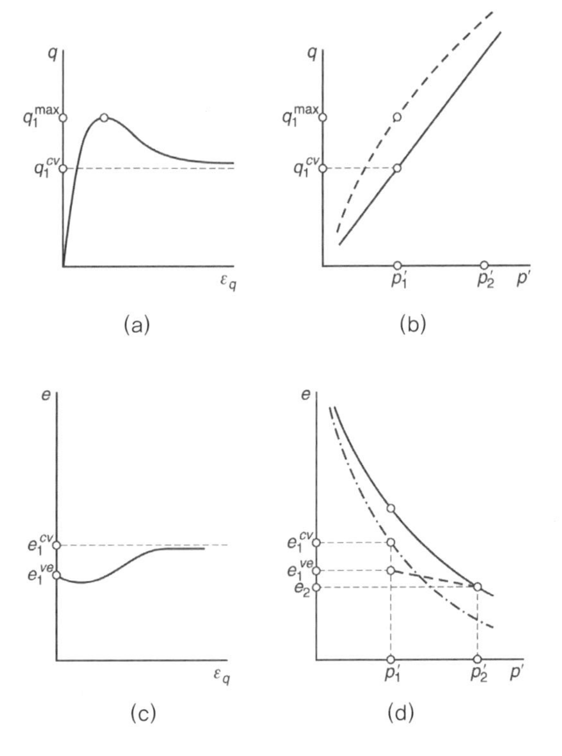

그림 3.4 팽창성 흙의 전단

과압밀비가 높은 흙은 일반적으로 전단초기에 약간의 압축이 일어나고, 그 이후에는 시료의 체적이 팽창하기 시작한다[그림 3.4(c)]. 한계상태응력 q_1^{cv}에 접근하는 경우 체적변화율은 감소하여 e_1^{cv}의 일정한 체적을 유지하게 된다. 이때의 간극비는 동일한 구속응력 p'_1 작용하에서 전단응력을 받은 정규압밀점토가 한계상태에 도달할 때의 간극비와 동일하다[그림 3.2(c)]. 또한, 그림 3.4(a)의 과압밀토의 한계응력 상태 q_1^{cv}는 그림 3.2(a)의 정규압밀상태의 동일한 흙에 대한 동일한 구속응력하의 한계 전단응력 q_1^{cv}와 동일하다. 이런 한계상태에 도달하는 경우 흙의 응력 이력이 소멸하게 됨을 분명히 알 수 있다.

만일, 과압밀 흙의 파괴 상태를 평균유효응력에 대한 한계상태편차응력의 관계로 나타낸다면, 그림 3.4(b)처럼 정규압밀된 흙과 동일한 파괴선에 나타난다. 그러나 만약 최대 전단강도로 파괴를 정의하는 경우 파괴선은 그림 3.4(b)의 점선과 같이 나타난다.

3.1.3.3 실제 흙의 거동(점토 및 모래)

앞서 언급한 압축 및 전단을 받는 흙 구조의 개념적 거동은 흔히 지반구성 모델의 정성적 설계를 위한 기반이 된다. 물론 실제 흙의 거동은 이러한 일반적인 패턴과는 어느 정도 차이를 보일 것이다. 예를 들어 모래, 자갈 등은 주로 팽창성 거동을 보이는 조건으로 퇴적되었다. 모래에 대한 시험결과는 초기 압축이 팽창으로 전환되는 이른바 상태변환점(phase transformation point)이 선행압력의 정도, 즉 밀도에 좌우된다. 더구나 한계상태는 종래의 시험장치나 실제 문제에서는 도달되기가 쉽지 않으며, 높은 압력의 재하가 가능한 특별한 장치의 실험에서만 확인가능하다.

지반 모델링에서는 실제 흙 거동의 또 다른 특징인 이방성 및 시간의존성이 고려되어야 한다. 점토와 모래는 종종 이방성 거동을 보이는데, 강도와 강성이 작용응력의 크기는 물론이고 방향에 따라서도 달라진다. 강성의 경우 흙은 탄성 및 탄소성 범위 모두에서 직교이방성(cross-anisotropic, transversely isotropic)을 나타낸다. 응력 이력에 의해서 점토는 보통 K_o 조건의 이방성을 보이지만, 이는 변형률이 증가하면 소멸되는 경향이 있다. 어떤 경우에는 점토의 시간의존성과 크리프(creep)가 고려되어야 하는데, 일례로 점토의 장기침하를 계산할 때는 점토의 2차 압밀침하(또는 크리프)가 고려되어야 한다.

3.1.4 흙의 비배수 거동

점토는 일반적으로 포화되어 있고 투수성이 매우 작기 때문에 완전배수 거동을 보이는 일은 극히 드물다. 실험실에서 수행되는 배수 시험은 매우 오랜 시간이 소요되며, 따라서 점토의 거동에 대한 상당한 지식이 비배수 시험을 통해 축적되어 왔다. 흙의 완전배수 거동은 물론이고 비배수 거동도 구성방정식으로 통해 모사될 수 있는 데 비해, 부분 배수 조건(partially drained condition)의 경우 유효응력 및 간극수압의 변화를 포함하는 2상의 문제로 다뤄야 한다.

비배수 전단시험의 경우 $p'-q$ 공간상에서 유효응력 경로는 흙의 물성치에 대한 정보를 제공해준다. 압축성 흙의 경우 유효응력 경로는 흙 구조의 체적감소가 없어야 하므로 이에 상응한 과잉간극수압의 증가로 인해 왼쪽으로 휘어진다(그림 3.5). 전단 변형률이 커지면 유효응력 경로는 CSL 선 및 비배수 파괴에 접근한다. 구속응력이 동일한 경우 비배수 조건의 파괴응력은 배수 조건의 파괴응력보다 작다.

팽창성 흙의 경우 유효응력 경로는 흙 구조의 체적증가가 없어야 하므로 이에 상응한 과잉간극수압의 감소로 인해 오른쪽으로 휘어진다(그림 3.5). 전단 초기 단계에서 유효응력 경로는 압축성 때문에 종종 왼쪽으로 휘어지며 그 이후에는 오른쪽으로 휘어진다. 변형이 한계에 이르면 유효응력 경로는 CSL에 접근한다. 이 경우 비배수 조건의 파괴응력은 배수 조건의 파괴응력보다 크다.

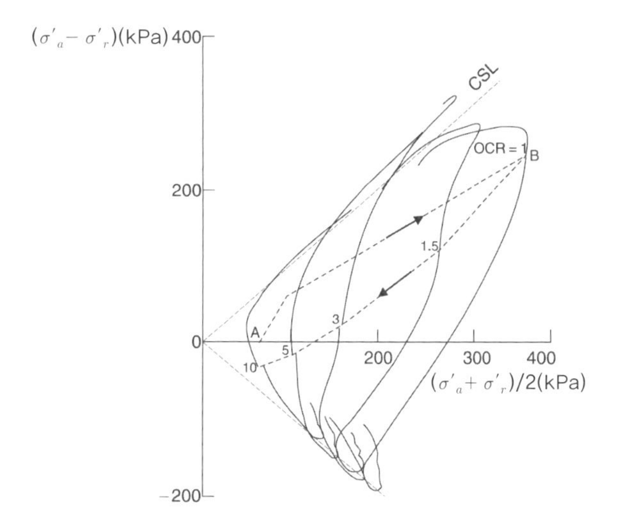

그림 3.5 흙의 비배수 전단

3.2 지반 모델

3.2.1 서론

지난 40여 년 동안 지반구성 모델은 수치해석 기법의 발달과 상호 간에 영향을 미치며 상당한 발전을 이루어왔다. 얼마 전까지만 해도 연구자나 전문가만 접근이 가능했던 다양한 지반구성 모델을 이제는 상용 프로그램의 사용자도 선택할 수 있게 되었다. 문제의 특성을 적절히 고려하지 못하는 너무 단순한 모델을 사용하거나 문제의 핵심은 제쳐두고 애매모호한 재료 물성치의 결정을 요구하는 매우 복잡한 모델을 적용하는 것을 피하기 위하여 지반 모델의 올바른 선택이 매우 중요하다.

응력/변형률 경로는 사전에 평가될 수 없기 때문에 지반 모델은 충분히 일반적이어야 하고, 고려 대상인 문제와는 무관하게 만들어야 한다. 응력 수준, 간극률, 그리고 다른 응력 변수들은 계산 도중에 크게 변할 수 있다(예를 들어 얕은 기초 모서리의 하부를 생각해보자). 구성관계는 응력, 변형률 및 상태 변수들과의 관계를 나타내는 공식에 의해 표현된다(2.4.5 참조). 지반재료의 거동은 보존되지 않으므로(소산, 응력 경로에 의존하는) 개수가 한정된 방정식을 유도할 수 없다. 따라서 변수의 증분만을 고려하는 증분구성관계를 적용한다. 극히 예외적인 경우에만 유한 한 관계가 정의된다(예를 들어, 점토에 대한 반대수(semi-logarithmic) 압축응력-간극비 관계).

흙과 암석의 역학적 특성은 구성 모델의 물성치로 나타낸다. 따라서 사용되는 탄성계수나 내부 마찰각은 이를 채택한 구성 모델에 대해서만 의미를 가진다. 물성치는 재료의 특성을 나타내며, 수식에서 상수이므로 계산 도중 바뀌지 말아야 하며 해결하려는 문제에 따라 달라져서도 안 된다.

그와는 반대로 상태 변수[응력, 간극률, 입자접촉 방향, 포화도, 온도, 변형속도(deformation rate) 등]는 재료의 실제 상태를 정의하며 계산 도중(물리학적으로 허용하는 한) 큰 범위로 변화될 수 있다. 계산 도중 임의의 시점에서 상태 변수를(최소한 이론적으로는) 직접 측정할 수 있다. 지반 재료의 경우 변형 및 변형률 텐서는 측정할 수 없기 때문에 이들은 상태 변수에 해당되지 않는다. 이미 알고 있는 초기 상태와 상관되는 변형률의 증분만을 결정할 수 있다. 예를 들어 어떤 시료의 시험

이전 초기 상태의 변형 텐서(deformation tensor)는 임의로 선택될 수 있으므로 특별한 의미가 없다.

3.2.2 1세대 구성 모델

3.2.2.1 변형 및 한계상태해석

1세대 지반 모델은 1773년 Coulomb의 연구에서 출발하여 컴퓨터 및 유한요소해석 기법이 도입되고 발전된 1960~1970년까지의 긴 시기를 말한다. 실무적인 관점에서 볼 때 전통적 지반해석의 목표는 i) 설계하중 작용 하에서의 지반 변형(주로 수직침하), ii) 파괴를 유발하는 하중의 크기를 정하는 것이다. 적용 가능한 계산방법은 이론 해법을 근거로 하고 있으며, 기하학적 및 역학적 경계조건에 대한 상당한 단순화를 필요로 한다. 이는 2개의 분리된 모델과 해석을 필요로 하는데, 사용성 조건에 적용되는 (선형)탄성 모델과 한계평형해석을 위한 강체-소성(rigid-plastic) 모델이 그것이다.

3.2.2.2 탄성 모델

3.2.2.2.1 선형탄성

Hooke에 의한 선형등방탄성 모델에서는 재료 거동이 단지 탄성계수와 포아송 비 2개의 물성치로 정의되는데, 흙 구조의 경우 체적탄성계수 K와 전단탄성계수 G를 이용한 정의가 선호된다. 이러한 단순성 때문에 이 모델은 경계치 문제의 이론해석법이 주가 되는 전통적 토질역학에 널리 이용되어 왔다. 또한 초기 유한요소해석의 지반 구성 모델로도 이용되었다. 그러나 선형등방탄성 모델은 실제 흙거동의 중요한 특성을 제대로 구현하지 못한다. 2개의 탄성상수를 적절히 선택하면, 어떤 하나의 거동은 알아낼 수 있으나 다른 거동을 예측할 수는 없다. 예를 들어 터널 수치해석에서 지표면 최대 침하에 대해 정확한 값을 얻을 수 있으나, 심도에 따른 침하분포는 정확하지 못하다(Dolezalova 외, 1998).

등방재료에 대한 응력 상태는 3개의(독립적인) 응력 불변량을 이용하여 나타낼 수 있는데, 3개의 주응력을 이용하거나 평균유효응력 p'(또는 제 1 응력 불변량), 2차 축차응력 불변량 J와 Lode 각 θ을 이용할 수 있다. 후자가 흙의 거동을 표현하는 데 보다 편리하다.

$$p=\frac{\sigma'_1+\sigma'_2+\sigma'_3}{3} \tag{3.1}$$

$$J=\frac{1}{\sqrt{6}}\sqrt{(\sigma'_1-\sigma'_2)^2+(\sigma'_1-\sigma'_3)^2+(\sigma'_2-\sigma'_3)^2} \tag{3.2}$$

$$\theta=\tan^{-1}\left[\frac{1}{\sqrt{3}}\left(2\frac{(\sigma'_2-\sigma'_3)}{(\sigma'_1-\sigma'_3)}-1\right)\right] \tag{3.3}$$

응력 및 변형률의 범위가 매우 작다면(토질동역학의 문제들) 변형을 구하거나, 기초하부 수직응력의 근사적인 분포를 결정하는 데 탄성이론으로 충분하다(Hoeg 외, 1968; Nuebel 외, 1999). 또한 탄성 모델은 예비해석이나, 이론해가 존재하는 문제에 대한 수치해석법의 검증이나 코드(code)를 보정하는 데도 유용하다.

이방성 선형탄성 모델로 확장하는 것이 상황을 크게 개선시키지는 못한다. 직교이방성(transverse anisotropic) 탄성 모델은 퇴적 지반의 경우처럼 수평 및 수직 방향으로 흙의 강성이 다른 특성을 고려할 수 있어 일부 관심을 얻어 왔다. 이 모델은 5개의 독립적인 물성치가 필요하며 응력 상태는 6개의 독립적인 응력변수로 표현된다.

3.2.2.2.2 비선형탄성

비선형탄성을 포함하는 모델은 선형탄성 모델은 획기적으로 개선한 것이다. 이 모델로 전단(또는 축차) 응력과 전단(또는 축차) 변형률의 비선형 거동을 나타낼 수 있다. 널리 사용되는 변형 탄성 모델은 쌍곡선(hyperbolic) 모델이며(Kondner, 1963) 전단탄성계수를 초기 G_o에서 파괴 시 0까지 변화시킨다. 이 모델의 전단거동은 정규압밀점토나 느슨한 모래에 대한 전단곡선과 잘 일치한다. 이 모델은 Duncan & Chang(1970)이 처음으로 유한요소해석 프로그램에 적용하였다. 쌍곡선 모델은 실험결과를 통해 얻을 수 있는 2개의 물성치가 필요하다. 최근 미소 변형률 범위에서 강성의 변화를 나타낼 수 있는 비선형탄성 구성 모델이 개발되었다(Jardine 외, 1986). 이 모델을 이용하여 깊은 굴착이나 터널 굴착으로 인한 변형거동을 보다 정확하게 예측할 수 있게 되었다.

전단거동에 대한 쌍곡선 모델은 물론 압축거동에 대한 모델을 통해 반드시 보완되어야 한다. 이 두 모델은 종종 전단 및 압축거동을 독립적으로 다룬다. 하지만 전단거동에 적용되는 비선형탄성 모델과 압축거동에 대해 일정 체적변형계수로 정의되는 선형탄성 모델이 결합되는 경우가 드물지 않다.

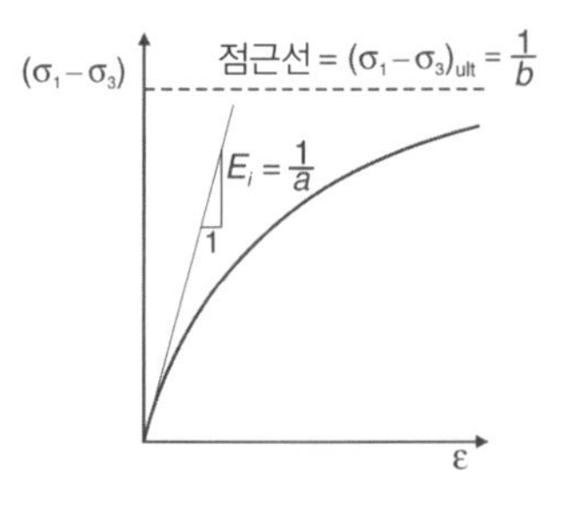

(a) 포물선 응력-변형률 곡선

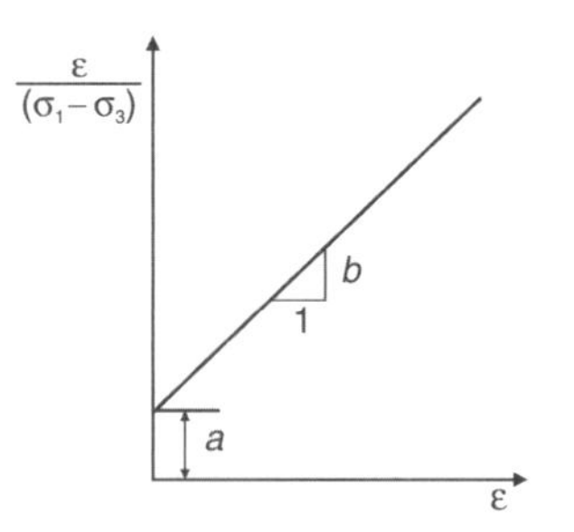

(b) 포물선 관계의 변환

그림 3.6 포물선 모델

추가적인 개선은 접선체적 변형계수(tangent bulk modulus)를 평균유효응력의 선형함수로 가정하는 $K-G$ 모델을 이용하여 달성할 수 있다(Naylor 외, 1981).

$$K_t = K_o + \alpha_k p' \tag{3.4}$$

여기서 접선체적 변형계수는 다음과 같이 표현되는데, 그림 3.7과 같은 압축 및 전단 곡선으로 나타난다.

$$G_t = G_o + \alpha_G p' + \beta_G J \tag{3.5}$$

이 모델은 곡선 거동을 실질적으로 모델링할 수 있을 뿐 아니라 전단변형계수가 평균유효응력에 따라 변화하는 특성도 고려할 수 있다. 위 식에 보인 바와 같이 $K-G$ 모델은 5개의 독립된 물성치를 필요로 한다.

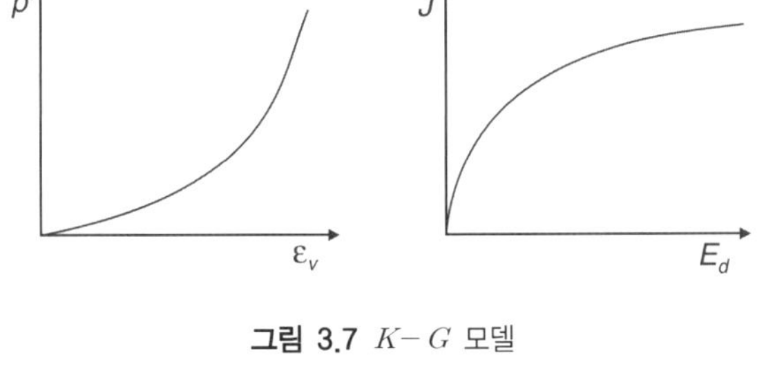

그림 3.7 $K-G$ 모델

탄성비선형압축에 대한 전형적인 사례는 반대수압축성(VCL, semi-logarithmic compressibility)에 대한 Terzaghi의 공식으로, 이를 통해 수직 유효응력 σ'_v에 비례하는 접선구속탄성계수(tangent elastic compression modulus) $M = d\sigma'_v / d\epsilon_v$을 구할 수 있다. 수직압축에 대한 보다 일반적인 비선형 탄성 모델이 Ohde(1939)에 의해 $M = M_o(\sigma'_v / \sigma'_{vo})^{\alpha}$로 제안되었다[이 모델이 간혹 Janbu(1963)의 연구로 잘못 인용된다].

비선형탄성 모델은 삼축압축시험이나 압밀시험과 같은 특정한 응력 경로의 실험으로 얻은 응력-변형률 단조곡선(monotonic curve)을 잘 모사한다. 그러나 보정곡선을 넘어서는 범위의 외삽법은 실질적으로 불가능하다. 이러한 모델은 흙의 거동에 대한 하나의 특성(응력-변형률 곡선)에만 집중하고 있으며, 다른 주요 사항(응력 경로 의존성, 전단 시 체적변화 등)은 고려하지 못한다. 또한 비선형탄성 모델은 합리적 이론적 근거가 부족한 선형탄성 모델의 일부 단점을 공유한다[반복 하중 동안 이력거동(hysteretic behaviour)이 없다].

3.2.2.2.3 완전소성 및 파괴

탄성 모델과 비교하여 소성이론의 체계는 명백히 정성적으로 한 단계 도약한 것이다. 소성 모델은 응력의 범위를 제한하고 팽창거동을 허용하며, 어느 정도 이력거동을 모사할 수 있다.

소성항복이 파괴조건과 일치하는 완전소성 모델에서 항복조건은 소성 변형률의 크기에 관계없이 일정하게 정의된다(경화나 연화가 발생하지 않음). 응력 공간(stress space)에서 고정된 항복면 내의 거동은 탄성이며, 항복곡면상에서는 완전소성이다. 전통적 토질역학에서 많은 해법이 완전소성 개념을 근거로 하는 한계해석/한계평형법에 기반을 두고 있다(사면안정, 토압분포 및 지지력 문제 등).

일반적으로 재료에 대한 가장 오래된 파괴기준은 Coulomb(1776)에 의해 정의된 파괴선에 근거한 Mohr-Coulomb 기준과 Mohr(1882)에 의한 응력원이다. 파괴 또는 완전소성항복은 점착력 c'와 전단저항각 ϕ'에 지배된다. 전통적 토질역학에서 대부분의 파괴기준은 Mohr-Coulomb 기준을 근거로 하고 있는데, 지지력이나 토압이 그 예이다.

3차원 주응력 공간에서 Mohr-Coulomb 파괴/항복 기준은 그림 3.8(a)처럼 육각형의 콘(cone)으로 표시된다. 이 모델을 확장하여 완전한 구성 모델이 되도록 하려면, Mohr-Coulomb 항복 콘은 완전소성이론의 체계의 항복함수로서, 소성 변형률의 증분을 지배하는 소성유동규칙(또는 소성 포텐셜)을 동반하여야 한다. 항복함수가 소성 포텐셜 함수와 동일하게 가정되는 연계 소성유동규칙(associated flow rule)은 흙의 과도한 팽창을 유발함을 주의할 필요가 있다. 항복 콘 내에서는 보통 등방선형탄성 모델을 적용한다. 따라서 탄성-완전소성 구성 모델은 항복 콘을 정의하는 강도물성치 2개 및 탄성 물성치 2개 등 총 4개의 물성치를 필요로 한다.

Mohr-Coulomb 모델을 수치해석적으로 구현하는 데 따른 장애물은 육각형의 항복 콘의 모서리이다. 이 문제를 피하기 위하여 Drucker & Prager (1952, Mohr-Coulomb 규준이 Tresca 규준의 확장으로 간주될 수 있는 것처럼)는 그림 3.8(b)와 같이 Mises 규준의 확장으로 간주될 수 있는 원형의 항복 콘을 제안하였다.

일반적으로 흙과 암석의 내부 마찰각 및 점착력이 표준물성치인 것으로 받아들이고 있으나, 사실 이 두 물성치는 Mohr-Coulomb 파괴기준과 관련된 파라미터임을 인식할 필요가 있다. 이 기준은 여러 파괴(항복)규준 가운데 단지 하나일 뿐이다. 이 외에도 프로그래밍이 용이하여 매우 인기가 있지만, 실제 흙의 거동을 모사하는 데는 적합하지 않은 Drucker-Prager 규준, Lade & Duncan(1973) 및 Matsuoka & Nakai(1977) 등의 파괴규준이 있다.

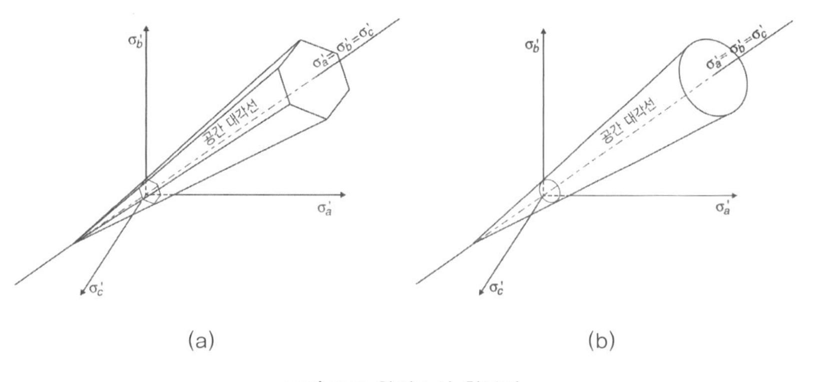

그림 3.8 완전소성 항복면

선형탄성론과 함께 완전소성론은 지반재료에 대해 여전히 가장 널리 사용되는 구성식이라 할 수 있다. 그러나 이 사실이 그 모델의 타당성과 관련된 어떤 것을 의미하는 것은 아니다. 예를 들어 이 모델은 변형이력을 고려하지 못하는 등 여러 한계가 있다. 따라서 파괴면(failure surface) 내부에서 주하중(primary loading), 재하(unloading), 재재하(reloading)를 구분할 수 없다. 계산된 굴착면 바닥이나 터널의 융기(heave)는 비현실적으로 클 수 있다. 탄성거동에서는 압축만 발생할 수 있는데 비해, 전단소성 동안 팽창으로 인해 체적 증가가 무한정으로 발생한다. 열린 항복 콘 내에서의 압축응력은 탄성으로 남아 있고 따라서 재료에 무한대의 압축을 유발한다.

탄성-완전소성 모델의 한계에도 불구하고 완전소성 모델은 여전히 높은 지반 공학적 적용성을 가지며, 특히 비선형탄성 모델과 조합되면 적용성을 개선할 수 있다. 특히, 제방성토와 같은 한계응력 상태에 도달하는 단조응력/변형률(monotonic stress/strain) 경로와 관련된 문제는 이 모델로 충분히 모사가 가능하다.

3.2.3 2세대 구성 모델

3.2.3.1 초기 콘 - 캡(Cone-cap) 모델

앞서 언급한 완전소성 모델의 단점을, 특히 무한대의 탄성압축 변형률, 극복하기 위해 Drucker(1957) 등은 이동이 가능한 항복 캡(cap)으로 콘(cone)을 폐합시켜 체적 소성 변형 경화거동을 모델링하였다[그림 3.9(a)]. 변형률 경화, 즉 항복 캡의 이동은 체적 소성 변형률에 지배를 받는다. 따라서 이 모델은 탄성-완전소성 모델에 필요한 4개의 물성치와 함께 체적 경화물성치가 요구된다. 연계 소성유동규칙(associated plasticity)을 가정하여 항복 캡을 소성 포텐셜(potential)로 채택한다. 따라서 이 콘-캡(cone-cap) 모델을 통해 소성 체적 변형 및 전단 변형률을 고려할 수 있고, (캡 상에서의 응력에 대해) 초기 재하와 재재하의 구분이 가능해진다.

3.2.3.2 한계상태 모델

콘-캡(Cone-cap) 모델의 개발과 같은 시기에 Roscoe(1958) 등은 한계상태 토질역학 개념을 소개했고, Calladine(1963)은 경화소성론이 흙 모델링에 적절한 근간임을 주장하였다. 한계상태 이론 개념에 근거한 Cam Clay 모델은 Roscoe & Schofield(1963) 및 Schofield & Wroth(1968)에 의해 소개되었고, 수정 Cam Clay 이론은 Roscoe & Burland(1968)에 의해 제안되었다. 후자의 경우 그림 3.9(b와 같이 연계 소성유동규칙 및 등방경화/연화와 함께 $p' - J$ 평면에서 타원형 항복곡면을 가정하였다. 항복면의 실제크기는 재료의 이력(memory)을 나타내는 스칼라 변수에 의해 지배받고, 누적 소성 체적 변형률의 크기에 따라 변한다. 크기가 변하는 것을 제외하고는 주응력 공간에서 항복면의 모양 및 방향은 변하지 않는다.

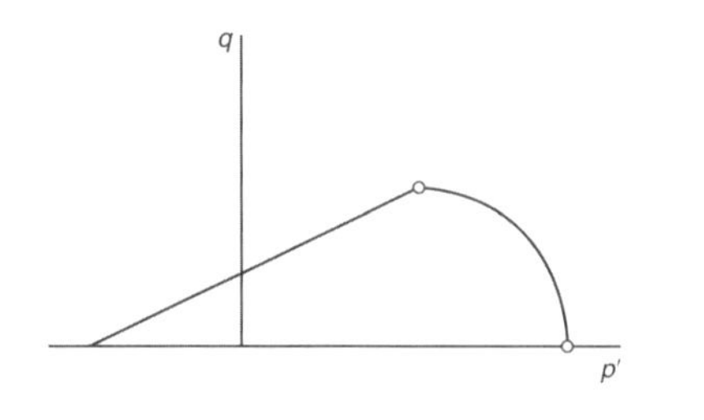

(a) Drucker-Gibson-Henkel 콘-캡 모델

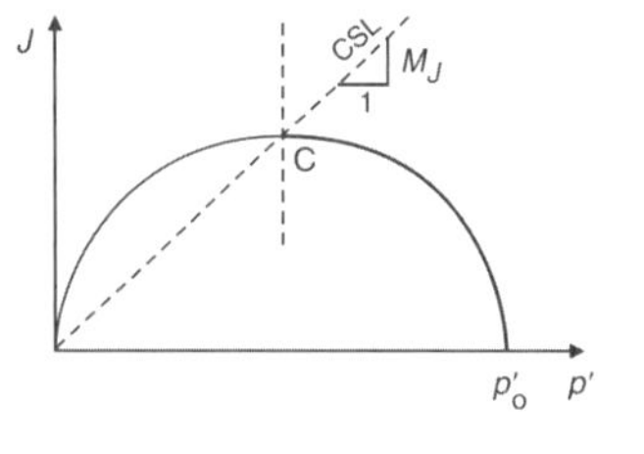

(b) 수정 Cam Clay 모델

그림 3.9 흙의 항복 기준

Cam Clay 모델은 흙의 압밀과 전단을 동시에 고려할 수 있다. 모델은 5개의 입력치를 필요로 하는데 v_1, κ, λ는 압밀 물성치이고, M_J 또는 ϕ'_{cs}는 배수 강도 물성치이며, G 또는 μ는 탄성 물성치이다. 이때 λ는 처녀 압밀선의 기울기이고, κ는 $v-\ln p'$ 평면에서 팽창선(swelling line)에서 기울기이며(그림 3.10), v_1은 $p'=1$일 때의 비체적(specific volume)이다($v=1+e$). M_J는 한계상태에서 전단저항각에 대응하는 $p'-J$ 평면에서 한계상태선의 기울기이다[그림 3.9(b)].

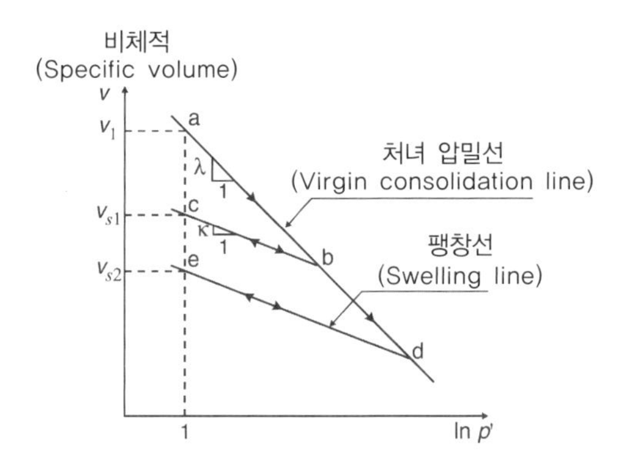

그림 3.10 등방압축하에서의 Cam Clay

비배수 전단강도 S_u는 모델 파라미터(입력치)에 해당되지 않는다는 점을 주목할 필요가 있다. 그러나 S_u는 위에서 언급한 모델 입력치와 흙의 초기응력 조건을 이용한 상관관계로 나타낼 수 있다(Potts & Zdravkovic, 1999). 또한 Cam Clay 모델은 삼축압축 공간에서 유도된다. 유한요소해석을 위해 이 모델을 일반 응력 공간으로 확장하는 다양한 시도가 이루어졌으나 불행히도 잘 정리되어 있지 못하다.

Cam Clay 모델은 논리적 이론 구조 및 훌륭한 예측 능력으로 인해 높은 인기를 얻었다. 그림 3.11(a)는 수정 Cam Clay 이론을 통해서 예측된 배수 삼축압축실험을, 그림 3.11(b)는 비배수 삼축압축실험을 보여주고 있다(Potts & Zdravkovic, 1999).

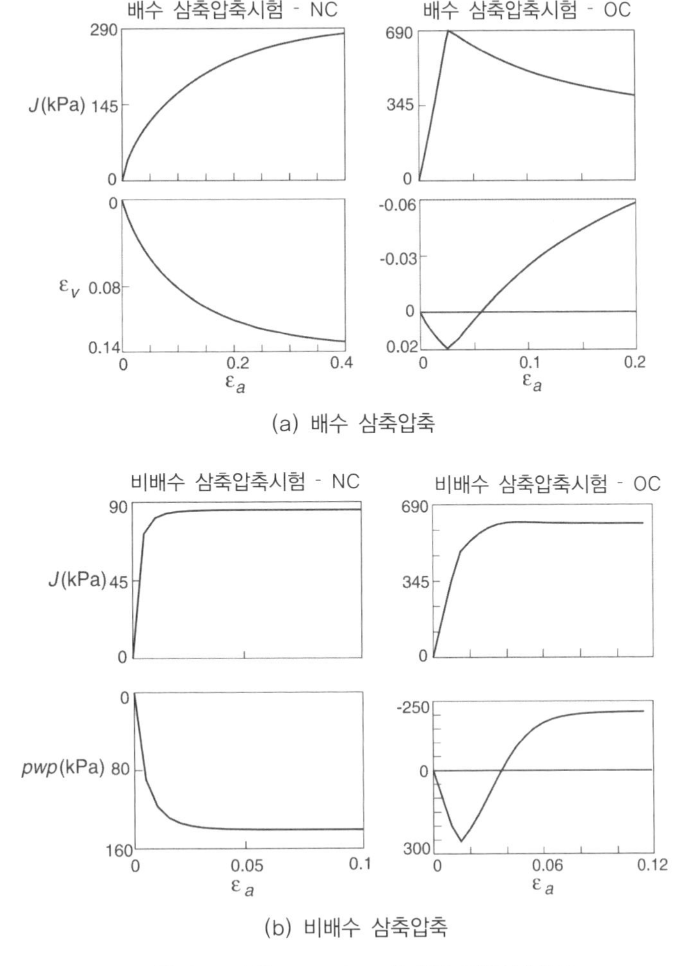

그림 3.11 수정 Cam Clay에 의한 삼축압축시험

3.2.3.3 콘-캡(Cone-cap) 모델

그동안 기본 Cam Clay 모델들에 대한 다양한 수정 모델이 제안되어 왔는데, 여전히 그 대부분은 한계상태 개념을 바탕으로 하고 있다. Cam Clay 모델의 단점은 상한계 항복곡면(supercritical yield surface, dry side)이 최대 강도를 매우 과대평가한다는 점이다. 수정 Cam Clay 모델의 초기 계산응용에서 Zienkiwicz & Naylor(1973)는 상한계(supercritical) 영역에서의 Cam Clay 항복곡면을 Hvorslev(1937)의 파괴면으로 대체하였다[그림 3.12(a)]. 그러나 과다한 팽창을 방지하고 한계상태점에서의 불일치를 피하기 위하여, 비연계 소성유동규칙을 적용하여 한계상태에서의 dilatancy를 '0', $p' = 0$에서는 고정된 값을 적용하였다. Hvorslev 면을 결합한 유사한 모델에서 상한계 Cam Clay 항복면은 소성 포텐셜면으로 사용되기도 하였다.

Di Maggio & Sandler(1971), Sandler(1976) 등은 Hvorslev 면 대신에 상한계 영역에서 고정된 항복면을 적용하고, 이를 체적 성변형률의 함수로 이동이 가능한 캡(cap) 항복면과 폐합시켰다[그림 3.12 (b)]. 이 모델은 정규압밀 및 압밀비가 높지 않은 흙에 대해 경화거동을 예측할 수 있지만, 과압밀비가 높은 흙의 연화거동을 예측할 수 없다. 이 모델 및 유사한 다른 모델이 수많은 수치해석에 적용되어 왔다.

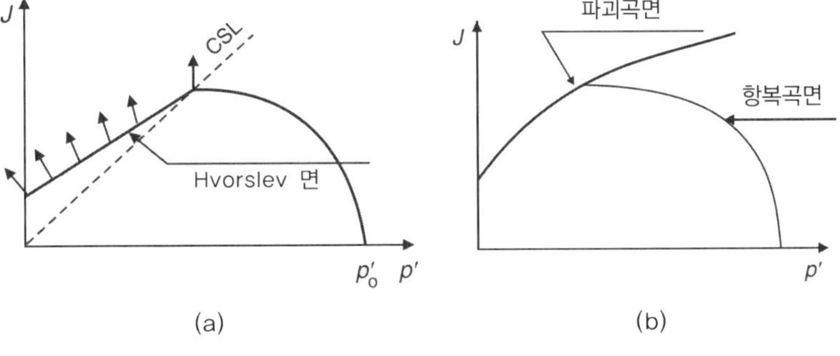

그림 3.12 Cam Clay 상한계(supercritical)면의 수정

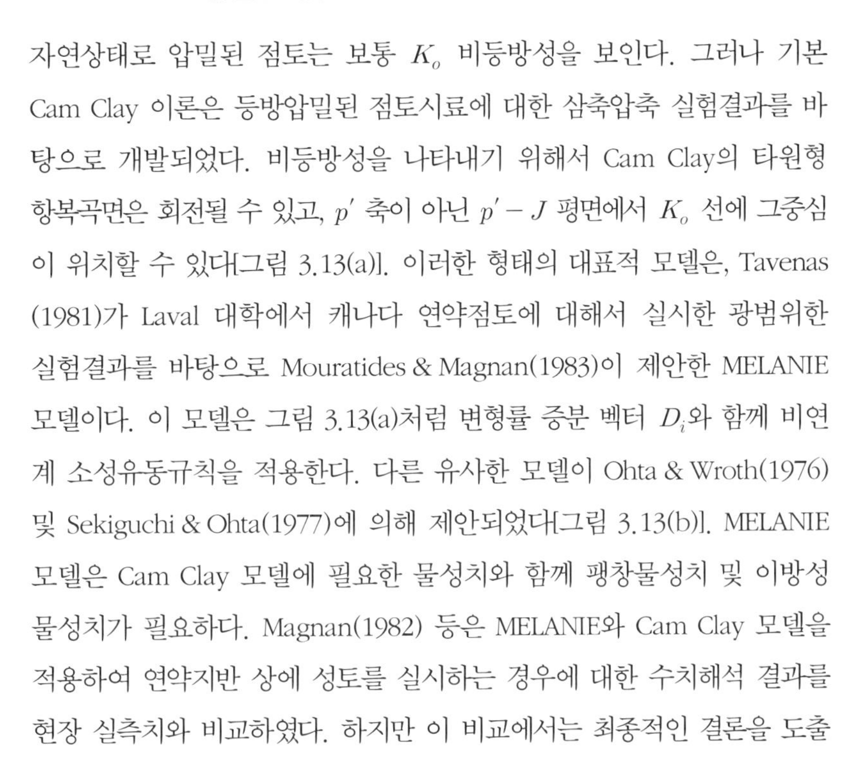

3.2.3.4 K_0로 압밀된 흙

자연상태로 압밀된 점토는 보통 K_o 비등방성을 보인다. 그러나 기본 Cam Clay 이론은 등방압밀된 점토시료에 대한 삼축압축 실험결과를 바탕으로 개발되었다. 비등방성을 나타내기 위해서 Cam Clay의 타원형 항복곡면은 회전될 수 있고, p' 축이 아닌 $p' - J$ 평면에서 K_o 선에 그중심이 위치할 수 있다[그림 3.13(a)]. 이러한 형태의 대표적 모델은, Tavenas(1981)가 Laval 대학에서 캐나다 연약점토에 대해서 실시한 광범위한 실험결과를 바탕으로 Mouratides & Magnan(1983)이 제안한 MELANIE 모델이다. 이 모델은 그림 3.13(a)처럼 변형률 증분 벡터 D_i와 함께 비연계 소성유동규칙을 적용한다. 다른 유사한 모델이 Ohta & Wroth(1976) 및 Sekiguchi & Ohta(1977)에 의해 제안되었다[그림 3.13(b)]. MELANIE 모델은 Cam Clay 모델에 필요한 물성치와 함께 팽창물성치 및 이방성 물성치가 필요하다. Magnan(1982) 등은 MELANIE와 Cam Clay 모델을 적용하여 연약지반 상에 성토를 실시하는 경우에 대한 수치해석 결과를 현장 실측치와 비교하였다. 하지만 이 비교에서는 최종적인 결론을 도출

하지 못했으며 이방성을 고려한 방법이 더 우월하다는 사실도 확인하지 못하였다.

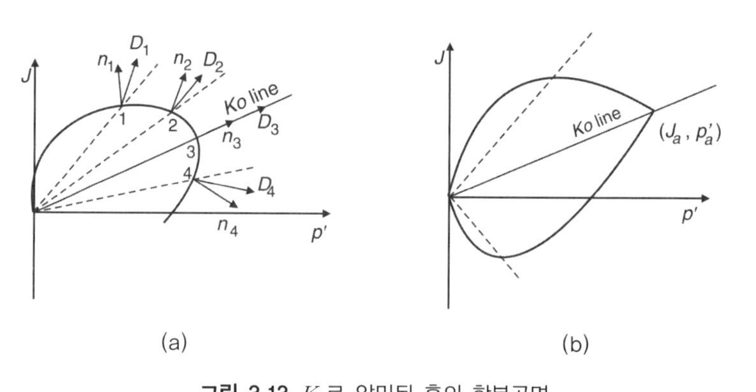

그림 3.13 K_o로 압밀된 흙의 항복곡면

3.2.3.5 연계 소성유동규칙과 비연계 소성유동규칙

연계 소성유동규칙(associated flow rule) 그리고 항복면과 소성 포텐셜이 다른 비연계 소성유동규칙(non-associated flow rule)의 소성 모델을 구분해볼 수 있다. 연계 소성유동규칙을 따르는 모델의 경우 작은 수의 입력 물성치를 필요로 하며 수학적으로 보다 단순한 구조를 가지므로, 이론적인 측면에서도 유리하다(유일성 및 안정성을 따른다). 불행히도 이 모델의 흙 및 암석에 대한 적용성은 전단 시 압축성을 보이는 연약점토 및 느슨한 모래에 국한된다. 연계 유동규칙을 과압밀 점토 및 조밀한 모래에 적용하는 경우 전단저항각이 팽창각에 대응되는(Mohr-Coulomb 모델의) 경우, 계산된 팽창이 매우 크게 계산된다. 또한 연약점토의 경우에도 연계 소성론을 적용하는 것은 심각한 한계를 드러낸다. 예를 들어 정적 액상화(static liquefaction)의 모델링 시 비배수 전단 동안의 연화를

나타내는 응력-변형률 곡선을 모사할 수 없다(Nova 1989).

3.2.4 3세대 구성 모델

3.2.4.1 경화거동의 확장

앞서 언급한 한계상태 개념에 근거하여 등방 경화/연화 탄소성론을 토대로 개발된 2세대 지반 모델은 항복현상, 소성거동 및 전단응력에 의한 수축 및 팽창 등 흙 거동의 여러 가지 측면을 정확히 구현할 수 있다. 그럼에도 불구하고 비교적 큰 변형이 발생한 단조(monotonic) 변형 과정이 이러한 소성 모델의 최적의 적용 범위라 할 수 있다. 이 모델로는 반복하중에 의한 흙의 거동, 급격한 응력/변형률 경로의 변화, 심지어는 주응력 축의 회전 등을 정확히 예측할 수 없다. 어떤 특정 모델은 비배수 거동 시 너무 큰 강성거동(stiff response)을 예측하거나, 정지토압의 크기를 과대평가하는 것 같은 추가적인 문제를 가지고 있다(Pande & Pietruszczak, 1986).

3.2.4.1.1 결합경화(combined hardening)

2세대에 속하는 모델의 항복면의 크기는 소성 체적 변형률의 크기에만 기초한 스칼라 경화매개변수와 등방경화/연화법칙에 의해 결정된다. 이 모델을 확장시키는 첫 번째 단계는, 소성 전단 변형률이 항복면 크기의 변화에 영향을 주는 것을 허용하는 것이다. 따라서 결합경화 법칙에서 등방경화/연화를 지배하는 스칼라 경화매개변수는 소성 체적 변형률과 전단 변형률의 함수로 나타낼 수 있다(Nova & Wood, 1979).

3.2.4.1.2 이중경화(double hardeing)

서로 다른 밀도를 가지는 모래에 대한 삼축압축시험은 전단항복면(shear yield surfaces)의 존재를 나타낸다(Stround, 1971; Tatsuoka & Ishihara, 1974). 전단항복면은 콘처럼 생긴 면이며 소성전단 변형률만의 함수로 경화 또는 연화거동이 가능하다[그림 3.14(a)에서 소성전단 변형률은 소성 변형률 텐서의 편차불변량으로 표시된다]. 이러한 관찰 결과를 바탕으로 2개의 이동(active) 항복면을 갖는 지반 모델이 개발되었다[소성전단 변형률만의 함수에 의해 이동하는 콘형상의 전단항복면, 소성체적 변형률만의 함수에 의해 이동하는 캡(cap) 항복면, 그림 3.14(b)].

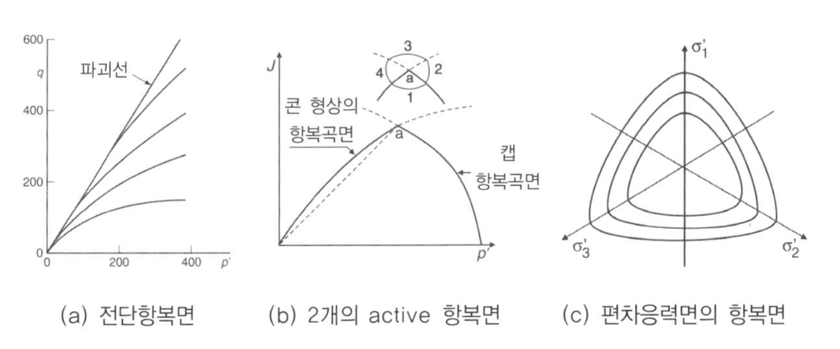

(a) 전단항복면 (b) 2개의 active 항복면 (c) 편차응력면의 항복면

그림 3.14 전단항복면 및 이중경화

이중항복은 Prevost & Hoeg(1975)에 의해 처음 제안되었으며, 이후 초기 모델을 수정하여 Lade(1977)가 모래에 대한 이중항복 모델을 제안하였다(Lade & Duncan, 1975). Vermeer(1982)는 유사한 2개의 이동 항복면과 이중경화를 고려하는 모델을 제안하였다. Lade와 Vermeer의 모델은 그림 3.14(c)에서 보듯 편차응력면에서 3차 응력 불변량으로 항복면을

정의하는 데, 두 모델 모두 사질토의 거동을 분석하는 데 적합하다. Lade의 모델에서 콘 형상의 파괴면은 항복의 한계를 정의한다[그림 3.14(b)]. 이 모델은 총 14개 입력 물성치가 필요한데, 3개는 비선형탄성거동을 제어하고, 나머지는 소성 변형률, 전단 및 체적경화를 제어한다. 이 모델은 일반화된 응력 공간에 대하여 적용이 가능하지만 모델 물성치는 표준 실내 시험으로 얻을 수 있다.

3.2.4.1.3 운동경화(kinematic hardening)

위에서 언급한 지반구성 모델은 압축 및 전단이 작용하는 방사(radial) 하중이나 하중제하를 모사할 수 있다. 그러나 회복이 불가능한 거동이나 반복하중 같은 방사(radial) 하중이 아닌 하중 하에서 흙의 이력효과(memory effect)를 고려하기 위해서, 이들 모델은 소성경화 시 항복면의 이동이 일어나는 운동경화 개념으로 확장되어야 한다. 이를 통해 금속에서 처음으로 관찰된 하중의 방향이 바뀌는 경우에 나타나는 Bauschinger 현상을 모델링할 수 있다.

운동경화 지반구성 모델의 유도는 수학적인 복잡성이 따른다. 항복면의 운동학적 거동은 텐서 내적상태 변수(tensorial internal state variables)의 공식을 이용하여 유도되어야 하며, 허용할 수 있는 항복면의 상호위치는 여러 조건에 의해 제한된다. 운동경화는 흔히 등방경화와 함께 결합되어 항복면의 크기 변화를 허용한다. 이 모델에서 텐서변수(tensorial variables)가 항복면의 위치를, 스칼라 변수가 그 크기를 결정한다.

3.2.4.2. 경계면 소성론(bounding surface plasticity)

전통적 항복곡면은 탄성거동(항복곡면 내부의 응력 상태)과 탄소성 거동(항복면 상의 응력 상태)을 구분한다. 항복면 내부에서의 응력 경로는 탄성 변형률만 발생시킨다. 그러나 실제 흙은 보통 하중제하(unloading) 및 재재하(reloading) 동안 회복 불가능한 거동을 보인다. 따라서 2세대 지반 모델은 중간 내지 큰 폭(보통 $10^{-4} \sim 10^{-3}$보다 큰 변형률)의 반복하중 문제에 적용될 때 한계를 나타낸다. 이러한 모델은 하중제하가 언제나 탄성이기 때문에 기껏해야 계속하여 반복되는 비선형 이력 루프(non-linear closed hysteresis loop)만을 예측한다.

그림 3.15에 Castro(1969)에 의한 느슨한 모래에 대한 고전적 액상화 시험 결과를 보였다. 첫 번째 사이클은 2세대 모델의 어느 것으로도 잘 예측될 수 있는데, 이는 비배수 응력 경로가 수정 Cam Clay 형태의 항복면을 밀접하게 따르기 때문이다. 그러나 첫째 사이클 이후 흙의 거동은 탄성이며, 흙의 응력 경로는 그림 3.15의 1번 점 왼쪽으로는 이동하지 않을 것이다. 따라서 어떠한 모델도 과잉간극수압이 사이클 수의 증가에 따라 증가하고, 누적되어 궁극적으로 액상화에 도달하는 것을 예측할 수 없다.

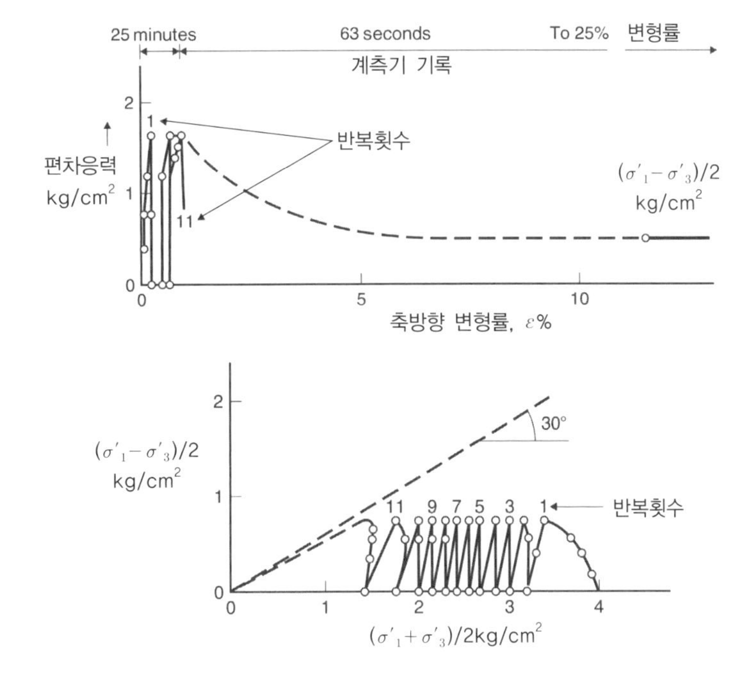

그림 3.15 비배수 반복하중하에서 느슨한 모래의 액상화

지난 20여 년간 이러한 한계를 극복하고자 많은 시도가 있어 왔다. 일반적으로 기본적 아이디어는 선행압밀압력과 관련된 항복면을 등방경화를 받는 경계면으로 고려하는 것인데, 그 내부에서 회복불가능한 변형률이 발생한다(경계면 외부에서 발생하는 것보다는 작은 크기의 변형이 발생한다).

3.2.4.3 다중 항복면(multi-surface) 모델

Mroz(1967)가 금속에 대해 처음 제안하고, 이후 Mroz & Norris(1982)가 흙으로 확장한 다중 항복 모델은 유한한 수의 집단(nested) 항복곡면을 고려하여 응력 경로가 각각 항복면에 접촉하는 경우 점진적으로 활성화된다(그림 3.16). 가장 내부에 위치한 항복면이 실제 탄성구역을 둘러싼다. 모든 항복면은 응력 경로를 따라 응력점(stress point)에 의해 끌려다닌다(운동경화). 항복면들이 접촉면에서 접선이 되거나 서로 교차되지 않도록 하기 위해 특별한 알고리즘이 적용되어야 한다. 응력 경로가 외곽의 표면을 접촉하는 경우 이는 종래의 한계상태 모델에서처럼 팽창이나 수축을 할 수 있다.

이런 다중 항복면 모델 개념을 이용하여 초기의 완전 탄성상태에서부터 극한상태의 완전소성 상태로의 점진적인 전이를 모델링할 수 있다. 그러나 모든 항복면 및 그 이동을 정의하기 위해서는 매우 많은 수의 입력 파라미터를 필요로 한다. 모델 입력치의 수는 감소하지만 여전히 반복하중 소성론의 주요 특성을 모사할 수 있는, 경계면 모델로 불리는 2개의 항복면 모델이 제안되었다.

3.2.4.4 경계면(바운딩면) 모델(bounding surface model)

경계면 모델(Dafalias, 1975; Krieg, 1975; Dafalias & Popov, 1975)에서는 내부의 초기 항복곡면이 완전소성 흐름을 나타내는 경계면에 의해 둘러싸여 있다(그림 3.17). 경계면 모델은 전통적 항복면의 다양한 특성과 유사하지만, 내부의 항복면이 탄성 영역을 제한하는데 비해 이 항복면 내부에서는 소성 변형률이 허용된다. 소성 범위의 하중이 작용하는 경우 초기 내부 항복면(initial inner yield surface)은 등방 또는 결합등방 및 운동경화법칙에 의해 팽창된다.

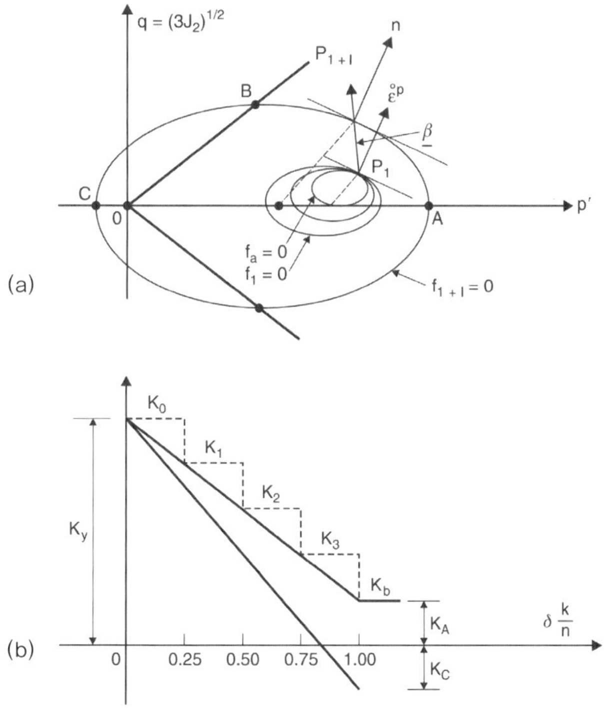

그림 3.16 다표면 모델

소성 변형률을 구하기 위해 원점과 현재 응력점의 거리와 외부경계면상의 공액 관계(conjugate) 또는 이미지(image)의 비로 표현되는 Mapping 법칙을 이용한다. 따라서 소성 변형률은 초기(0)에서 경계면에서는 완성 소성 흐름으로 변환된다. 다중 항복면 모델은 입력 물성치의 수를 크게 감소시키고 알고리즘을 단순화시킬 수 있다. 결과적으로 실제 흙의 거동을 예측하는 모델의 유연성은 어느 정도 상실될 수밖에 없다.

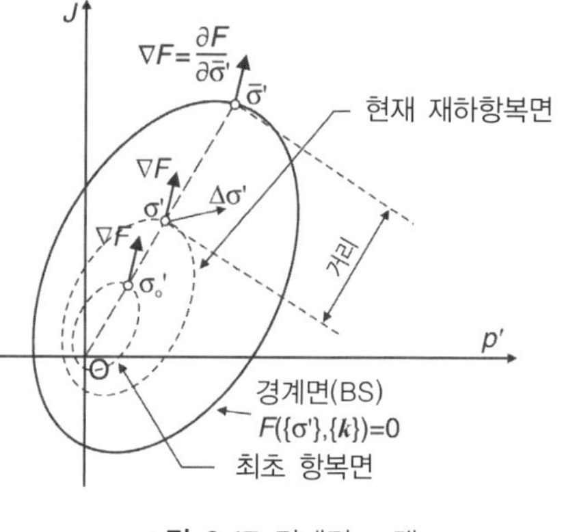

그림 3.17 경계면 모델

경계면 모델이 잘 구현된 예로 MIT-E3 모델을 고려할 수 있다(Whittle, 1987, 1991, 1993; Hashash, 1992). 이 모델은 개략적으로 수정 Cam Clay를 근거로 하고 있으나, 무엇보다 미소 변형률 비선형 이력탄성론(small-strain non-linear hysteretic elasticity), 비등방 항복곡면 및 경계면 소성론 등을 포함한다[그림 3.18(a)]. 탄성 범위에서 모델은 비선형 체적변형계수와 일정한 포아송 비를 이용한다. 진보된 형태의 체적변형계수 K는 이력탄성(hysteric elasticity)을 보이며, 제하-재재하 사이클 동안 과압밀된 흙의 비선형 특성을 모사할 수 있다. 경계면은 수정 Cam Clay 항복타원체의 비등방 형태이고, 흙의 비등방 거동을 구현할 수 있는 일반 응력 공간에 대해 개발되었다. 경화법칙은 경계면의 크기뿐만 아니라 방향(주응력 축의 기울기)도 제어한다. 이는 대변형에서 이방성 흙이 보이는 비등방성 거동의 소멸을 모사할 수 있게 한다. 경계면은 그림 3.19의 한계상태 콘(critical state cone)과 결합하고, 비연계 소성유동규칙은 모델이 한계상태에서 이 콘에 도달할 수 있도록 한다. 경계면 내부의 응력 상태는 과압밀 흙을 나타내지만, 또한 그 안에서 소성상태도 허용된다. 첫째 항복면은 탄성한계를 정의한다. 하중제하 동안 이 항복면은 재하항복면(loading surface)으로 팽창한다.

따라서 MIT-E3 모델은 일반적인 하중조건에서 흙이 보이는 대부분의 전형적인 특성을 모사할 수 있다. 그러나 이는 15개 입력 물성치 평가의 어려움과 함께 모델을 매우 복잡하게 한다. MIT-E3 모델에 대한 상세한 논의는 Ganendra(1993) 및 Potts(1995)에서 찾을 수 있다.

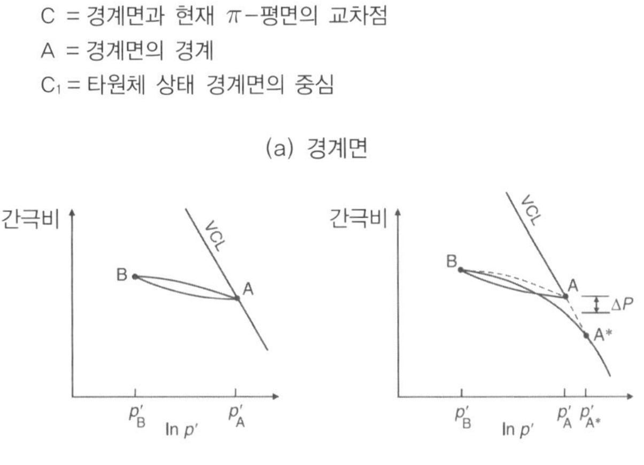

P = 현재 응력 상태
C = 경계면과 현재 π-평면의 교차점
A = 경계면의 경계
C_1 = 타원체 상태 경계면의 중심

(a) 경계면

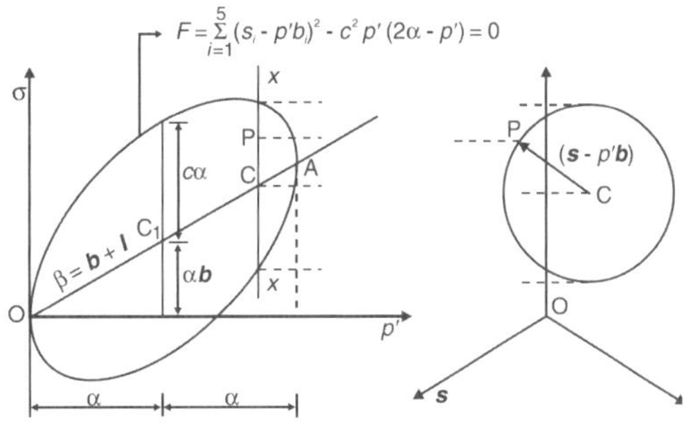

(b) 등방 하중제하(unload)−하중재재하(reload) 거동

그림 3.18 MIT-E3 모델

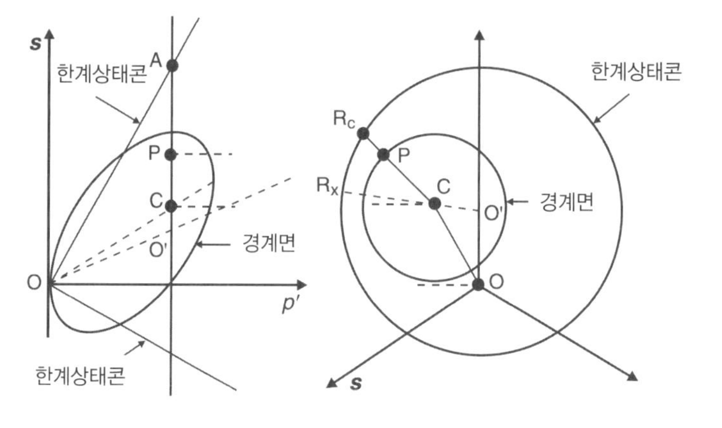

O' = 한계상태콘 축과 현재 π-평면의 교차점
R_c = 벡터 CP의 한계상태콘으로의 투영
R_x = 벡터 O'C의 한계상태콘으로의 투영

그림 3.19 MIT-E3 경계면과 한계상태콘

3.2.4.5 버블(bubble) 모델

버블 모델은 경계면 모델을 추가로 발전시킨 것으로 이해할 수 있다. 후자의 경우 흙의 거동을 효율적으로 잘 나타낼 수 있으나, 경계면 내에서 반복하중이나 흙의 이력(hysteretic) 거동에 관련해서는 여전히 문제를 내포하고 있다. 즉, 하중제하 동안 흙은 탄성거동을 보인다고 가정하는 데, 실제 흙은 소성항복에 도달되기 전 매우 제한된 탄성범위를 보인다. Al-Tabbaa(1987)와 Al-Tabbaa & Wood(1989)는 경계면 내부에 버블(bubble)이라 불리는 작은 운동항복면을 도입하였다(그림 3.20). 탄성거동은 버블 내부에서만 정의되며, 버블은 응력점(stress point)에 의해 끌려 다니기 때문에 운동경화법칙에 지배를 받는다. 운동항복면 및 경계면의 크기는 축척법칙(scaling law)을 이용하여 정한다.

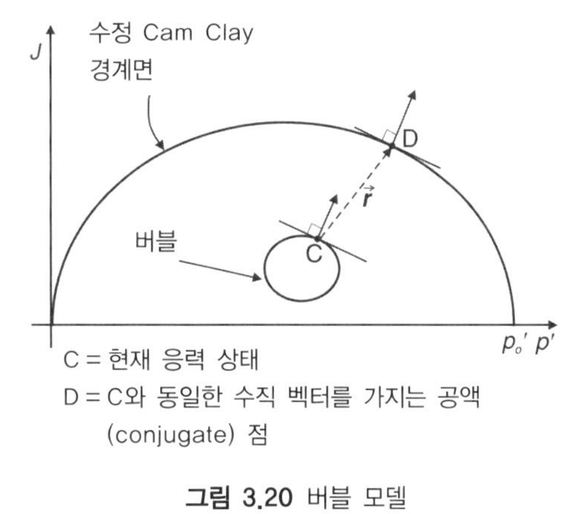

그림 3.20 버블 모델

Al-Tabbaa & Wood의 버블 모델은 삼축응력 공간에서 개발되었고, 단지 7개의 물성치를 필요로 한다. 이는 첫째 버블의 외곽에 위치한 두 번째 버블(이력면, history surface)을 도입한 Stallebrass & Taylor(1997)에 의해 일반응력 공간으로 확장되었다. 안쪽 버블은 선형탄성거동을 대표하고, 내부 버블과 외부 버블 사이 및 외부 버블과 경계면 사이 영역에서의 응력 상태는 탄소성 거동을 유발한다. 유사한 모델이 Puzrin & Burland(1998), Kavvada & Amorosi(2000), Rouainia & Wood(2000)에 의해 제안되었다.

3.2.4.6 고급 모델의 이용

경계면 모델이나 버블 모델 같은 고급구성 모델을 사용하여 반복하중거동, 비등방성 등 지반재료에 대한 복잡한 실험을 통해 관측된 다양한 현상을 이론적으로 설명할 수 있다. 그러나 여러 다른 현상들이 단일 모델을 통해 동시에 설명될 수 있는지는 의문이다. 보통 1가지 현상을 개선하면 다른 부분은 나빠진다. 어떤 경우라도 이런 모델은 매우 복잡해지고, 실무 적용성에 한계를 갖는다.

흙이나 암석의 내부 구조는 항복면의 기하학적 변형을 통해서 모델링되기 때문에, 응력 공간에서 항복면의 실제 크기, 위치 및 방향은 대상 재료의 응력 변수로 나타낸다. 상태 변수들은 측정가능하고(최소한 이론적으로는) 분석이 가능하지만, 실제로 이런 경우는 매우 드물다. 따라서 이런 모델을 실제 문제에 적용하는 것은 초기 상태 결정의 어려움으로 인해 대단히 어렵다. 물성치의 수가 매우 많고 특별한 시험이 요구되는 경우, 재료의 물성치를 결정하는 것 역시 문제이다.

3.2.5 신개념의 대안적 지반 모델

소성론의 범주를 넘어서는 다양한 구성 모델이 존재한다. 이런 모델은 보통 연속체 역학 및 열역학 법칙에 근거하고 있다(Truesdell & Noll, 1965). 예를 들어 엔도크로닉(endochronic) 모델을 생각해볼 수 있다(Valanis, 1971, 1982; Bazant, 1978). 이 모델은 고유시간(intrinsic time)이라 불리는 단조적으로 증가하는 내부변수를 포함하는데, 이 변수는 변형이력을 추적하고, 변형률의 계산을 제어한다.

하이포플래스틱(Hypoplastic) 모델 또한 새로운 접근법을 대표한다. 이 모델은 변형률을 탄성과 소성으로 구분하지 않기 때문에 상대적으로 고상해 보이는 수학적 공식으로 주어진다(Wu & Bauer, 1994; Chambon 외, 1994; Kolymbas 외, 1995; Gudehus, 1996; Nieminis & Herle, 1997).

전통적인 방식과 다른 구성 모델 접근법의 또 다른 예는 다층(multilaminate)

모델이다(Pande & Sharma, 1983; Pietruszczak & Pande, 1987). 이 모델은 재료 내부에 유한한 수의 활동면이 존재한다고 가정한다. 각 활동면에 탄성-완전소성 모델을 적용하면, 유발되는 변형을 준(quasi) 블록 변위에서 얻을 수 있다.

구성 모델의 또 다른 새로운 접근법은 Desai(1999)의 교란상태 개념(disturbed state concept)이다. 이는 기본적으로 2개의 모델을 이용하는데 하나는 교란되지 않은 재료이고, 하나는 완전히 재성형된 재료이다. 흙의 교란이 한 상태에서 다른 상태로 변하는 것은 교란정도에 좌우되는 알고리즘에 의해 조절된다. 원칙적으로 이 2개의 모델은 앞서 언급한 어떤 체계로도 유도가능하나, 보통은 변형경화/연화소성론을 근거로 한다.

4

재료의 물성치 결정

4.1 물리적 물성치의 직접적인 결정

4.1.1 지반 물성치의 종류

흙의 재료 물성치(물리적 물성치)는 같은 흙의 거동을 나타내기 위해 사용되는 구성 모델의 입력 물성치의 대부분 또는 전체를 구성한다. 이런 재료 물성치는 흙의 특성을 나타내며 특정 흙에 대해 일정한 값을 가진다. 물성치의 예는 포아송 비 μ, 한계상태에서의 전단저항 M, 그리고 VCL의 기울기 λ와 팽창선의 기울기 κ 등이 있다. 이런 물성치는 흙의 특성을 나타내며 임의의 수학공식에서 상수로 나타나므로 계산 도중 변하지 말아야 하며 문제의 특성에도 영향을 받아서는 안 된다.

재료의 물성치는 각각 흙의 강성과 강도를 특성화하는 2개의 형식으로 구분된다. 앞서 언급한 λ, κ는 전자에 속하며, 여기에는 1차원 압밀시험을 통해서 결정되는 기울기 C_c, C_s도 포함된다. 흙의 강도를 나타내는 재료의 물성치는 전단저항 각과 실제 점착력이다.

상태 변수[응력, 간극률, 흙입자의 접촉방향, 포화도, 온도, 변형속도(deformation rate) 등]은 재료의 실제 상태를 나타내고, 계산 동안(물리학적으로 허용되는) 넓은 범위로 변화될 수 있다. 어느 시점에서나 상태 변수를(최소한 이론적으로는) 직접 측정할 수 있어야 한다.

변형(변형률) 텐서는 측정할 수 없기 때문에 지반재료의 상태 변수가 아니라는 것을 언급할 필요가 있다. 초기 상태에 대한 변형률의 증분만을 결정할 수 있다. 초기 상태에서(예를 들어 실험이 시작되기 전 실험실 시료를 생각하자) 변형률 텐서는 의미가 없기 때문에 임의로 선택할 수 있다.

보다 진보된 지반 모델에서는 재료의 물성치뿐만 아니라 상태에 영향을 받는 물성치가 입력 물성치로 사용된다.

입력 물성치는 숨겨진 (내부) 물성치도 포함한다. 이들은 상태 변수이지만 직접적으로 측정할 수는 없다. 숨겨진 물성치의 예로서 운동경화법칙이 적용될 때 항복면의 이동을 정의하는 텐서를 들 수 있다. 특정 흙에 대한 이런 숨겨진 모델 물성치를 결정하는 방법으로 4.2에서 언급하는 물성치 최적화 기법을 이용할 수 있다.

앞서 언급한 흙의 물성치와 함께 경험 물성치도 언급되어야 한다. 이는 경험식으로 표현되는데, 강성 또는 강도를 표준 관입시험과 연계시키는 식이 그 예이며, 실제 현장에서 관측된 결과를 근거로 한다.

4.1.2 압밀과 강성 물성치의 결정

흙의 압밀을 나타내는 재료의 물성치는 보통 압밀시험기(oedometer)를 이용하여 불교란 시료에 대한 실내 시험을 통하여 결정할 수 있다. 이 시험을 통해 $e-\log_{10}\sigma'_v$의 기울기인 C_c와 팽창선의 기울기인 C_s를 구할 수 있다. 추가 정보는 삼축압축장비에서 등방압축시험을 통해 구할 수 있다. 이러한 방식으로 $v-\ln p'$에서 VCL의 기울기인 λ과 팽창선의 기울기인 κ를 구할 수 있다.

작은 변형률에서 큰 변형률에 따라 변하는 자연 흙의 강성특성은 아래의 조건을 만족한다면 실험실에서 결정될 수 있다.

- 시료가 거의 교란되지 않는다.

- 변형률을 측정하기 위해(시료에 부착되는) 국부적 변환기(local transducer)가 설치가 가능하다.

최근 전단파속도와 강성(G_{max})을 측정하기 위하여 삼축시료의 양쪽 끝단(또는 임의의 지점)에 부착되는 벤더엘리먼트(bender element)가 개발되었다. 공명시험장치(resonant column device) 역시 동일한 목적으로 개발되어 왔다. 강성의 이방성(stiffness anisotropy)에 대한 심층연구를 위해 3개의 주응력 크기 및 방향이 조절될 수 있는 진삼축압축장비 및 할로우(중공) 실린더(hollow cylinder)를 이용한 연구도 수행되어 왔다.

또한 지표면이나 크로스홀(cross-hole)로부터 직접 발생시키거나, seismic cone 같은 특별한 CPT에 의해 탐지되는 지진파의 속도를 이용하는 지구물리학적 기법이 초기 미소 변형률에서의 현장 강성을 측정하기 위해 사용되고 있다. 이 주제에 대해서는 매우 많은 문헌자료가 존재한다. 참고문헌은 다음과 같다.

- 1991년 Florence에서 개최된 10차 유럽 토질역학 및 기초공학 학회
- 1997년 Hamburg에서 개최된 14차 국제 토질역학 및 기초공학 학회
- 또한 1994(Hokkaido), 1997(London) & Torino(1999)에 연속적으로 개최된 'Pre-failure deformation behaviour of geomaterials' 학회

공내 재하 시험이나 DMT 시험 같은 현장 시험 장비가 강성을 구하기 위해 자주 사용된다. 이러한 장비에 대한 논의는 본 가이드라인의 범위를 넘으므로 독자들은 Clarke(1995) 및 Marchetti(1997)의 도서를 참조하기 바란다.

또한 어떤 나라에서는 표준 관입시험 같은 현장 시험 기법이 강성을 구하

기 위해 사용된다(Riggs, 1982). 지역적으로 다른 상관관계가 이용되기 때문에 이를 일반적으로 적용하기 위해서는 조심스런 접근이 필요하다.

4.1.3 강도 물성치의 결정

흙의 전단거동은 직접전단, 단순전단시험, 전통적 삼축압축시험, 심지어 진 삼축압축시험 및 할로우(중공) 실린더(hollow cylinder) 등 다양한 장비를 통해서 분석할 수 있다. 직접전단시험은 강도는 물론이고 시료에 작용하는 수직응력의 함수로 표현되는 전단응력과 전단 변형률 사이의 관계에 대한 정보를 제공한다. 이를 통해서 강도 물성치인 내부 마찰각 φ' 및 실제 점착력 c'를 결정할 수 있다. 그러나 가장 일반적인 시험은 전통적 삼축압축시험이다. 많은 지반 모델이 삼축압축응력 공간에 대해 표현되기 때문에, 삼축압축시험은 이러한 모델이 요구하는 재료의 물성치에 대한 최고의 정보를 제공해준다. 예를 들어 수정 Cam Clay 모델에서는 내부 마찰각이 삼축압축시험을 통해서 결정되어야 한다. 고급구성 모델을 위해 좀더 상세한 정보를 얻기 위해서는 실제 삼축압축시험, 중공 실린더 시험 및 기타 복잡한 시험이 필요하다. 예를 들어 3차 응력 불변량(third stress invariant)에 대한 의존성은 전통적인 삼축압축시험을 통하여 결정할 수 없다.

연약점토에서 견고한 점토의 비배수 전단강도를 측정하기 위해서 현장 베인(vane) 시험이 오랫동안 이용되어 왔다. 이 실험은 Vane 삽입에 의한 교란효과, 회전비율 및 이방성 등에 따른 해석상 어려움이 있으나, 충분한 경험을 토대로 유용한 결과를 얻을 수 있다. 이는 특히 연약지반상에 성토를 실시할 때 유용하다. 1988년 출판된 ASTM STP 104는 이 장비의 사용 및 결과 분석에 관련된 매우 유용한 다수의 논문을 포함하고 있다.

아마도 현장 시험에서 강도를 측정할 때 가장 흔히 그리고 성공적으로 사용되어 온 장비는 CPT나 CPTU일 것이다. 이 장비를 이용하여 점토의 비배수 전단강도 및 모래의 내부 마찰각 (또한 상대밀도)를 신뢰성 있게 결정할 수 있다. 피에조콘 시험의 사용 및 분석에 대해 무수한 참고문헌이 존재한다. 추가 정보를 위하여 독자들에게 Lunne(1997) 등의 도서를 추천한다.

실내 시험이나 현장 시험을 통해 강성 및 강도를 결정하는 것과 관련된 추가 정보는 Potts & Zdravkovic(2001a)에서 찾을 수 있다.

4.2 최적화를 통한 물성치의 결정

4.2.1 서론

복잡한 지반 모델은 물리학적으로 반드시 의미를 갖지 않거나, 실내 시험이나 현장 시험을 통해서 직접 결정할 수 없는 모델 입력치를 포함할 수 있다. 이러한 구성 모델은 특정 흙의 배수 시험 및 비배수 시험에 대한 다양한 응력 경로의 많은 실험을 통해 평가되어야 한다. 입력물성치는 다양한 하중조건이나 응력 경로에 대해 가능한 평균적으로 최적의 예측을 할 수 있도록 결정되어야 한다.

특정 지반 모델에 대하여 모델 물성치를 찾는 방법은 여러 삼축압축시험이나 현장 시험을 모사하고, 응력, 변형률, 간극수압에 대한 실험 및 이론값 사이의 차이를 측정하는 것이다. 이러한 차이를 최소화시키는 모델물성치의 조합(model parameter set)은 최적화 기법으로 조사되고 결정될 수 있다.

다양한 시험을 모사할 수 있도록, 변형률로 유도한 구성방정식은 변형률과 응력의 혼합형식(mixed form)으로 다시 표현되어야 한다.

4.2.2 응력-변형률 혼합조건하에서의 구성관계

4.2.2.1 응력-변형률의 복합 제어

소성론의 흐름법칙에 근거한 흙의 구성공식을 고려하자. 이는 전체 응력변화율 및 변형률의 변화율 사이의 증분(비율)관계이다. 일반적으로 이 접선(증분) 관계식은 변형률 유도의 형식으로 주어진다.

$$\dot{\sigma} = D^{ep} \cdot \dot{\varepsilon} \tag{4.1}$$

여기서 D^{ep}는 탄소성 강성행렬이다. 그러나 많은 실내 시험이나 현장시험에서 변형률 성분만이 아니라 응력 성분이 유도변수로 작용할 것이다. 따라서 다양한 시험을 모사할 수 있도록, 구성관계는 응력과 변형률의 복합형식으로 다시 표현되어야 한다. 이를 위해 시험의 좌표계와 관련되는 전체 응력 및 변형률의 증분을 분해하고, 공액 에너지 조건을 만족하도록 하위 벡터(subvector)를 재조정하여야 한다.

$$\dot{\sigma} = \begin{bmatrix} \dot{\sigma}_1 \\ \dot{\sigma}_2 \end{bmatrix}, \quad \dot{\varepsilon} = \begin{bmatrix} \dot{\varepsilon}_1 \\ \dot{\varepsilon}_2 \end{bmatrix} \tag{4.2}$$

응력-변형률 복합조건에서는 응력 변화율 성분 $\dot{\sigma}_1$ 및 변형률 변화율 성분 $\dot{\varepsilon}_2$은 유도변수를 대표하며, 변형률 변화율 성분 $\dot{\varepsilon}_1$ 및 응력 변화율 성분 $\dot{\sigma}_2$은 반응변수(response variables)를 대표하는 것으로 설정할 수 있다. 다른 벡터 및 행렬도 같은 방식으로 분해될 수 있다. 이들 변량은 어느 시점에서나 물리적 좌표계의 값으로 다시 전환될 수 있다.

유효응력 증분은 다음과 같다.

$$\dot{\sigma}' = \dot{\sigma} - \delta \cdot \dot{u} \tag{4.3a}$$

여기서 δ는 요소 1의 대각선 행렬(diagonal matrix)이고, u는 간극수압 증분이며 유효응력은 다음과 같이 하위 벡터(subvector)로 분해될 수 있다.

$$\dot{\sigma}' = \begin{bmatrix} \dot{\sigma}'_1 \\ \dot{\sigma}'_2 \end{bmatrix} \tag{4.3b}$$

여기서 $\dot{\sigma}'_1$은 유도변수이며, $\dot{\sigma}'_2$는 거동변수이다.

4.2.2.2 배수 조건에서 응력-변형률 혼합 구성관계(mixed tangent relationship)

유도변수로서 작용하는 유효응력 증분 $\dot{\sigma}'_1$ 및 변형률 증분 $\dot{\varepsilon}'_2$와 반응변수로서 작용하는 에너지 공액(conjugate)변수 $\dot{\varepsilon}'_1$과 $\dot{\sigma}'_2$로부터 흙 구조의 혼합접선관계(mixed tangent relationship, 배수 조건에 대한)는 다음과 같다.

$$\begin{bmatrix} \dot{\varepsilon}'_1 \\ \dot{\sigma}'_2 \end{bmatrix} = \begin{bmatrix} D_{11} & D_{12} \\ D_{21} & D_{22} \end{bmatrix} \begin{bmatrix} \dot{\sigma}'_1 \\ \dot{\varepsilon}'_2 \end{bmatrix} \tag{4.4a}$$

여기서, 소성하중 작용하의 접선행렬(tangent matrix)은 다음과 같다.

$$\begin{bmatrix} D_{11} & D_{12} \\ D_{21} & D_{22} \end{bmatrix} = \begin{bmatrix} D^e_{11} & D^e_{12} \\ D^e_{21} & D^e_{22} \end{bmatrix} + \frac{1}{K} \begin{bmatrix} \hat{m}_1 \hat{n}_1^T & \hat{m}_1 \hat{n}_2^T \\ -\hat{m}_2 \hat{n}_1^T & -\hat{m}_2 \hat{n}_2^T \end{bmatrix} \tag{4.4b}$$

여기서, 오른쪽 행렬의 첫째항은 흙 구조에 대한 탄성접선행렬 D^e의 성분 K는 일반화된 소성계수(plastic moduli), $\hat{n}_1$ 및 $\hat{n}_2$는 항복면의 기울기(gradient) n의 변환(transformation), $\hat{m}_1$ 및 $\hat{m}_2$는 소성 흐름 벡터 m의 변환이다. 식 (4.4)의 혼합접선관계에 대한 상세한 유도는 Runesson(1992) 외, Mattsson(1997) 외를 참조하면 된다.

4.2.2.3 비배수 조건의 응력-변형률 혼합구성관계

표준 현장 및 실내 실험에서는 대체로 비배수 조건이 지배적이다. 비배수 조건에서 혼합접선관계는 다음과 같다.

$$\begin{bmatrix} \dot{\varepsilon}_1 \\ \dot{\sigma}_2 \end{bmatrix} = \begin{bmatrix} D_{u11} & D_{u12} \\ D_{u21} & D_{u22} \end{bmatrix} \begin{bmatrix} \dot{\sigma}_1 \\ \dot{\varepsilon}_2 \end{bmatrix} \tag{4.5a}$$

여기서, 소성하중 작용하에서 접선행렬은 다음과 같다.

$$\begin{bmatrix} D_{u11} & D_{u12} \\ D_{u21} & D_{u22} \end{bmatrix} = \begin{bmatrix} D^e_{u11} & D^e_{u12} \\ D^e_{u21} & D^e_{u22} \end{bmatrix} + \frac{1}{K_u} \begin{bmatrix} \hat{m}_{u1}\hat{n}^T_{u1} & \hat{m}_{u1}\hat{n}^T_{u2} \\ -\hat{m}_{u2}\hat{n}^T_{u1} & -\hat{m}_{u2}\hat{n}^T_{u2} \end{bmatrix} \tag{4.5b}$$

여기서, 오른쪽 행렬의 첫 번째는 흙 구조체에 대한 비배수 탄성접선행렬 D^e_u의 성분, K_u는 비배수 조건의 일반화된 소성계수, $\hat{n}_{u1}$ 및 $\hat{n}_{u2}$는 항복면의 비배수 기울기(gradient) n의 변환, $\hat{m}_{u1}$ 및 $\hat{m}_{u2}$는 비배수 소성흐름 벡터 m의 변환이다(Runesson 외, 1992).

비배수 조건에서의 간극수압 증가는 다음과 같다.

$$\dot{u} = c_1\left(\bar{\delta}_1 + \frac{1}{K_u}\hat{m}_{1v}\hat{n}_{u1}\right)^T \dot{\sigma}_1 + c_1\left(\bar{\delta}_2 + \frac{1}{K_u}\hat{m}_{1v}\hat{n}_{u2}\right)^T \dot{\varepsilon}_2 \tag{4.6}$$

여기서, c_1은 탄성 보충(complementary) 에너지이고, $\bar{\delta}_1$ 및 $\bar{\delta}_2$는 Kronecker delta의 변환이며, $\hat{m}_{1v}$은 $\hat{m}_1$의 체적 부분(volumetric portion)이다.

4.2.2.4 해의 유일성

배수 및 비배수 조건의 '0'이 아닌 일반적인 소성체적 탄성계수(plastic moduli), 즉, $K > 0$ 및 $K_u > 0$는 유일한 거동을 위한 기준을 제공하므로(분명한 하중 조건을 제공함으로), 전체 해석의 일부로 계산한다. 지배변수의 선택은 응력-변형률 거동의 유일성에 중대한 영향을 준다(Runesson 외, 1992; Klisinski 외, 1992). 예를 들어 순수 응력 제어하의 배수거동은 반드시 경화거동이어야 한다.

여기서 설명한 혼합형태의 구성방정식은 2개 이상의 항복곡면에 하중이 동시에 작용할 수 있는 다중항복면(multi-surface) 소성 모델에는 적용할 수 없다. Klisinski(1998)는 복합유도 개념을 다중항복면(multi-surface) 소성론으로 확장하였다.

4.2.3 적분 알고리즘

식 (4.4), (4.5)의 혼합관계 구성방정식은 수학적으로 적분가능하여야 한다. Mattsson(1999) 등은 음함수 및 양함수의 적분 알고리즘을 적용하였다. 배수 및 비배수 거동에 대한 혼합 탄소성 접선관계(elastic-plastic tangent relation)의 양함수 적분법이 Alawaji(1992) 등에 의해 제시되었다. 그러나 아래에서 주어진 물성치 최적화의 예로서 전진 Euler의 음함수적분 알고리즘이 적용되었다.

음함수 적분법을 적용할 때 소성하중에서 대두될 수 있는 수치해석적 문제가 접선 구성행렬(tangential constitutive matrix)을 구축할 때 비율 적합조건(rate consistency condition)의 적용에 주로 기인되는 항복면으로부터의 이탈(drift)에 의해 유발된다. 이러한 이탈은 오류의 축적을 유발하고, 최악의 경우 해석을 완전히 망치게 된다. 이를 위해 배수 및 비배수 거동에 대한 흙 소성론에서 혼합접선관계의 음함수 적분법을 위한 이탈수정방법(drift correction method)이 제안되었다(Mattsson 외, 1997).

4.2.4 모델 물성치의 최적화

소성론에서 복잡한 지반구성 모델의 물성치를 적절히 선택하기 위해서는 우선 여러 응력 경로를 갖는 다양한 시험을 통한 물성치를 고려하는 것이고, 그 다음 물성치의 최적 조합이 선택될 수 있도록 최적화하는 것이다(Mattsson 외, 2000).

최적화의 수학적 절차는 기본적으로 두 부분으로 구성되는데, 첫째는 이론과 실험결과 사이의 차이를 나타내는 목적함수(objective function)를 도입하는 것이고, 둘째는 이 함수의 최소값을 탐색하기 위한 최적화 기법을 선택하는 것이다.

4.2.4.1 목적함수의 유도

물성치 최적화 문제에서 구성 모델의 물성치는 최적화 함수의 변수가 된다. 일반적으로(정성적으로 다른) 다양한 시험을 통해 최적화의 틀을 구성한다면 보다 신뢰성 높은 입력 파라미터를 얻을 수 있다.

각각의 시험에 대한 시험결과와 이론적 예측 사이의 차이는 개별 놈(norm)으로 불리는 놈 값(norm value)을 통해서 나타낼 수 있다. 시험의 개별 놈(norm)을 목적함수 $F(x)$로 설정한다. 최적화 문제는 이 목적함수의 최소화를 의미한다.

$$F(x) \rightarrow \min \tag{4.7a}$$

여기서, x는 최적화 변수로써 벡터이다. 다음과 같이 최적화 변수의 경계를 도입한다.

$$x_\ell \leq x \leq x_u \tag{4.7b}$$

여기서, x_ℓ과 x_u는 각각 x 값의 최소치 및 최대치이다.

목적함수 정식화의 첫째 단계는 개별 놈(norm)에 대한 식을 설정하는 것이다. 개별 놈(norm)은 시험과 이론 결과로 나타나는 개별점(discrete points) 사이의 Euclidean 값에 근거하고 있는데, 전체주응력 σ_1, σ_2, σ_3, 주변형률 ε_1, ε_2, ε_3 및 간극수압 u의 정규화된 값을 7차원 공간에서 연결한다.

$$d = \left[\frac{1}{\sigma_0^2} \sum_{i=1}^{3} \left(\sigma_i^{\mathrm{exptl}} - \sigma_i^{theor} \right)^2 + \frac{1}{\varepsilon_0^2} \sum_{i=1}^{3} \left(\varepsilon_0^{\mathrm{exptl}} - \varepsilon_i^{theor} \right)^2 + \frac{1}{u_0^2} \left(u^{\mathrm{exptl}} - u^{theor} \right)^2 \right]^{\frac{1}{2}} \tag{4.8}$$

여기서, 정규화 계수(축척계수) σ_0, ε_0, u_0는 응력과 변형률의 계산을 위해서 도입되었다.

정규화 계수는 개별 놈(norm)의 계산에 포함된 개별점(discrete points)에서의 전응력, 변형률, 간극수압의 최대 절대값(maximum absolute value)으로 선택한다. 실험에 포함된 각각의 점에 대해 측정치와 예측곡선 사이의 최소거리 $d_{\min}$이 탐색된다. $d_{\min}$을 계산하는 경제적인 방법은 그림 4.1(a)처럼 식 (4.8)의 가장 근접한 Euclidean 거리를 한 방향에 대해 탐색하는 것이다. 탐색은 가장 가까운 거리가 찾아질 때까지 진행된다. 다음으로 예측점 i의 양쪽에 대해 좀더 가까운 위치인 $d_{\min}$을 2개의 삼각형을 분석하여 탐색한다.

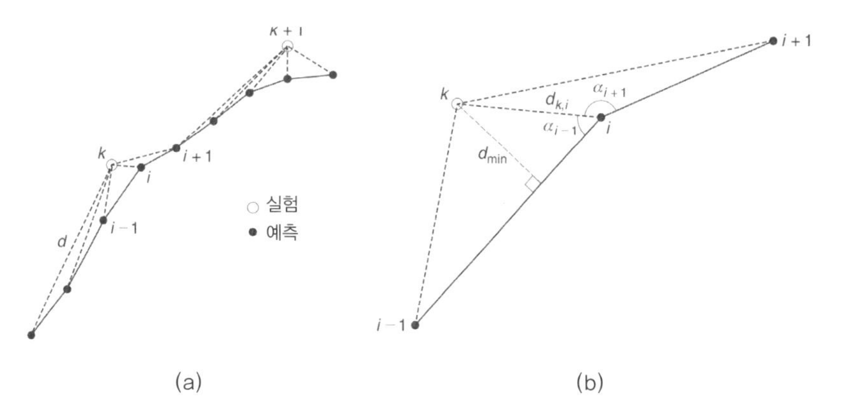

그림 4.1 최소 거리를 탐색하기 위한 알고리즘

모든 실험점에 대한 최소 거리가 계산되면 개별 놈(norm)의 절대치는 식 (4.9)와 같이 산정할 수 있다.

$$E_{abs} = w\frac{1}{(n+1)}\left[\sum_{j=1}^{n} d_{\min}^{j} + d_t\right] \tag{4.9}$$

여기서, w는 가중치이고, n은 실험점의 수(첫째 점은 포함하지 않음), $d_{\min}$는 실험점 j에서의 최소 거리, 그리고 d_t는 종점(termination points) 사이의 거리를 의미한다.

다음 단계는 최적화에 포함된 각 실험결과로 산정한 개별 놈(norm)에 근거한 최종 놈(norm), 즉 목적함수를 찾는 것이다. 최대 놈(norm)과 결합 놈(norm) 둘 가운데 하나를 목적함수로 적용할 수 있다.

$$F_{\max} = \max_{1 \le \ell \le m} E^{\ell} \quad \text{또는} \quad F_{comb} = m.F_{\max} + \sum_{\ell=1}^{m} E^{\ell} \tag{4.10}$$

4.2.4.2 탐색전략 및 최적화

최적화 문제의 해가 벡터 x_0라면, 임의의 $x_\ell \le x \le x_u$에 대하여 식 (4.11)의 전체 최소 조건을 만족시킨다.

$$F(x_0) \le F(x) \tag{4.11}$$

2개의 또 다른 탐색 전략이 시도된 바 있다. 하나는 Rosenbrock(1960)의 연구를 바탕으로 하고 있고, 다른 것은 Nelder & Mead(1965)의 Simplex 방법에 근거하고 있는데 두 방법 모두 직접 탐색법의 범주에 속한다.

그러나 대부분의 최적화 루틴은 국부적 최소만을 탐색한다. 이는 여기서 논의된 직접 탐색법도 마찬가지다. 일반적으로 국부적 최소가 역시 전체(global) 최소인지를 확인할 방법이 없다. 이 문제에 대한 가능한 해결책 중의 하나는 서로 다른 초기 위치에서 출발하여 탐색하는 것이고, 만약 탐색결과가 국부적 최소치들(minima)과 같다면 이는 거의 확실하게 전체 최소라 할 수 있다.

4.2.4.3 구성 모델 모사 소프트웨어(driver)

구성 모델 모사 프로그램인 Driver를 미리 작성하면(Mattsson, 1999; Mattsson 외, 1999), 배수나 비배수 실험하에서 선정된 소성 모델 및 필요시 응력-변형 복합 제어(mixed control)를 모사할 수 있다. 이를 통해 임의의 흙 시험에 대해 가장 합리적인 구성물성치의 조합을 최적화를 통해 결정할 수 있다.

4.2.5 사례 : 실트질 점토의 모델 물성치 최적화

여기서는 최적화 기법에 근거하여 모델 물성치를 어떻게 선택하는지에 대한 예로써 등방압밀된 흙에 대한 전통적 비배수 삼축압축실험의 최적화의 결과를 간단히 언급한다.

Air 고로슬래그(blast-furnance slag)와 포틀란트 시멘트로 안정화된 황화물이 많이 포함된(sulphide-rich) 실트질 점토를 대상으로 하였다(표 4.1). 이 특별한 흙 시료는 스웨덴 Lulea 시 바로 외곽 지역의 현장에서 채취되었다.

표 4.1 흙 시료 data

밀도 (mg/m^3)	함수비 (%)	포화도 (%)	혼화재의 양 (DS 흙의 무게 %)	혼합물 (무게 %)	양생시간 (일)
1.56	70	100	14	FS50/ PC50[a]	40

*FS : 공기 고로슬래그, PC : 포틀란트 시멘트

최적화는 일반화된(generalized) 수정 Cam Clay 모델 및 Nova & Wood (1979)에 의해 도입된 모델을 이용하여 수행되었다.

4.2.5.1 최적화 절차

일반화된 Cam Clay 모델에서는 7개의 물성치가 요구된다.

1. κ^*, 하중제하(unloading)-재재하(reloading) 선의 기울기
2. v'', 포아송 비
3. λ^*, 등방압축선의 기울기
4. D, 축차 경화물성치(deviatoric hardening parameter)
5. M, 한계상태콘(critical state cone)의 기울기
6. N, 연계 소성유동규칙과 관련된 물성치
7. e_r, 3차 축차 응력 불변량(third deviatoric stress invariant)에 좌우되는 항복곡면과 관련된 물성치

물성치 e_r의 값은 전통적 삼축압축실험의 거동 예측에 영향을 주지 못하기 때문에 최적화에 포함하지 않았다. 물성치 κ^*, v', λ^*, D 및 M은 2개의 추가 물성치, 항복함수를 특성화하는 m 및 팽창물성치 μ와 함께 Nova-Wood 모델에도 포함된다.

실험은 축방향으로 시간당 1%의 일정한 변형률 속도(strain rate)로 진행되었고, 따라서 예측에서는 축방향 변형률이 선형적으로 변하는 것으로 가정하였다. 절대값에 대한 개별 norm은 식 (4.9)에 $w = 1.0$을 적용하여 식 (4.10)의 목적함수에 사용하였다.

일반화된 Cam Clay와 Nova-Wood 모델에 의해 최적 물성치의 조합 및 관련된 목적함수의 값을 각각 표 4.2, 4.3에 나타내었다.

표 4.2 일반화된 Cam Clay 모델을 위한 최적의 물성치 군

F_{max}[Eq. (4.10)] (%)	최적화 변수					
	κ^*	v'	λ^*	D	M	N
1.21	0.0046	0.3364	0.0311	0.1319	1.9950	1.9950

모델 물성치에 대한 최적화 계산과 함께, 구성 Driver를 이용하여 계산된 모의실험결과를 그래프로 나타낼 수 있고 이를 실제 실험결과와 비교할 수 있어야 한다. 그림 4.2에 최적화된 물성치를 이용하여 일반화된 Cam Clay 모델을 통해 모사된 비배수 시험결과가 실험결과와 비교하였다.

표 4.3 Nova-wood 모델을 위한 최적의 물성치 군

F_{max}[Eq. (4.10)] (%)	최적화 변수						
	κ^*	v'	λ^*	D	M	N	μ
1.14	0.0053	0.2958	0.0174	0.0721	1.9969	1.9964	1.0000

표 4.2와 4.3에서 공통으로 포함된 물성치는 서로 상당히 유사한 값으로 최적화되어 있는데, 이는 두 모델 모두 이 특정한 실험결과를 적절히 예측할 수 있음을 의미한다. 단일시험에 대해 유사한 결과를 얻었다고 해서 모델의 적용성이 충분히 평가되었다고는 할 수 없으나, 희망적인 시작이라 할 수는 있다. 두 모델은 주로 전통적 삼축압축 실험결과를

바탕으로 유도되었기 때문에, 동일한 흙에 대해 좀더 복잡한 응력/변형률 경로에 대해서도 여기서 살펴본 예처럼 좋은 결과를 얻을 수 있을지는 분명하지 않다.

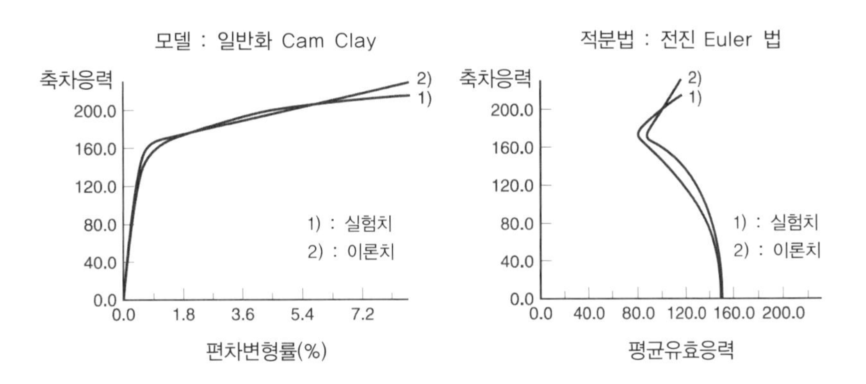

그림 4.2 모사된 실험과 실제 시험결과의 비교

5 비선형 해석

5.1 개요

수치해석에서 흙의 거동을 표현하기 위한 비선형탄성 또는 탄소성 구성 모델의 사용은 3장에서 언급한 바와 같이 선형 재료의 기본 이론에 대한 확장을 필요로 한다. 기본적인 이론에서 흙의 거동은 탄성으로 가정하며, 이 경우 구성 행렬인 [*D*]는 일정하다. 만약, 흙이 비선형탄성 또는 탄소성이면, 구성 행렬은 더 이상 일정하지 않고 응력 또는 변형률에 따라 변한다. 따라서 수치해석이 진행되는 과정에서 변화한다. 결론적으로 변화하는 재료의 거동을 고려하는 해법이 요구된다. 이러한 해법은 비선형 해석에서 매우 중요한 요소이며 그 결과의 정확성을 보장하기 위해서는 컴퓨터 자원이 중요하다. 문헌에서 여러 해법을 설명하고 있다. 본 장에서는 그 중 통상적으로 널리 사용되는 3가지 해법에 대해 간략하게 설명하기로 한다. 보다 심도 깊은 설명과 다양한 해법들의 차이점은 Potts와 Zdravkovic(1999)을 참고하기 바란다.

유한요소해석의 기본적인 이론에서 또 다른 가정은 변위와 변형률이 충분히 작다는 것이다. 즉, 문제를 풀기 위한 원래의 기하적인 조건은 심각하게 변하지 않고 이와 관련 모든 적분은 원래 또는 변형이 없는 기하적인 조건에 대하여 이루어진다고 본다. 한편, 이러한 가정을 매우 큰 변위가 예상되는 연약지반 위에 축조된 제방이나 변위말뚝에 적용할 때에는 다소 의문점이 제기될 수 있지만, 대부분의 지반공학적인 문제에 타당한 것으로 알려져 있다. 만약, 변위 또는 큰 변형률의 발생에 따른 기하학적 변화를 고려한다면 지배하는 방정식은 비선형이 된다. 이러한 비선형은 기하학적인 비선형이라 할 수 있는데, 이에 대하여 구성 모델의 비선형은 재료비선형이라 할 수 있다. 본 장에서는 기하학적인 비선형에 대해서는 간략하게 다룰 예정이다.

수치해석의 기본적 이론을 시간영향에 따른 과잉간극수압의 소산문제로 확장하여 적용할 수 있다. 이 경우 흙 입자 사이의 물 흐름을 지배하는 방정식은 흙 입자체의 역학적 거동을 지배하는 방정식과 연계(coupled)하여 구성된다. 본 장의 마지막 부분에서 이와 관련된 이론의 주요 내용에 대해서도 언급한다.

5.2 재료의 비선형

앞의 2장에서 언급한 바와 같이 경계치 문제는 4개의 기본 방정식인 평형, 적합성, 구성식, 경계조건을 만족해야 한다. 구성 재료의 거동에 따른 비선형은 유한요소 식들에 의해 결정되며 이러한 식들은 다음의 식 5.1과 같이 증분의 형태로 나타낼 수 있다.

$$[K_G]^i \{\Delta d\}^i_{nG} = \{\Delta R_G\}^i \tag{5.1}$$

여기서, $[K_G]^i$: 증분 구간의 전체 시스템 강성 행렬, $\{\Delta d\}^i_{nG}$: 절점 변위 벡터, $\{\Delta R_G\}^i$: 절점 증분 힘 벡터, i : 증분 수

경계치 문제에 대한 해를 얻기 위해서는 경계조건의 변화가 각각의 증분에 적용되며 이러한 각각의 증분에 대해 식 (5.1)이 계산된다. 최종 해는 각각의 증분 해석 결과를 합산하여 얻는다. 비선형 구성 재료의 거동으로 인해 증분 구간의 전체 시스템 강성 행렬인 $[K_G]^i$는 현재의 응력과

변형률 수준에 의존하므로 일정하지 않고 증분에 따라 변한다. 증분을 아주 작게 설정한 구간을 제외하고는 이러한 강성의 변화는 반드시 고려해야 한다. 따라서 식 (5.1)을 통해 바로 해를 구하지 못하므로 별도의 비선형 해법들을 사용한다. 이러한 해법들의 목적은 위에서 언급한 4가지 조건들을 만족하는 식 (5.1)의 해를 구하는 것이다. 몇몇 해법들은 다른 해법들에 비해서 더 정확한 결과를 준다. 해석자는 소프트웨어 운영에 능숙하여야 한다. 다음 절에서는 3개의 서로 다른 비선형 해석 알고리즘인 접선 강성법(tangent stiffness method), 점소성법(vsico-plastic method), 수정 뉴턴-랩슨법(MNR, Modified Newton-Raphson method)에 대해 설명하고자 한다. 한편, 이들 해법은 주로 유한요소법에 적용 가능하나, 다른 수치해석법에도 적용될 수 있다.

5.2.1 접선 강성법

5.2.1.1 개요

가장 단순한 해석법인 접선 강성법은 강성변화법이라고도 한다. 이 방법은 식 (5.1)의 증분 강성 행렬인 $[K_G]^i$를 각각의 증분에 대해 일정하다고 가정하고 각각의 증분이 시작될 때의 현재 응력 상태를 사용하여 계산한다. 이 방법은 비선형 구성 재료의 거동을 구간선형으로 나타낸 것이다. 이러한 접선 강성법의 원리를 설명하기 위해 단순한 문제인 일축압축하중을 받고 있는 비선형 재료의 봉(bar) 문제를 고려해보자(그림 5.1 참조). 이러한 봉에 하중이 작용하면 실제의 하중-변위 거동은 그림 5.2와 같다. 그림 5.2와 같이 변형률 증가에 따라 응력이 증가되는 변형률-경화 소성거동을 나타내며, 초기 탄성 영역은 매우 작다.

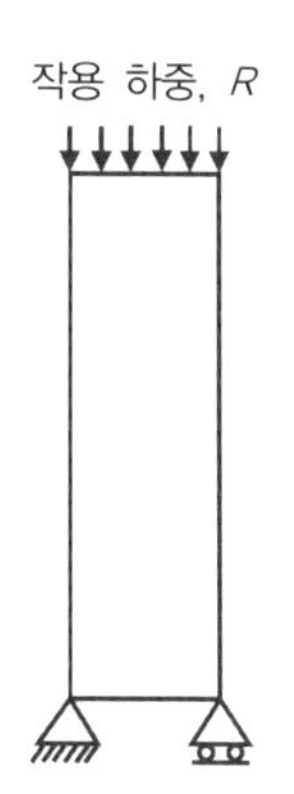

그림 5.1 비선형 재료인 봉(bar)의 일축압축하중

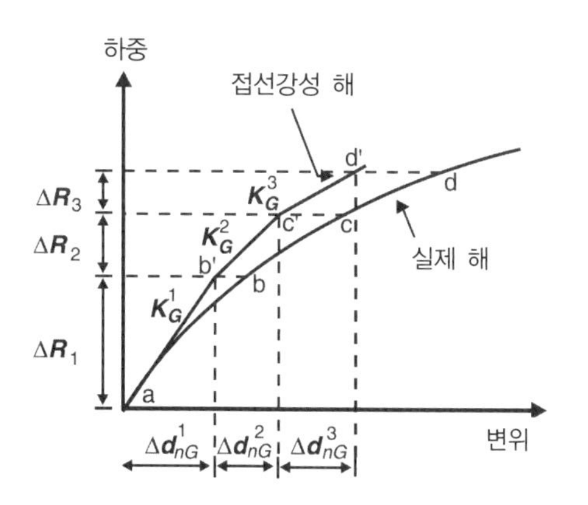

그림 5.2 비선형 재료인 봉의 일축압축하중에 대한 접선강성 알고리즘의 적용

5.2.1.2 유한요소해석에 구현

접선 강성법에서 작용하중은 연속적인 구간으로 나누어 적용한다. 그림 5.2와 같이 3개의 하중인 ΔR_1, ΔR_2, ΔR_3로 나누며, 해석은 ΔR_1의 적용으로부터 시작된다. 응력을 받고 있지 않는 봉의 a점을 근간으로

ΔR_1에 해당되는 전체 시스템 강성 행렬, $[K_G]^1$가 평가된다. 탄소성 재료인 경우, 이러한 강성 행렬은 탄성 구성 행렬인 $[D]$로 표현된다. 다음으로 식 (5.1)를 사용하여 절점의 변위인 $\{\Delta d\}^1_{nG}$를 계산한다. 재료의 강성이 일정하다고 가정하면 그림 5.2에서 하중-변위 곡선은 직선인 ab′를 따른다. 실제의 경우, 하중증분 동안 재료의 강성은 일정하지 않으며 실제 거동은 ab를 따른다. 따라서 실제 거동과 예측된 변위 사이에는 b′b′ 만큼의 차이가 발생하나 접선 강성법에서는 이러한 차이를 무시한다. 다음으로 두 번째 하중증분, ΔR_2에 대하여 증분 1의 종점에서의 응력과 변형률을 통한 전체 강성 행렬, $[K_G]^2$가 계산되면(그림 5.2의 b′) 식 (5.1)에 의해 절점 변위, $\{\Delta d\}^2_{nG}$를 구한다. 그림 5.2와 같이 하중-변위 곡선은 b′c′ 직선을 따른다. 이러한 결과는 실제 거동과의 차이를 보여주며 그 차이는 c′c와 같다. 다음으로 ΔR_3에 대하여 앞에서 서술한 바와 같은 절차가 반복된다. 증분 2의 종점에서의 응력과 변형률을 고려한 전체 강성 행렬, $[K_G]^3$가 계산된다(그림 5.2의 c′). 하중-변위 곡선은 c′d′가 되며 실제 거동으로부터 상당히 멀어진다. 결론적으로 접선 강성법에 의한 재료의 거동은 하중증분의 크기에 의존한다. 예로 증분의 크기를 감소시킨다면 실제 누적된 하중에 도달하기 위해서는 많은 수의 증분이 필요하나 이 경우 실제 거동에 보다 가까워질 수 있다.

이로부터 비선형 문제에서 실제에 가까운 해를 얻기 위해서는 많은 수의 작은 증분해를 필요로 한다고 결론 내릴 수 있다. 일반적으로 접선 강성법을 통해 얻은 해는 실제 해와 많은 차이가 나며 구성식의 응력 조건을 만족하지 못한다. 따라서 해의 기본 요구조건을 만족하지 못한다. Potts와 Zdravkovic(1999)에 따르면 이러한 차이는 재료의 비선형 정도, 기하학적 문제, 증분해의 크기에 영향을 받는다고 한다. 일반적으로 허용할 수 있는 증분의 크기를 초기에 결정하는 것은 용이하지 않다.

접선 강성법은 흙의 거동이 탄성에서 소성으로 변화하거나 이와 반대일 경우 부정확한 결과를 나타낸다. 예를 들면, 흙의 요소가 증분 시점에서 탄성상태에 있으면 전체 증분에 대해 탄성적으로 거동한다고 가정한다. 만약, 증분이 되는 동안 흙의 거동이 소성으로 된다면 이러한 접근은 틀린 것이며, 결과적으로 잘못된 응력 상태로서 구성 모델과 부합하지 않는다. 이러한 잘못된 응력 상태는 아주 큰 증분의 크기를 적용한 소성 요소에서도 발생할 수 있다. 예를 들면, 인장을 견딜 수 없는 구성 모델에서 인장응력을 받는 상태로 예측된다. 이러한 현상은 수정 Cam Clay의 $v - \ln p'$(3장 참조) 관계를 기본으로 한 한계상태 모델에 치명적인 문제가 될 수 있다. 그 이유는 p'은 인장 값이 아니기 때문이다. 이러한 경우 해석은 평형조건과 구성 모델에 수렴되지 않거나, 부합하지 않는 결과를 발생시키며 중지된다. 따라서 응력 상태는 반드시 수정되어야 한다.

5.2.2 점소성법

5.2.2.1 개요

이 방법은 점소성 거동에 대한 방정식과 시간을 매개로 비선형 거동, 탄소성, 시간에 의존하지 않는 재료거동을 계산한다(Owen & Hinton, 1980; Zienkiewicz & Cormeau, 1974).

점소성법은 원래 시간에 의존하는 선형-탄성-점소성 재료의 거동을 위해 개발되었다. 그림 5.3과 같이 재료의 거동은 단순한 단위 모델의 조합으로 나타낼 수 있다. 탄성과 점소성 요소 단위가 서로 연결되어 있다고 하자. 탄성 요소는 스프링으로 나타내며 점소성 요소는 미끄럼 장치와 감쇠(damper)를 서로 평행하게 연결하여 나타낼 수 있다. 만약, 하중이 구성 모델에 적용되면 다음 2가지 상황 중 1가지 경우가 각각의 독립적인 장치에서 발생한다. 작용 하중이 항복을 일으키지 않으면 미끄럼 장치(slider)는 강성체로 유지되고 모든 변형은 스프링에서 발생한다. 이러한 양상은 탄성거동을 나타낸다. 이와는 대조적으로 작용 응력이 항복응력을 넘어서면 미끄럼 장치는 자유상태가 되고 감쇠장치가 작동한다. 시간에 따라 감쇠장치가 반응하면 스프링에서 발생한 초기변형 이후의 변형은 시간에 따라 변화한다. 이러한 감쇠장치의 거동 정도는 지지하는 응력과 재료의 유동성에 의존한다. 시간이 지남에 따라 감쇠장치의 거동은 응력이 인접한 구성망으로 소산되면서 감소한다. 그 결과 추가적인 거동이 구성망 단위에서 발생하는 점소성 거동을 나타낸다. 점진적으로 안정화 되는 상태에 도달되면 구성망에 모든 감쇠장치의 거동은 멈추고 더 이상 응력을 지지하지 않는 상태가 된다. 이러한 현상은 각각의 단위에서 받고 있는 응력이 항복면 아래로 떨어질 때 발생되며 이 경우 미끄럼 장치는 다시 강체가 된다. 따라서 외부하중은 구성망 안에 있는 스프링에서만 지지되나 스프링의 압축 또는 인장 그리고 감쇠장치의 거동으로 인해 시스템 변형이 발생한다. 만약, 하중이 제거되면 오로지 스프링에서 발생하는 변위(또는 변형률)만 회복 가능하고 감쇠장치에서의 변위는 회복되지 않는다.

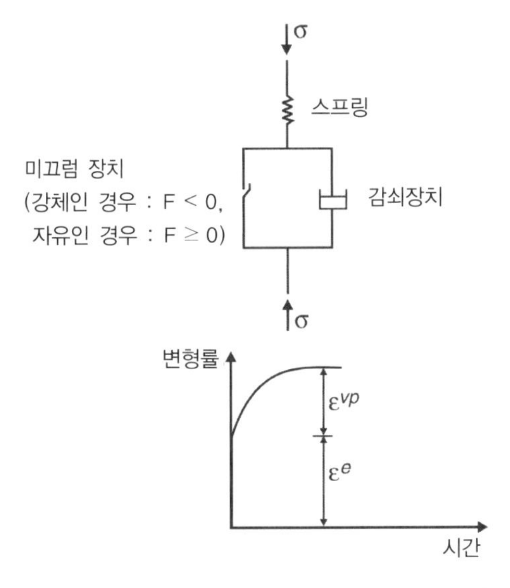

그림 5.3 점소성 재료의 유동 모델

5.2.2.2 유한요소해석에 적용

점소성법의 탄소성 재료에 대한 유한요소해석의 적용은 다음과 같이 정리할 수 있다. 증분 해의 적용에서 시스템은 동시에 선형-탄성적으로 거동한다고 가정한다. 만약, 응력이 항복면 내부에 위치한다면 증분거동은 탄성이며 계산된 변위는 정확하다. 만약, 응력이 항복을 넘으면 응력상태는 잠시 유지되다가 점소성 변형이 발생한다. 이러한 점소성의 변형비의 크기는 항복함수 값(현재의 응력 상태가 항복조건을 초과하는 정도)에 의해 결정된다. 점소성 변형은 시간에 따라 증가하며 항복함수(영역)의 감소와 더불어 재료를 완화시킨다. 즉, 점소성 속도는 감소한다. 점소성 속도(rate)가 크지 않을 때까지 시간에 따라 전진 해석하는 마칭 기법이 사용된다. 이와 관련 누적되는 점소성 변형과 이에 대응하는 응력 변화는 각각 소성 변형과 응력 변화의 증분량과 같다. 이러한 과정은 축하중을 받는 비선형 재료인 봉(bar)과 같은 간단한 문제를 통해 살펴볼 수 있다(그림 5.4 참조).

순수 점소성 재료의 점소성 변형률 속도는 식 5.2와 같다.

$$\frac{\partial\{\varepsilon^{vp}\}}{\partial t} = \gamma\left(\frac{F(\{\sigma\},\{K\})}{F_0}\right)\frac{P(\{\sigma\},\{m\})}{\partial\{\sigma\}} \tag{5.2}$$

여기서, γ : 감쇠장치의 유동변수, F_0 : 항복함수인 $F(\{\sigma\},\{K\})$의 무차원 응력 스칼라, $P(\{\sigma\},\{m\})$: 소성 포텐셜 함수(Zienkiewicz & Cormeau, 1974).

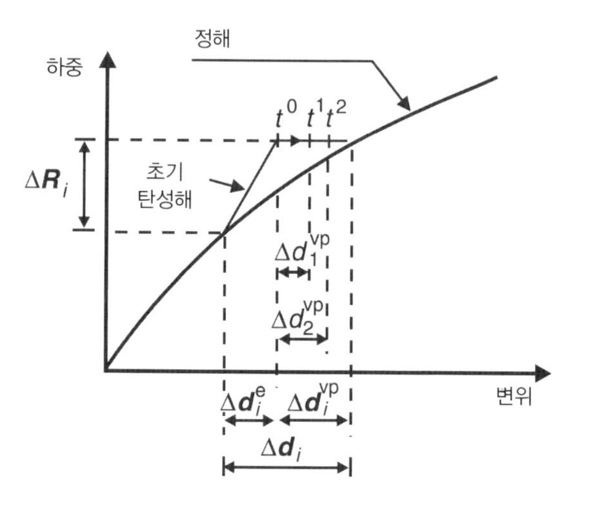

그림 5.4 비선형 재료인 봉의 일축압축하중에 대한 점소성 알고리즘의 적용

이 방법이 시간 의존의 탄소성 재료에 적용되면 γ와 F_0는 1로 가정할 수 있다(Griffiths, 1980). 따라서 식 (5.2)는 다음과 같다.

$$\frac{\partial\{\varepsilon^{vp}\}}{\partial t} = F(\{\sigma\},\{K\})\ \frac{P(\{\sigma\},\{m\})}{\partial\{\sigma\}} \tag{5.3}$$

시간 단계 t부터 $t+\Delta t$에 대한 점소성 변형은

$$\{\Delta\varepsilon^{vp}\} = \int_{t}^{t+\Delta t} \frac{\partial\{\varepsilon^{vp}\}}{\partial t} dt \tag{5.4}$$

그리고 작은 시간 단계에서 식 (5.4)는 다음과 같다.

$$\{\Delta\varepsilon^{vp}\} = \Delta t \frac{\partial\{\varepsilon^{vp}\}}{\partial t} \tag{5.5}$$

점소성법은 다음과 같은 절차를 따른다.

(1) i번째 증분의 시작은 경계조건을 정의하는 것이다. 즉, 오른쪽 하중 증분 벡터인 $\{\Delta R_G\}$를 계산한다. 메쉬 안의 모든 요소에 대해 선형-탄성 구성 행렬인 $[D]$를 사용하여 증분 구간의 전체 강성 행렬인 $[K_G]$를 조합한다. 점소성 변형률 증분 벡터는 0으로 놓는다. 즉, $\{\Delta\varepsilon^{vp}\} = 0(t=t_0)$.

(2) 유한요소 방정식을 이용하여 절점의 변위 값을 계산한다.

$$\{\Delta d\}^{t}_{nG} = [K_G]^{-1}\{\Delta R_G\}^{t} \tag{5.6}$$

메쉬 안에 있는 모든 적분점에 대해 반복 계산한다.

(3) 증분의 절점 변위로부터 증분의 총 변형률을 계산한다.

$$\{\Delta\varepsilon\}^t = [B]\{\Delta d\}^t_{nG} \tag{5.7}$$

여기서, $[B]$: 요소 형상 함수의 도함수를 포함하고 있는 변형률 행렬

(4) 점소성 변형률과 식 (5.7)의 총 변형률의 차이를 통해 탄성 변형률을 계산한다. 여기서, 첫 번째($t = t_0$)반복 계산 시 점소성 변형률은 0이다. 다음으로 탄성 변형률과 탄성 구성 매트릭스 $[D]$를 사용하여 응력 증분 변화량을 계산한다.

$$\{\Delta\sigma\}^t = [D]\left(\{\Delta\varepsilon\}^t - \{\Delta\varepsilon^{vp}\}\right) \tag{5.8}$$

(5) 증분해, $\{\sigma\}^{i-1}$의 시점에서 응력 증분 변화를 누적 응력에 더한다.

$$\{\Delta\sigma\}^t = \{\sigma\}^{i-1} + \{\delta\sigma\}^t \tag{5.9}$$

(6) 다음 단계로 응력을 이용하여 항복함수, $F(\{\sigma\}^t, \{K\})$를 평가한다. 만약, 항복함수, $F(\{\sigma\}^t, \{K\}) < 0$이면 현재의 적분점은 탄성이다. 따라서 다음의 적분점으로 이동한다(위의 3단계로 이동).
$F(\{\sigma\}^t, \{K\}) \geq 0$이면 점소성 변형률을 계산한다.

(7) 점소성 변형률 속도는 다음과 같다.

$$\left(\frac{\partial\{\varepsilon^{vp}\}}{\partial t}\right)^t = F(\{\sigma\}^t, \{K\})\left(\frac{P(\{\sigma\}^t, \{m\})}{\partial\{\sigma\}}\right) \tag{5.10}$$

(8) 점소성 변형률 증분은 다음과 같이 업데이트한다.

$$\{\Delta\varepsilon^{vp}\}^{t+\Delta t} = \{\Delta\varepsilon^{vp}\}^t + \Delta t\left(\frac{\partial\{\varepsilon^{vp}\}}{\partial t}\right)^t \tag{5.11}$$

다음의 적분점으로, 즉 3단계로 이동되면서 적분점에 대한 반복 계산이 종료된다.

(9) 증분의 점소성 변형률 변화와 동등한 절점의 힘을 계산하여 우항의 전체 증분 벡터에 이를 더한다. 점소성 변형률 변화와 연계한 탄성응력 증분은 식 (5.12)와 같다.

$$\{\Delta\sigma^{vp}\} = [D]\,\Delta t\left(\frac{\partial\{\varepsilon^{vp}\}}{\partial t}\right)^t \tag{5.12}$$

유한요소방정식의 우항의 전체 증분하중 벡터는 다음과 같다.

$$\{\Delta R_G\}^{t+\Delta t} = \{\Delta R_G\}^t + \sum_{\substack{All \\ elements}} \int_{Vol} [B]^T[D]\,\Delta t\left(\frac{\partial\{\varepsilon^{vp}\}}{\partial t}\right) dVol \tag{5.13}$$

(10) $t = t + \Delta t$로 놓고 2단계로 돌아간다. 이러한 과정이 해가 수렴이 될 때까지 반복된다. 수렴이 되면 2단계의 식 (5.6)으로 계산된 변위는 다음 시간 단계로 넘어갈 때까지 거의 변화하지 않는다. 6단계의 항복함수 값과 7단계의 점소성 변형률 속도는 매우 작고, 4단계의 증분응력, 그리고 3단계와 8단계의 변형률 증분은 시간에 따라 거의 일정하다.

(11) 일단 수렴이 되면 변위, 응력, 그리고 변형률이 업데이트되어 다음의 하중 증분을 준비한다.

$$\{d_{nG}\}^i = \{d_{nG}\}^{i-1} + \{\Delta d\}^t_{nG} \tag{5.14}$$

$$\{\varepsilon\}^i = \{\varepsilon\}^{i-1} + \{\Delta\varepsilon\}^t \tag{5.15}$$

$$\{\varepsilon^p\}^i = \{\varepsilon^p\}^{i-1} + \{\Delta\varepsilon^{vp}\}^{t+\Delta t} \tag{5.16}$$

$$\{\sigma\}^i = \{\sigma\}^{i-1} + \{\Delta\sigma\}^t \tag{5.17}$$

5.2.2.3 시간 간격의 선정

앞에서 설명한 과정을 적용하기 위해서는 적절한 시간 간격, Δt가 설정되어야 한다. 만약, Δt가 작으면 정확한 해를 얻기 위해 많은 반복 계산이 요구된다. 그러나 Δt가 너무 크면 수치적으로 불안정하다. 가장 경제적인 Δt 값은 수치적 불안정 없이 잘 수렴될 수 있는 값 중 가장 큰 값이다. 이러한 Δt 값의 산정방법은 식 (5.18)과 같이 Stolle과 Higgins (1989)에 의해 제안된다.

$$\Delta t_c = \frac{1}{\dfrac{\partial F(\{\sigma\},\{K\})^T}{\partial\{\sigma\}}[D]\dfrac{\partial P(\{\sigma\},\{m\})^T}{\partial\{\sigma\}} + A} \tag{5.18}$$

여기서, A : 경화계수(Potts & Zdravkovic, 1999).

Tresca와 Mohr-Coulomb과 같은 단순한 구성 모델인 경우 항복함수와 소성 포텐셜 함수는 탄성계수와 강도정수에 의존하는 일정 임계 시간 간격 값을 주는 식 (5.18)과 같이 쓰일 수 있다. 이러한 정수들은 일정하며 임계 시간 간격은 해석되는 동안 한 번 계산된다. 그러나 좀더 복잡한 구성 모델에서 임계 시간 간격은 현재의 응력 상태와 변형률에 의존하며 항상 일정하지 않다. 따라서 모든 적분점에 대해 각각의 반복단계에 대하여 계산해야 한다. 여기서 주목해야 할 점은 탄소성 문제를 풀기 위해 적용되는 알고리즘에서 시간 간격은 어떤 특정한 반복 동안 모든 적분점에 대해 같지 않다는 것이다.

5.2.2.4 알고리즘의 잠재적 오차

단순함으로 인해 점소성 알고리즘은 폭넓게 사용된다. 그러나 지반해석에는 제약 사항들이 있다. 첫 번째로 알고리즘은 각 증분에 대해 탄성 변수들이 일정하게 유지된다는 사실이다. 단순한 알고리즘으로는 증분 동안 탄성 변수들의 변화를 고려할 수 없다. 즉, 증분 탄성 변형률[식 (5.8) 참조]에 부합하는 실제 탄성의 응력 변화를 고려할 수 없다. 최상의 방법은 증분시점에서 구하는 탄성 구성 행렬, $[D]$를 누적된 응력과 변형률에 부합하는 탄성 상수들을 이용하여 계산하고, 이러한 변수들이 증분 동안 일정하다고 가정하는 것이다. 증분의 크기가 작고 탄성–비선형이 크지 않은 경우에만 이러한 절차를 통해 정확한 결과를 얻을 수 있다.

보다 심각한 제약사항은 이 알고리즘을 비점소성(즉, 탄소성) 재료의 해석에 적용하는 경우에 발생한다. 위에서 언급한 바와 같이 점소성 변형률은 식 (5.10), (5.11)를 사용하여 계산한다. 식 (5.10)에서 소성포텐셜에 대한 편미분은 항복면 밖에 위치하는, 즉 $F(\{\sigma\},\{K\}) > 0$인 불합리한 응력 상태 $\{\sigma\}^t$에서 계산된다. 접선 강성법에서 언급한 바와 같이 이러한 계산은 이론적으로 타당하지 않으며 구성방정식을 만족하지 못한다. 이러한 오차의 크기는 구성 모델과 특히, 편미분 값이 응력 상태에 얼마나 민감하느냐에 의존한다.

Potts와 Zdravkovic(1999)은 점소성 알고리즘이 단순한 탄소성 구성 모델인 Tresca와 Mohr-Coulomb에 잘 적용될 수 있으나, 한계상태와 같은 모델에서는 심각한 오류가 있음을 보였다.

5.2.3 수정 Newton-Raphson 법

5.2.3.1 개요

앞에서 접선강성 및 점소성 알고리즘에서 구성 재료의 거동이 불합리한 응력 상태에 위치하면 오차가 발생함을 언급하였다. 본 절에서는 이러한 문제점을 해결하기 위해 구성 재료의 거동이 합리적인 응력 구간 또는 이에 가깝게 접근하도록 하는 수정 Newton-Raphson(MNR) 알고리즘에 대해 설명한다.

MNR 법은 식 (5.1)을 풀기 위해 반복법을 사용한다. 첫 번째 반복은 접선 강성법과 같다. 그러나 계산된 증분 변위는 오차상태에 있을 것이며, 이를 이용하여 해석의 오차 측정치라 할 수 있는 잔류하중을 계산한다. 다음으로 이 잔류하중$\{\psi\}$을 방정식의 우항 하중 벡터로 하여 식 (5.1)이 계산된다. 식 (5.1)은 다음과 같다.

$$[K_G]^i\left(\{\Delta d\}^i_{nG}\right)^j = \{\psi\}^{j-1} \tag{5.19}$$

위 첨자 j는 반복 횟수를 나타내며, $\{\psi\}^0 = \{\Delta R_G\}^i$이다. 이 과정을 잔류하중이 작아질 때까지 반복한다. 증분변위는 각 반복 변위들의 합과 같다. 이를 비선형 재료의 일축재하문제에 대하여 그림 5.5에 예시하였다. 원칙적으로 반복법은 각각의 증분해가 모든 해의 조건을 만족함을 보장한다.

이 계산절차에서 핵심 단계는 잔류하중 벡터를 결정하는 일이다. 각 반복 단계의 끝에서 계산된 현재의 증분변위가 각 적분점에 대한 증분변형률을 계산하는 데 사용된다. 다음으로 구성 모델이 응력 변화를 예측하기 위해 증분변형률 경로를 따라 적분된다. 이러한 응력 변화는 증분시점의 응력에 더해지고 이에 상응하는 절점력을 계산한다. 힘과 외부 작용하중(경계조건으로부터)의 차이가 잔류하중 벡터이다. 전체 증분강성행렬, $[K_G]^i$가 증분 동안 일정하다고 가정하기 때문에 이러한 차이가 발생한다. 실제로 재료의 비선형 거동으로 인해 $[K_G]^i$는 일정하지 않으며, 증분 응력과 변형률의 변화에 따라 변한다.

증분 동안 구성 거동이 변화하기 때문에 응력 변화를 얻기 위해 구성방정식을 적분하는 경우 주의가 필요하다. 이러한 적분수행법을 응력점 알고리즘(stress point algorithm)이라 하며 문헌에서는 양해법과 음해법이 모두 제안되어 있다. 이와 관련 다양한 알고리즘이 있으며, 알고리즘에 따라 최종 해의 정확도가 다르므로 해석자는 사용하는 프로그램이 채용한 알고리즘을 확인할 필요가 있다. 다음 절에서는 가장 정확한 응력점 알고리즘 중 2개에 대해 설명한다.

위의 절차를 Newton-Raphson 법이라 하며, 이전 반복단계의 응력과 변형률을 기반으로 매 반복 단계마다 전체 증분강성 행렬, $[K_G]^i$를 다시 구성하고 역행렬을 구한다. 계산 양을 줄이기 위해, 수정 Newton-Raphson 법(MNR)에서는 증분의 시작단계에서만 강성 행렬과 이의 역행렬을 구해 증분에 대한 모든 반복 단계에서 같은 강성 행렬을 사용한다. 때로는 전체 증분강성 행렬은 탄소성 행렬, $[D^{ep}]$ 대신에 탄성 구성 행렬, $[D]$를 사용하기도 한다. 이와 관련한 많은 옵션이 있으며, 많은 프로그램들이 MNR 알고리즘의 수행방법을 사용자가 선택하도록 하고 있다. 이와 더불어 반복계산이 수행되는 동안 수렴을 가속화시키는 방법이 적용되기도 한다(Thomas, 1984).

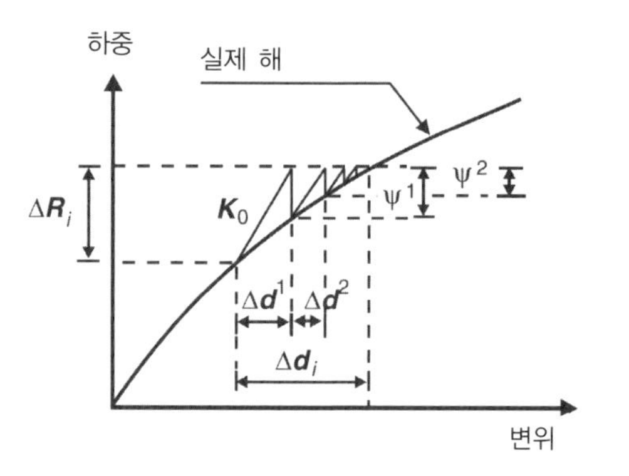

그림 5.5 비선형 재료인 바의 일축압축하중에 대한 수정 Newton-Raphson 알고리즘의 적용

5.2.3.2 응력점(stress point) 알고리즘

5.2.3.2.1 개요

응력점 알고리즘 중 서브스텝핑(substepping) 알고리즘은 기본적으로 양해법이며, 리턴(return) 알고리즘은 음해법이다. 이 두 알고리즘의 목적은 증분변형률 경로를 따라 구성방정식을 적분하는 것이다. 증분변형률 성분의 크기는 알지만, 그 변형률이 증분 동안 변화하는 방법은 알지 못한다. 따라서 추가적인 가정 없이는 구성방정식을 적분하는 것은 불가능하다. 각각의 응력점 알고리즘은 서로 다른 가정을 채택하며, 이는 해의 정확도에 영향을 미친다.

5.2.3.2.2 서브스텝핑(substepping) 알고리즘

Wiseman & Hauck(1983) 및 Sloan(1987)이 제시한 기법이 이 알고리즘의 예라 할 수 있다. 이 방법은 증분변형률을 많은 수의 하부단계(substep)로 나누는 것이다. 각 하부단계의 변형률 $\{\Delta\varepsilon_{ss}\}$은 증분변형률 $\{\Delta\varepsilon_{inc}\}$에 비례하며, 비례상수 ΔT를 가정한 식은 다음과 같다.

$$\{\Delta\varepsilon_{ss}\} = \Delta T\{\Delta\varepsilon_{inc}\} \quad (5.20)$$

각 하부단계에서 변형률 성분 간 비율은 증분변형률에 대한 비율과 같으며, 변형률들은 증분 동안 비례적으로 변화함을 유념할 필요가 있다. 다음으로 구성방정식은 수치적으로 각 하부단계에 대하여 수정 오일러 또는 Runge-Kutta법을 이용하여 적분된다. 각 하부단계의 크기(ΔT)는 변화하며, 좀더 정교한 해법에서는 수치적 적분에 대한 오차의 허용범위를 설정함으로써 결정된다. 이 방법은 수치적 적분에서 야기되는 오차의 제어가 가능하며, 이로써 오차가 무시할 만한지의 여부 판단도 가능하다.

서브스텝핑 알고리즘에서 기본적인 가정은 변형률은 증분에 걸쳐 비례하면서 변한다는 것이다. 경계치 문제에서 이러한 가정은 타당하며, 이 가정의 결과로 얻은 해는 매우 정확하다. 그러나 일반적으로 이 가정은 사실과 다르며 오차를 야기할 수 있다. 이때 오차의 크기는 증분해의 크기에 의존한다.

5.2.3.2.3 리턴(return) 알고리즘

이 방법은 Borja & Lee(1990)에 의해 제시되었으며 Borja(1991)는 한 단계(one-step) 음해법 형식의 리턴알고리즘에 대한 예들을 제시하였다. 증분 소성 변형률은 각 증분의 종점에 상응하는 응력 조건으로부터 계산된다. 문제점은 이러한 응력 조건들을 모른다는 것이며, 따라서 음해적 접근법을 도입한다. 응력 변화 산정을 위한 최초 시도는 대부분 탄성 구성방정식을 이용하며, 이후 정교한 반복–서브알고리즘을 이용하여 산정된 응력을 항복면 응력으로 이동시킨다. 반복–서브알고리즘의 도입 목적은, 증분 동안의 소성 변형률이 증분 종점에서의 소성포텐셜에 따른다는 가정에도 불구하고, 수렴 시 구성거동이 만족됨을 보장하기 위해서이다. 이와 다른 특징을 가지는 반복–서브알고리즘이 현재까지 많이 제안되었다. 앞의 내용에서 최종적으로 수렴되는 해는 불합리한 응력 공간에서 계산된 응력의 크기에 의존하지 않는다는 사실이 중요하다. 이런 관점에서 초기의 몇몇 리턴알고리즘은 이러한 규칙에서 벗어나므로 부정확하다. 수정 Cam Clay 모델에 대한 이러한 과정을 단순화하기 위하여 Borja & Lee(1991)는 탄성계수가 증분 동안 일정한 것으로 가정했다. Borja(1991)는 탄성계수의 실제 변화를 고려하는 좀더 정밀한 절차를 도입하였다. 기존의 가정을 토대로 한 해석은 '일정 탄성 리턴알고리즘'이라고 하며, 반면에 탄성계수의 변화를 고려하는 해석을 '변동 탄성 리턴알고리즘'이라 한다.

그림 5.6과 같이 리턴알고리즘에서의 기본 가정은 증분 종점에서의 응력 상태로부터 소성 변형률이 계산된다는 것이다. 이는 소성거동, 특히 소성 흐름의 방향이 현재 응력 상태의 함수이므로 이론적으로 타당하지 않다. 소성 흐름의 방향은 증분 시점의 응력 상태와 부합하여야 하며 응력 상태의 함수로 진행되어야 한다. 따라서 증분종점에서는 소성 흐름 방향이 그때의 응력 상태와 부합되어야 한다. 거동은 그림 5.7의 서브스테핑 알고리즘으로 예시될 수 있다. 만약, 증분 동안 소성 흐름의 방향이 바뀌지 않는다면 리턴 알고리즘 해는 정확할 것이다. 하지만 소성 흐름 방향이 변화하므로 오차가 발생한다. 오차의 크기는 증분해의 크기에 의존한다.

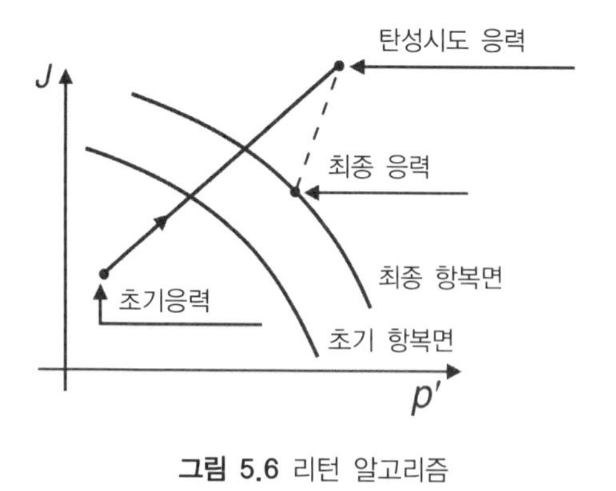

그림 5.6 리턴 알고리즘

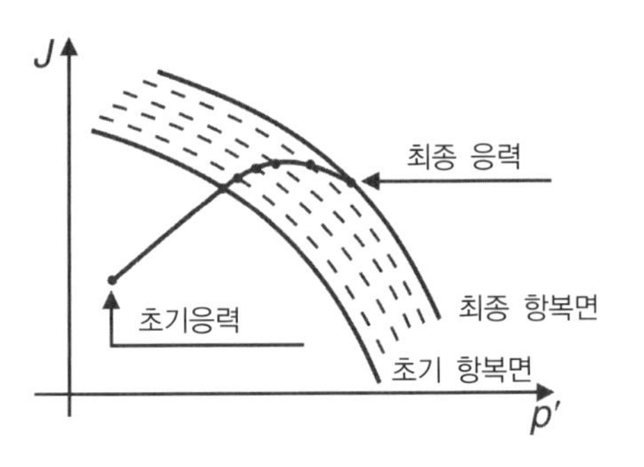

그림 5.7 서브스텝핑 알고리즘

5.2.3.2.4 근본적 비교, 고찰

Potts & Ganendra(1994)는 위에서 언급한 두 종류의 응력점 알고리즘과 관련하여 근본적인 비교연구를 수행하였다. 그 결과, 서브스텝핑 알고리즘과 리턴 알고리즘 모두 적절한 결과를 주었으나, 서브스텝핑 알고리즘이 약간 더 정확함을 보였다.

또 다른 서브스텝핑 알고리즘의 장점은 이 방법이 수치해석적으로 매우 안정하며 2개 이상의 항복면을 갖는 모델 또는 심한 비선형탄성 모델도 쉽게 다룰 수 있다는 점이다. 사실상 알고리즘의 프로그램화를 요구하는 대부분의 소프트웨어는 공통적으로 구성 모델을 이용한다. 반면에 리턴 알고리즘은 이와 달리 복잡한 구성 모델을 이론적으로 수용할 수 있을지라도, 매우 복잡한 수식을 포함한다. 알고리즘을 다루는 소프트웨어는 구성 모델 의존적인데, 이는 새로운 또는 수정된 모델을 포함하기 위해서는 많은 노력을 필요로 한다는 것을 의미한다.

5.2.3.2.5 수렴 기준

MNR 법은 각 증분을 반복법으로 구하므로 수렴 기준을 정하여야 한다. 일반적으로 반복 변위 $\left(\{\Delta d\}_{nG}^{i}\right)^{j}$와 잔류하중인 $\{\psi\}^{j}$의 크기에 대한 한계로 정하게 된다. 둘 다 벡터이므로 그 크기는 통상적으로 스칼라 놈(norm)으로 표현한다.

$$\| \left(\{\Delta d\}_{nG}^{i}\right)^{j} \| = \sqrt{\left(\left(\{\Delta d\}_{nG}^{i}\right)^{j}\right)^{T}\left(\{\Delta d\}_{nG}^{i}\right)^{j}} \quad (5.21)$$

$$\| \{\psi\}^{j} \| = \sqrt{\left(\{\psi\}^{j}\right)^{T}\{\psi\}^{j}} \quad (5.22)$$

반복 변위 놈을 증분변위의 놈 $\| \{\Delta d\}_{nG}^{i} \|$와 누적변위놈 $\| \{d\}_{nG} \|$과 비교한다. 하나 기억해야 할 점은 증분변위는 현재까지의 증분에서 계산된 반복변위들의 합이라는 것이다.

마찬가지로 잔류하중에 대한 놈은 증분하중의 놈인 $\| \{\Delta R_G\}^{i} \|$와 누적하중 놈 $\| \{R_G\} \|$ (우측의 전체 하중 벡터)과 비교된다. 수렴 기준은 일반적으로 반복변위 놈이 증분변위 놈과 누적변위 놈의 1% 미만으로 정해진다. 그리고 잔류하중 놈은 증분하중 놈과 누적하중 놈에 대해 1~2% 미만으로 설정한다. 여기서, 특별히 주의해야 할 점은 변위에 대한 경계조건만 포함하는 경계치 문제의 경우인데, 이 경우 증분하중 놈과 누적하중 놈 모두 다 0이 되기 때문이다.

5.2.4 해법들의 비교

5.2.4.1 개요

위에서 비교한 3가지 해법에 대해 다음과 같이 정리할 수 있다. 접선 강성법은 가장 단순한 방법이나 그 정확도는 증분의 크기에 영향을 받는다. 점소성법의 정확도 역시 복잡한 구성 모델의 경우 증분의 크기에 영향을 받는다. MNR 법은 잠재적으로 가장 정확하며 증분의 크기에 그다지 민감하지 않다고 할 수 있다. 그러나 각각의 해법이 요구하는 컴퓨터 자원을 고려한다면, MNR 법이 가장 비경제적이고, 접선 강성법이 가장 경제적이다. 점소성법은 이중간에 있다고 볼 수 있다. 다만, MNR 법은 증분을 크게 하여도 정확한 결과를 얻을 수 있으므로 어느 해법이 가장 경제적인지 단정하기 쉽지 않다.

Potts & Zdravkovic(1999)는 이 3가지 해법을 사용하여 다양한 경계치 문제에 대한 광범위한 비교를 수행하였다. 본 절은 이 중에서 이상화된 배수 그리고 비배수 삼축압축시험 문제에 대한 해석결과를 예시하였다.

5.2.4.2 이상화된 삼축시험

이상화된 배수 그리고 비배수 삼축압축시험을 생각해보자. 원통형 시료가 평균 유효응력, p'이 200kPa, 간극수압은 0으로 등방 정규 압밀되었다고 가정하자. 수정 Cam Clay 모델을 사용하고 물성치는 표 5.1과 같다.

표 5.1 수정 Cam Clay 모델을 위한 재료의 물성치

과압밀비	1.0
처녀압밀곡선의 단위압력에서 비체적, v_1	1.788
$v-\ln p'$ 공간에서 처녀압밀곡선의 기울기, λ	0.066
$v-\ln p'$ 공간에서 팽창곡선의 기울기, κ	0.0077
$J-p'$ 공간에서 한계상태선의 기울기, M_J	0.693
전단계수, G/선행압밀하중, p'_o	100

배수 삼축시험의 경우 시료에 증분의 축방향 압축 변형률이 20%에 도달할 때까지 적용시킨다. 이때 반경방향의 응력은 일정하며 간극수압은 0으로 유지한다. 결과는 횡축 축 변형률에 대하여 종축에 체적 변형률과 축차응력 q를 그래프로 나타내고자 한다. 축차응력 q는 다음과 같다.

$$q = \sqrt{3}\,J = \sqrt{\frac{1}{2}\left[(\sigma_1' - \sigma_2')^2 + (\sigma_2' - \sigma_3')^2 + (\sigma_1' - \sigma_3')^2\right]} \qquad (5.23)$$

$$= \sigma_1' - \sigma_3' \text{(삼축 조건)}$$

비배수 삼축시험인 경우 시료에 증분의 압축 변형률을 축방향 변형률이 5%에 도달할 때까지 적용시킨다. 이때 반경방향의 전응력은 일정하게 유지한다. 물의 체적압축계수, K_f는 비배수 거동을 표현하기 위해 100 K'_{skel}로 설정한다. 여기서, K'_{skel}는 흙 입자의 유효체적계수이다. 결과는 축 변형률에 대해 간극수압 p_f와 q를 그래프로 나타내고자 한다. 각 그래프의 선의 종류는 해석에서 각 증분에 적용된 축 변형률의 크기를 나타낸다. 시험은 시료의 상부와 하부에서 단부효과를 무시하는 이상화된 시험으로 응력과 변형률이 시료 전체를 따라 일정한 것으로 가정하였다. 배수 및 비배수 삼축시험의 이론해는 Potts와 Zdravkovic(1999)을 참고할 수 있다.

MNR을 적용한 배수 삼축시험의 수치해석 결과를 이론해와 비교하면 그림 5.8과 같다. 증분의 크기에 민감하지 않고 이론해와 잘 일치함을 알 수 있다. MNR을 적용한 비배수 삼축시험 결과도 비록 5%의 축 변형률 증분 하나에 대한 해석이지만, 이론적인 해와 잘 일치하며 오차는 무시할만하다. 참고로 비배수 시험 결과는 여기에 나타내지 않았다. 비배수 삼축시험에서 반경방향 및 접선 변형률은 항상 축 변형률의 −1/2 값과 같다. 결과적으로 3개의 변형률 모두 시험 동안 비례적으로 변한다. 이러한 변화는 서브스텝핑 응력점 알고리즘의 주 가정과 일치하며 (5.2.3.2.2절 참조) MNR 해석의 정확도는 서브스텝의 수에 대한 허용오차 범위에 의존하기 때문이다. 이 해석에서 허용오차 범위는 작게(예 : 0.01%) 설정하였으며 다른 모든 해석도 이와 동일하다. 이렇게 작은 값의 허용오차 범위가 설정이 된 것은 MNR 해석이 증분의 크기에 상관없음을 반증하기 위한 것이다.

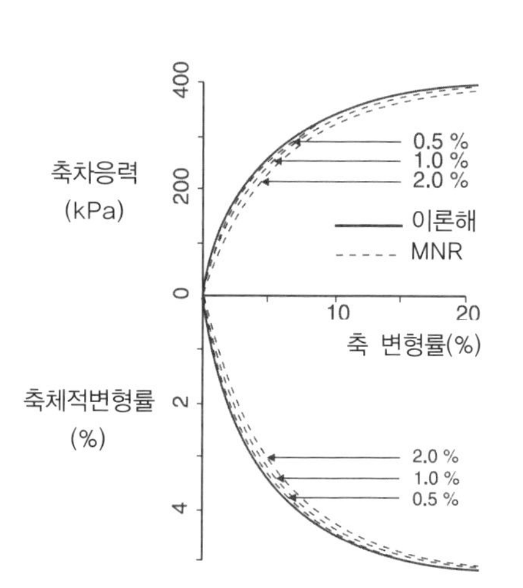

그림 5.8 수정 Newton-Raphson법 : 배수 삼축시험

접선 강성법의 결과는 그림 5.9의 배수 삼축시험과 그림 5.10의 비배수 삼축시험에 대해 나타내었다. 두 시험의 결과는 증분의 크기에 민감하며 증분의 크기가 큰 경우 매우 큰 오차를 보인다. 두 시험 모두 파괴 시의 q(배수 삼축시험의 경우 20%의 축 변형률, 그리고 비배수 삼축시험의 경우 5%의 축 변형률 적용)를 과다하게 예측하였다. 그림 5.11은 비배수 삼축시험 결과로서 p'에 대한 q의 관계를 보인 것이다. 증분의 크기가 0.5%의 축 변형률인 경우, p'이 증가할수록 파괴 시의 q는 이론해를 두 배 이상 크게 예측하는 비현실적인 결과를 나타내었다. 한편, 증분의 크기를 작게 한 경우에는 좀더 개선된 결과가 나타났다.

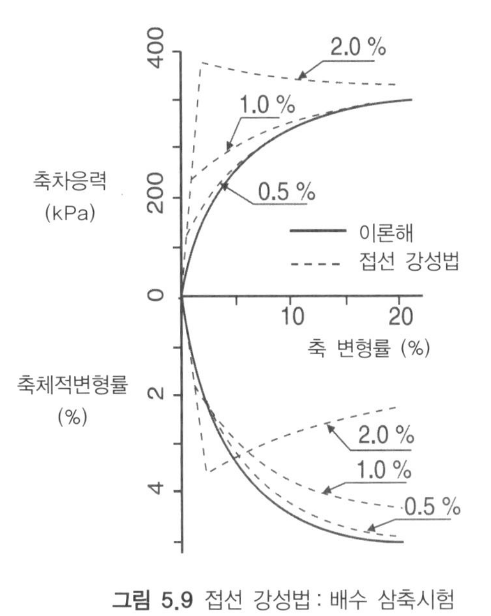

그림 5.9 접선 강성법 : 배수 삼축시험

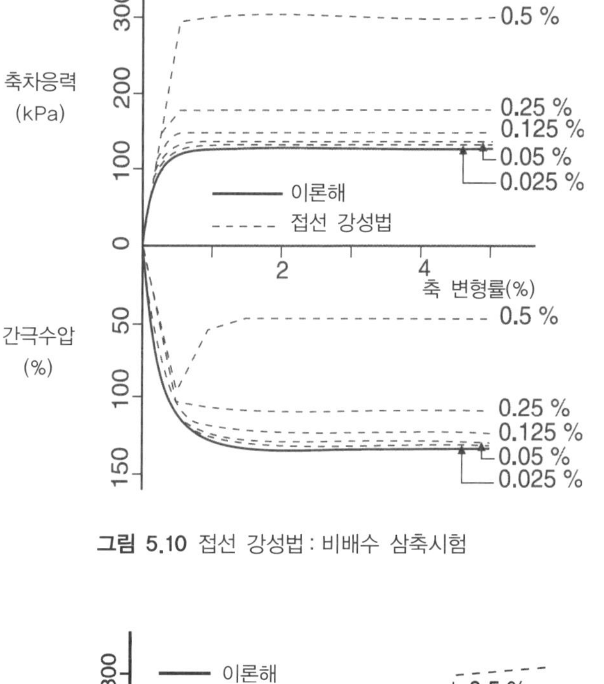

그림 5.10 접선 강성법 : 비배수 삼축시험

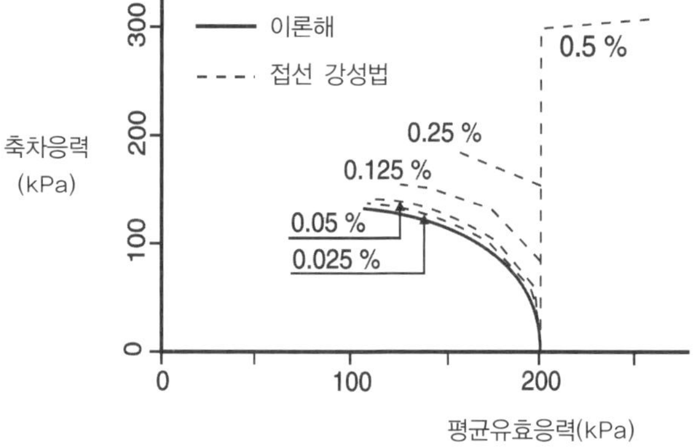

그림 5.11 접선 강성법 : 비배수 응력 경로

그림 5.12, 5.13은 점소성법으로 비배수 및 배수 삼축시험을 해석한 결과를 보인 것이다. 이들 결과로부터 점소성법 또한 증분의 크기에 민감하다는 사실을 알 수 있다. 증분의 크기를 0.1%로 작게 한 배수 삼축시험과 0.025%로 한 비배수 삼축시험에 대한 해석 결과도 마찬가지로 큰 오차를 나타내었다.

접선 강성법에서는 배수 및 비배수 두 시험 모두 어떤 특정한 축 변형률에 대하여 축차응력을 과다하게 예측한다는 흥미로운 점을 발견할 수 있다. 이와는 반대로 점소성법은 모든 경우에 q를 과소하게 예측한다.

증분 크기를 작게 하는 점소성법은 이에 상응하는 접선 강성법에 비해 비교적 덜 정확한 결과를 주며, 많은 양의 컴퓨터 자원을 요구한다. 점소성법의 정확도가 떨어지는 이유는 앞에서 언급한 바와 같이 항복면 밖의 비합법적인 경로의 탄소성 방정식을 사용하는 데 있다. 이는 구성방정식을 만족시키지 못하는 결과를 초래한다. MNR 법이 다른 방법에 비해 정확하고 비교적 증분의 크기에 의존하지 않는다고 할 수 있다.

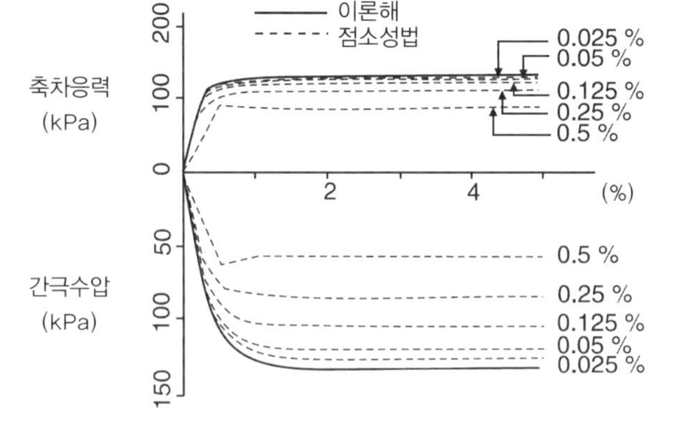

그림 5.12 점소성법 : 비배수 삼축시험

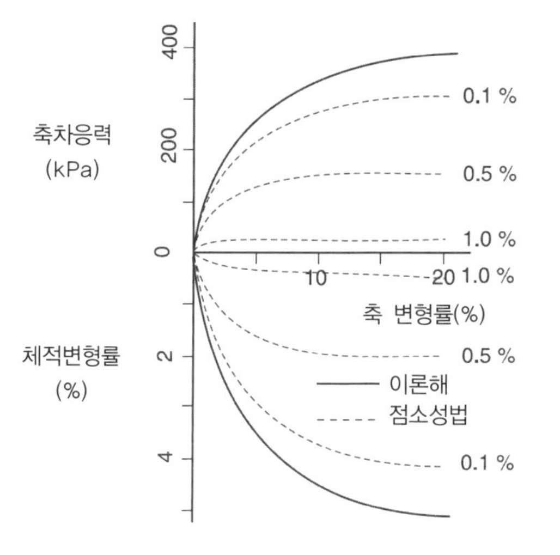

그림 5.13 점소성법 : 배수 삼축시험

5.3 기하학적 비선형

어떤 경계치 문제에 대한 유한요소해석을 수행하면 상당히 큰 변위와 변형률이 발생하는데, 이 경우 유한요소망이 원래대로 있지 않고 일그러지게 된다. 이러한 문제를 해결하기 위해서는 해석이 수행되는 동안 유한요소망의 기하학적인 조건이 업데이트되어야 한다.

응력과 변형률의 정의에 대한 유한 변형률(finite strain)의 관계를 규명하는 수학적 심층연구가 Prager(1961)에 의해서 수행되었다. 이를 완전한 해법들로 발전시키기 위한 노력들이 Hibbit(1970) 외, Hofmeister(1971) 외, Osias & Swedlow(1974), Davison & Chen(1976), Carter(1977) 외, Van der Heijden & Besseling(1984), Ziolkowski(1984)에 의해 진행되어 왔다. Carter(1977), Carter(1977, 1979) 외, Lee&Sills(1981), Booker &

Small(1982), Ziolkowski(1984)은 유한 변형률 개념을 지반의 압밀과 연계시키는 연구를 수행하였다.

5.3.1 문제의 수식화

유한 변형률이론의 정식화를 위해 어떤 물체의 운동을 고려하자. 이 물체가 미소질량을 갖는 미소 체적들의 집합체라 하고, 미소 체적에서 한 점을 재료점이라고 하자. 물체의 변형이 진행되는 동안 변위와 변형률이 크게 발생한다고 가정하면, 이 가정은 각 재료 점이 공간상에서 위치가 변화함을 의미한다. 그림 5.14와 같이 각 시간 간격 0, Δt, $2\Delta t$에서 물체의 평형 위치를 평가해보자. Δt는 시간의 증분을 나타낸다. 여기서, 운동하는 물체의 재료점이 원래 형태로부터 최종 변형된 형태를 따라 이동함을 알 수 있다. 이러한 문제는 Lagrangian(또는 재료) 정식화가 가능하다. 재료의 운동이 강체를 통해서 일어나는 Eulerian 정식화(보통 유체역학 문제에 적용되는)와는 대조적이다.

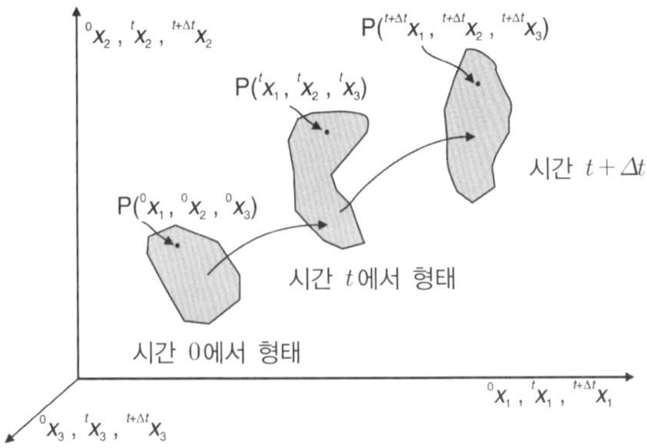

그림 5.14 고정된 좌표 시스템 안에서 강체의 운동

대 변형문제의 접근에서 근본적으로 어려운 점은 시간 $t+\Delta t$에서 물체의 형태를 알 수 없다는 것이며, 이는 몇 가지 중요한 의미를 가진다. 예를 들면, 시간 $t+\Delta t$에서 Cauchy 응력 텐서가 단순히 시간 t에서 재료의 변형으로 인한 증분 응력 텐서를 더함으로써 구해지지 않는다. 이 경우, 시간 $t+\Delta t$에서의 Cauchy 응력 텐서의 계산은 재료의 강체회전을 반드시 고려해야 한다.

대 변형문제는 물체의 형태가 연속적으로 변화하는 거동을 고려하는 응력과 변형률, 그리고 구성관계를 이용하여 다루어야 한다.

5.3.2 응력과 변형률 텐서

앞 절에서 언급한 바와 같이 대 변형률 문제의 해석에서는 물체의 형태가 연속적으로 변화한다는 사실에 특별히 주의하여야 한다.

이와 관련된 문제를 다루는 방법 중의 하나는 추가적인(보조적인) 응력과 변형률 값을 고려하는 것이다. 이 응력 값은 2차 Piola-Kirchoff 응력 텐서로서 물체의 원래 형태에 대한 응력으로 정의하고, 질량의 변화를 설명하기 위한 변형경사(deformation gradient)를 사용한다(Bathe, 1982).

$$ {}_{o}^{t}S_{ij} = \frac{{}^{o}\rho}{{}^{t}\rho} \frac{\partial\, {}^{o}x_i}{\partial\, {}^{t}x_k}\, {}_{t}\sigma_{kl} \frac{\partial\, {}^{o}x_j}{\partial\, {}^{t}x_l} \tag{5.24} $$

여기서, ${}_{o}^{t}S_{ij}$: 시간 t에서 2차 Piola-Kirchoff 텐서로서 시간 0에서의 형상(원래의 형태를 의미함)

$\frac{\partial^o x_i}{\partial^t x_j}$: 시간 0에서 시간 t까지의 변형경사

$\frac{^o\rho}{^t\rho}$: 시간 0에서 시간 t까지의 질량 밀도 비

그러나 2차 Piola-Kirchoff 응력 텐서는 거의 물리적 의미를 내포하지 않으므로 Cauchy 응력 텐서로 반드시 보완되어야 한다.

또 다른 응력 값이 몇몇 정식화에서 효과적으로 사용되는데, 그중 하나는 Jaumann 응력비 텐서로서 다음과 같이 정의된다.

$$\hat{\sigma}_{ij} = \dot{\sigma}_{ij} - \sigma_{ik}\Omega_{kj} - \sigma_{jk}\Omega_{ki} \tag{5.25}$$

여기서, $\dot{\sigma}_{ij}$: Cauchy 응력 텐서의 시간 도함수, Ω_{ij} : 회전 텐서

$$\Omega_{ij} = \frac{1}{2}\left(\frac{\partial \dot{u}_j}{\partial x_i} - \frac{\partial \dot{u}_i}{\partial x_j}\right) \tag{5.26}$$

식 (5.26)에서 속도 $\dot{u}_i$은 변위의 시간 도함수이다.

$$\dot{u}_i = \frac{\partial u_i}{\partial t} \tag{5.27}$$

물리적으로 회전 텐서는 물체의 각속도를 나타낸다. 따라서 식 (5.25)에서 만약 $\hat{\sigma}_{ij}$가 0이면 Cauchy 응력 텐서의 변화는 물체의 강체 회전의 결과로 볼 수 있다.

2개의 응력 개념에서 중요한 차이점은 2차 Piola-Kirchhoff 텐서는 전응력 텐서로 현재의 총 변형률로부터 계산되며(Bathe, 1982), 반면 Jaumann 응력비 텐서는 변형률 비와 관련되어 적분과정에서 현재 Cauchy 응력의 평가가 항상 필요하다. 이러한 차이점은 자동적으로 어떤 조건에서 어떤 응력 개념이 더 효율적인지 알게 해준다. 만약, 구성관계식이 경로에 의존하지 않고 적분과정을 거치지 않는다면 일반적으로 2차 Piola-Kirchhoff 응력 텐서가 더 적합하다. 그러나 경로에 의존하는 재료의 해석에서는 Jaumann 응력비 텐서가 적절하다.

앞에서 언급한, 연속적으로 형상이 변화하는 문제의 응력을 다루는 것과 마찬가지로 변형률도 적절하게 다룰 필요가 있다. 2차 Piola-Kirchhoff 응력 텐서와 함께 사용되는 변형률 텐서는 Green-Lagrange 응력 텐서이며, 다음과 같이 정의한다.

$$
{}_{o}^{t}\varepsilon_{ij} = \frac{1}{2}\left(\frac{\partial^{t} u_i}{\partial^{o} x_j} + \frac{\partial^{t} u_j}{\partial^{o} x_i} + \frac{\partial^{t} u_k}{\partial^{o} x_i}\frac{\partial^{t} u_k}{\partial^{o} x_j}\right) \tag{5.28}
$$

위 식은 현재의 형상을 나타내는 변형률 텐서(시간 t에서)로서 당초의 형상을 기준으로 한다(시간 0에서).

Jaumann 응력비 텐서와 더불어 속도 변형률 텐서 또는 변형비 텐서를 사용하는 것이 적절하다.

$$
l_{ij} = \frac{1}{2}\left(\frac{\partial^{t} \dot{u}_i}{\partial^{t} x_j} - \frac{\partial^{t} \dot{u}_j}{\partial^{t} x_i}\right) \tag{5.29}
$$

여기서, $\dot{u}_i$는 속도를 나타내며 식 (5.27)과 같이 표현된다.

이 책에서 다루는 대 변형률 문제의 정식화에 대한 추가 고찰은 Jaumann 응력비 텐서와 속도 변형률 텐서를 기준으로 한다.

5.3.3 수치해석에 적용

미소 변형률 정식화와 마찬가지로 비선형 유한변형률 문제의 해석도 일반적으로 증분해법이 적용된다. 이는 하중을 작은 증분으로 나누어 순차적으로 계산하는 것을 말한다. 따라서 대상 문제의 형상은 각 증분의 시점에서 완전하게 정의된다. 앞으로 사용하는 기호에서 왼쪽의 위첨자는 변수들이 계산되는 시간을 나타낸다. 증분의 시작에 해당되는 시간 t와 증분의 종료에 해당되는 시간 $t+\Delta t$를 사용한다.

일반적인 비선형 해석은 기본적으로 작용하중에 상응하는 물체의 평형 상태를 찾는 것이다. 만약, 고려 대상물체가 평형 상태에 있다면,

$$^{t}R - {}^{t}\psi = 0 \tag{5.30}$$

여기서, ^{t}R은 시간 t에서 외부 작용된 절점력 벡터이며 $^{t}\psi$ 는 시간 t에서 형상의 요소 응력에 상응하는 절점력의 벡터이다. 증분해법의 기본적인 접근방식은 해를 알고 있고, 시간 t에서 시간 $t+\Delta t$에서 해를 구하고자 가정하는 것이다. 따라서 식 (5.30)으로부터

$$^{t+\Delta t}R - {}^{t+\Delta t}\psi = 0 \tag{5.31}$$

시간 t에서 해를 알고 있으므로 다음과 같다.

$$^{t+\Delta t}\psi = {}^{t}\psi + \Delta\psi \tag{5.32}$$

여기서, $\Delta\psi$는 시간 t에서 $t+\Delta t$까지 요소 변위와 응력의 증분에 상응하는 절점력의 증분이다. 이러한 벡터는 시간 t에서 기하학적 및 재료의 조건에 상응하는 접선강성 매트릭스 $^{t}K_G$를 사용하여 근사적으로 구할 수 있다.

$$\Delta\psi \cong {}^{t}K_G \Delta d \tag{5.33}$$

여기서, Δd는 증분의 절점 변위 벡터이다. 이론적으로 미소 변형률 문제의 해석과 같은 방법으로 $^{t}K_G$가 계산되며, 현재 응력 상태와 관련된 항이 추가된다(Bathe, 1982). 그러나 만약 수정 Newton-Rapson 법을 사용한다면 이러한 추가적인 항은 무시될 수 있는데, 그 이유는 방정식의 우항 벡터에 이를 음해적으로 고려할 수 있기 때문이다. 식 (5.33)을 식 (5.32)와 (5.31)에 대입하여 정리하면 다음과 같다.

$$^{t}K_G \Delta d = {}^{t+\Delta t}R - {}^{t}\psi \tag{5.34}$$

식 (5.34)의 Δd를 계산하기 위해 시간 $t+\Delta t$에서의 변위에 대한 근사치를 다음과 같이 계산할 수 있다.

$$^{t+\Delta t}d \cong {}^{t}d + \Delta d \tag{5.35}$$

시간 $t+\Delta t$에서의 정확한 변위는 작용하중 $^{t+\Delta t}R$에 상응하는 변위이다. 식 (5.35)으로 구한 변위는 근사치이다. 왜냐하면 식 (5.33)이 사용되었기 때문이다. 시간 $t+\Delta t$에서 변위 근사치로부터 시간 $t+\Delta t$에서 응력과 변형률의 근사치를 계산할 수 있다. 그러나 식 (5.33)의 가정으로 인해 이 응력과 변형률은 오차를 포함하며 식 (5.31)의 조건을 만족하지 못한다. 따라서 식 (5.31)을 만족하는 정확한 해를 얻을 때까지 변위에 대한 반복 계산이 필요하다. 이러한 반복 과정은 다음의 수정 Newton-Raphson 법을 이용한다.

$$ {}^{t}K\Delta d^{(i)} = {}^{t+\Delta t}R - {}^{t+\Delta t}\psi^{(i)} \tag{5.36} $$

$$ {}^{t+\Delta t}d^{(i)} = {}^{t+\Delta t}d^{(i-1)} + \Delta d^{(i)} \tag{5.37} $$

초기조건은

$$ {}^{t+\Delta t}d^{(o)} = {}^{t}d;\quad {}^{t+\Delta t}\psi^{(o)} = {}^{t}\psi \tag{5.38} $$

오른편 괄호 안의 위 첨자는 하나의 증분에 대한 반복 연산수를 나타낸다.

실제에서 주어진 식 (5.36)~(5.38)에 의한 반복 과정은 수렴의 변수의 선택이 매우 중요하며, 반드시 적절한 한계 수렴 기준이 적용되어야 한다. 결과적으로 유한요소해석에서 미소 변형 문제와 대 변형문제 사이의 가장 큰 차이점은 Jaumann 응력비 텐서의 도입 여부이다. 응력비 텐서의 도입으로 여러 형태의 요소들이 조합된 문제에서 기하학적 형상의 변화를 고려할 수 있다.

5.3.4 문제점

대 변형문제를 해석하는 데 따른 잠재적인 문제점은 응력 경계조건을 사용하는 데서 발생한다. 이 조건에서는 유한요소 프로그램은 경계 응력을 등가의 절점력으로 전환해야 한다. 이는 요소 단위에서 작용 응력들을 적분하여 얻는다. 이때 메쉬의 기하학적 변화가 없다고 가정하므로 해석이 진행되는 동안 절점력은 일정하게 유지된다. 하지만 이러한 방법은 대 변형 해석에는 부적합하다. 만약, 응력이 일정하고 기하학적인 변화가 있다면, 등가 절점력도 변화할 것이기 때문이다. 따라서 프로그램은 경계응력이 적용된 요소면의 변화에 상응하도록 절점력을 계속해서 수정해나가야 한다. 결론적으로 이는 프로그램이 모든 경계응력을 계산 과정에서 기록 유지하고 있어야 함을 의미한다. 이런 연산과정을 기록 유지하는 것은 굴착 및 시공에 관련되는 해석의 경우 보통일이 아니다.

일례로 이상화된 삼축시험에 대한 해석을 고려해보자. 단부의 영향을 무시하면 시료 거동은 축을 따라 일정하다. 따라서 삼축 시료를 4개의 절점을 가지는 한 개의 요소로 모델링할 수 있다[그림 5.15(a)]. 만약, 해석의 초기에 균등한 셀 압력 100kPa가 시료에 적용된다면 이와 등가의 절점력은 그림 5.15(b)와 같다. 만약, 시료가 비배수 거동을 한다면 체적 변화가 없을 것이며 따라서 시료에 어떤 비틀림 거동도 일어나지 않을 것이다. 그러므로 절점력은 일정하게 유지된다. 만약, 시료가 수직으로 변형된다면, 즉, 20%까지 압축되고, 이때 셀 압력이 일정하게 유지된다면 상부 요소의 절점에 대해 절점 수직변위가 고려되어야 한다. 시료가 압축됨에 따라 요소 측면에 셀 압력도 줄어든 높이에 적용된다. 이는 셀 압력에 의한 절점력도 변화된다는 것을 의미한다. 예로 20% 압축에 상응하는 값들은 그림 5.15(c)와 같다. 결론적으로 해석이 수행되는 동안 셀 압력에 동등한 수평방향의 절점력이 수정되어야 한다. 만약, 이러한 과정이 없다면 시험 시작단계에서 적용된 절점력은 변화 없이 그대로 남아 있을 것이다. 또한 시료에 작용하는 수평응력은 20% 압축된 후

오히려 100kPa에서 110kPa까지 증가할 것이다.

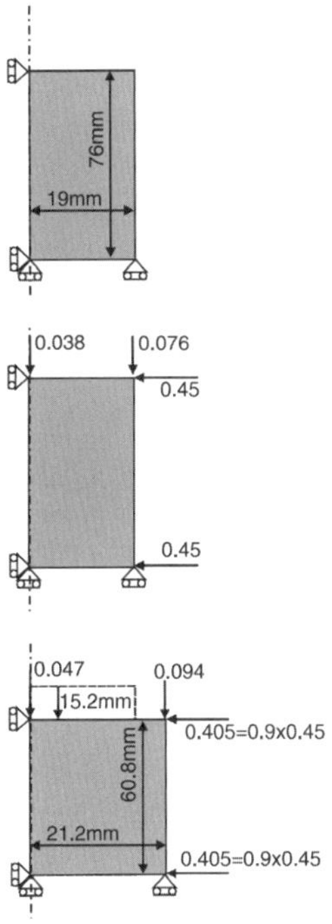

(a) 삼축 시료

(b) 초기 셀 압력 100kPa 적용한 절점력

(c) 20% 변형 후 셀 압력 100kPa 적용한 절점력

그림 5.15 삼축시험에서 대 변형 해석

또 다른 문제로 종종 대 변형 해석에서 발생되는 수치해석적 불안정(ill condition)에 관한 것이다. 이는 매우 큰 비틀림 거동에 기인한다. 해석이 진행됨에 따라 유한요소 메쉬(mesh)의 기하학적인 조건이 계속해서 수정되기 때문에 요소의 형상도 변화한다. 즉, 변형률이 집중되는 영역에서 요소의 형상 비(aspect ratio)가 크게 왜곡된다.

예로 2개의 표면이 거친 강체 판 사이에서 흙 시료의 압착문제를 고려해 보자[그림 5.16(a)]. 흙은 Tresca 재료로 $S_u = 100$kPa, $E = 10^5$kPa, $\mu =$

0.3 이다. 초기의 유한요소 메쉬는 그림 5.16(b)와 같으며, 각각의 해석 단계에서 메쉬의 비틂 변형(원 축척 사용)은 그림 5.17(a), (b), (c), (d)와 같다. 판의 가장자리에 근접한 요소에서 심각한 비틀림이 발생됨을 명확히 알 수 있다. 이러한 비틀림은 해석의 정확도에 크게 영향을 미친다. 실제로 판의 수직변위가 200mm가 될 때 해석은 중단된다. 이는 심각하게 비틀어진 요소들 중의 한 요소에서 음의 Jacobian이 계산되기 때문이다. 이는 요소 형상의 안과 밖이 바뀌는 것을 의미한다.

잠재적으로 이러한 문제를 해결하기 위한 2가지 방법이 있다. 하나는 Lagrangian 대신 Eulerian을 큰 변형문제 정식화에 사용하는 것이며, 두 번째는 미리 설정한 양만큼 이미 비틀림이 발생한 메쉬를 새로운 메쉬로 수정하는 것이다. 이러한 방법을 메쉬 재구성(re-meshing)이라고 한다. 2가지 방법 모두 문제점은 있다.

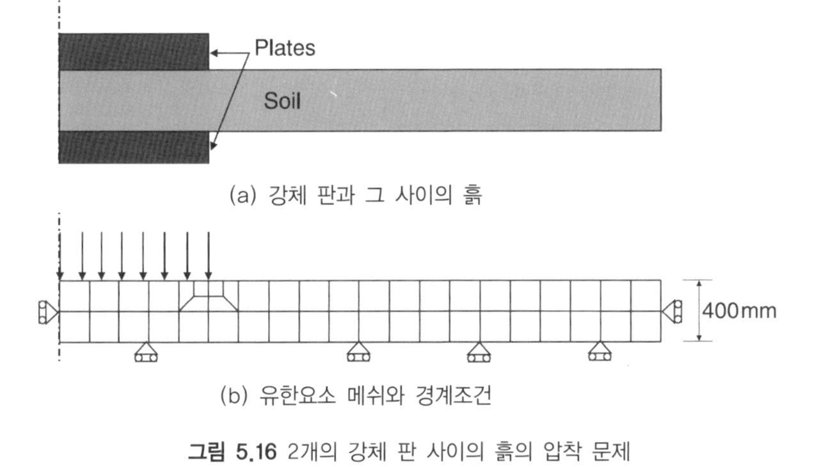

(a) 강체 판과 그 사이의 흙

(b) 유한요소 메쉬와 경계조건

그림 5.16 2개의 강체 판 사이의 흙의 압착 문제

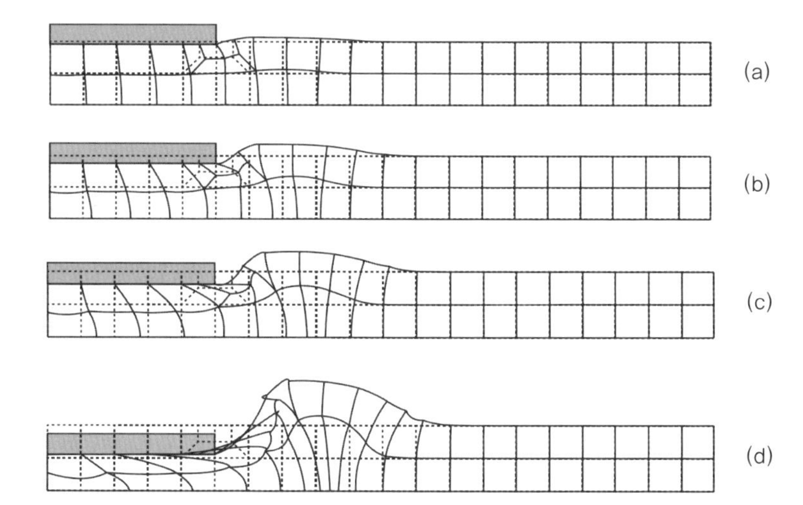

그림 5.17 변위 해석 동안 단계별 메쉬의 변형

5.4 연계 압밀해석

5.4.1 개요

대부분의 수치해석 기본 이론은 흙의 역학적인 거동만을 고려한다. 이는 결론적으로 완전배수 또는 비배수 거동만 대상으로 한다고 볼 수 있다. 한편, 대부분 지반공학적 문제는 극단적으로 완전 배수 또는 완전 비배수 상태를 가정하여 해석하나, 실제 흙의 거동은 시간과 흙의 투수성에 따른 간극수압의 변화, 하중조건, 수리학적 경계조건 등에 관련된다. 따라서 이러한 거동을 설명하기 위해서는 지반 내 간극수 흐름을 지배하는 방정식과 하중으로 인한 흙 자체의 변형을 지배하는 방정식을 통합해야 한다. 이러한 이론을 연계(coupled) 지배방정식이라고 한다. 즉, 간극수 흐름

과 응력-변형률 거동을 함께 해석한다.

흙 입자 사이의 물 흐름을 고려한다면 이에 대한 수리학적 경계조건에 대해서도 설명되어야 한다. 수리 경계조건은 주어진 흐름 또는 간극수압의 변화로 구성된다.

유한요소법에서 위에서 언급한 지배방정식은 다음과 같이 증분 행렬 형태로 나타낼 수 있다.

$$\begin{vmatrix} [K_G] & [L_G] \\ [L_G]^T & -\beta\Delta t[\Phi_G] \end{vmatrix} \begin{Bmatrix} \{\Delta d\}_{nG} \\ \{\Delta p_f\}_{nG} \end{Bmatrix} = \begin{Bmatrix} \{\Delta R_G\} \\ ([n_G] + Q + [\Phi_G](\{p_f\}_{nG})_1)\Delta t \end{Bmatrix} \tag{5.39}$$

여기서,

$$[K_G] = \sum_{i=1}^{N}[K_E]_i = \sum_{i=1}^{N}\left(\int_{Vol}[B]^T[D'][B]\,dVol\right)_i \tag{5.40}$$

$$[L_G] = \sum_{i=1}^{N}[L_E]_i = \sum_{i=1}^{N}\left(\int_{Vol}\{m\}[B]^T[N_p]\,dVol\right)_i \tag{5.41}$$

$$\{\Delta R_G\} = \sum_{i=1}^{N}\{\Delta R_E\}_i = \sum_{i=1}^{N}\left[\left(\int_{Vol}[N]^T\{\Delta F\}dVol\right)_i + \left(\int_{srf}[N]^T\{\Delta T\}dsrf\right)_i\right] \tag{5.42}$$

$$\{m\}^T = \{1\ 1\ 1\ 0\ 0\ 0\} \tag{5.43}$$

$$|\Phi_G| = \sum_{i=1}^{N}[\Phi_E]_i = \sum_{i=1}^{N}\left(\int_{Vol}\frac{[E]^T[k][E]}{\gamma_f}dVol\right)_i \tag{5.44}$$

$$|n_G| = \sum_{i=1}^{N}[n_E]_i = \sum_{i=1}^{N}\left(\int_{Vol}[E]^T[k]\{i_G\}dVol\right)_i \tag{5.45}$$

$[B]$: 형상함수의 변수를 포함하는 변형률 행렬, $[N]$: 요소변위에 대한 형상함수, $[E]$: 형상함수의 변수를 포함하는 행렬, $[N_p]$: 요소간극수압 형상함수, $[D]$: 구성 행렬, $[k]$: 투수계수 행렬, $\{\Delta F\}$: 증분 체적력, $\{\Delta T\}$: 증분 표면력, $\{\Delta d\}_{nG}$: 증분 절점변위, $\{\Delta p_f\}_{nG}$: 증분 절점간극수압, γ_f : 물의 체적 단위 중량, $\{i_G\}$: 중력방향에 대한 단위 벡터, Δt : 시간 증분.

위의 방정식을 풀기 위해서는 Δt에 대해 간극수압이 얼마나 변화하는지를 먼저 가정하여야 한다. 이는 β계수를 도입을 통해 해결할 수 있다(Potts & Zdrakovic, 1999). 수치적 안정성을 위해 $\beta \geq 0.5$, 완전 음해법의 경우 $\beta = 1$. 위의 지배방정식이 증분적인 형태로 표현되기 때문에 대부분의 소프트웨어에서는 사용자가 β 값을 선택할 수 있다.

5.4.2 수치해석적 구현

식 (5.39)는 증분 절점변위 $\{\Delta d\}_{nG}$와 증분 절점간극수압 $\{\Delta p_f\}_{nG}$을 동시에 고려한다. 강성 행렬과 우항(오른편의 벡터)이 구성되면 이 방정식을 풀 수 있다.

시간의존성 거동을 해석하기 위해서는 전진해법(marching process)이 필요하며 이러한 해석은 증분적으로 수행된다. 이러한 풀이 과정은 구성 모델의 거동이 선형탄성이고, 투수계수가 일정하며, 기하학적 비선형을 고려하지 않는 경우라도 동일하다. 만약, 구성 모델의 거동이 비선형이거나 기하학적 비선형을 포함한다면 시간에 따른 하중변화를 포함해야 하며, 이를 통해 건설과정에 대한 시간이력을 모사할 수 있다.

위의 식에서 투수성은 행렬 $[k]$에 의해 표현된다. 만약, 투수성이 일정하지 않고 응력 또는 변형률에 따라 변화한다면 행렬 $[k]$($[\phi_G]$와 $[n_G]$)는 해석의 증분(또는 시간단계)에 따라 변한다. 따라서 식 (5.39)를 풀 때 주의를 요한다. 이 문제는 비선형 응력-변형률과도 동일하다. 여기서, $[K_G]$는 증분에 따라 변화한다. 앞에서 언급한 비선형 $[K_G]$를 다루는 몇 가지 수치해석적 해법이 가능하다. 이중 몇 해법은 다른 해법에 비해 효과적이다. 즉, 앞에서 언급한 접선 강성법, 점소성법, Newton-Raphson 법을 비선형 투수성 문제에도 적용할 수 있다.

식 (5.39)를 유도하는 데 요소 내 간극수압 변화는 형상함수인 $[N_p]$ 행렬을 이용하여 표현한다. 만약, 증분간극수압 자유도를 요소 내 모든 절점에 부여하면 $[N_p]$는 변위형상함수 $[N]$과 같다. 결과적으로 간극수압은 변위와 같은 방식으로 요소에 걸쳐서 변한다. 예를 들면, 8절점의 직사각형 요소인 경우 변위와 간극수압 모두 요소에 걸쳐 2차 함수로 변화한다. 변위가 2차 함수로 변화한다면 변형률과 유효응력(최소한 선형 재료인 경우)은 선형적으로 변화한다. 따라서 요소에 작용하는 유효응력과 간극수압 사이에 불일치가 발생한다. 이러한 현상은 이론적으로 문제가 없지만 일부에서는 유효응력과 간극수압이 같은 차수로 변화되는 것을 선호한다. 8절점 요소인 경우 모서리의 4개의 절점에만 간극수압 자유도를 부여함으로써 이 문제를 해결할 수 있다(그림 5.18 참조). 이 경우 $[N_p]$ 행렬은 오로지 모서리 절점에만 기여하므로 $[N]$과 다르다. 마찬가지로 간극수압 자유도를 3개의 꼭짓점을 가지는 6절점 삼각형 요소 또는 8개의 모서리 절점을 가지는 20절점의 육면체 요소에 적용함으로써 유사한 거동을 얻을 수 있다. 몇몇 프로그램은 사용자가 2가지 방법을 선택 옵션으로 제공한다.

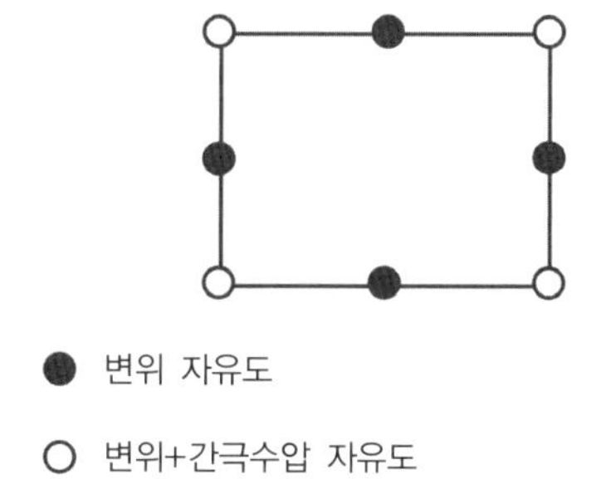

그림 5.18 8절점 직사각형 요소의 변위 및 간극수압의 자유도

유한요소 메쉬는 압밀 요소와 비압밀 요소를 포함할 수 있다. 예로 점토 위에 놓이는 모래를 모델링하는 경우 압밀되는 요소(절점에서 간극수압의 자유도를 가지는 요소)는 점토에 사용되며, 반면 절점에서 간극수압의 자유도를 가지지 않는 요소는 모래에 사용된다(그림 5.19). 모래는 간극수에 대한 체적압축계수를 0이라고 정의함으로써 배수거동으로 가정한다. 주의해야 할 점은 모래와 점토 사이의 경계면 절점에서 올바른 수리 경계조건을 적용해야 한다. 일부 프로그램은 사용자가 요소의 압밀을 허용할 것인지를 메쉬 생성하는 단계에서 결정하도록 한다. 또 다른 프로그램은 해석단계에서 유연하게 결정할 수 있도록 한 것도 있다.

위에서 전개한 이론은 유한요소 방정식이 간극수압과 관련된 것이다. 수두 및 과잉간극수압 또는 과잉수두를 변수로 하여 방정식을 구성할 수도 있다. 이러한 경우, 절점은 과잉간극수압 또는 과잉수두의 자유도를 갖게 될 것이다. 해석자는 사용 프로그램의 수리적 고려 기법에 친숙할 필요가 있다. 그 이유는 수리 경계조건의 설정이 해석에 지대한 영향을 주기 때문이다. 또한, 식 (5.39)는 흙이 완전히 포화되었다고 가정하여 유도된 것임을 유의해야 한다. 불포화를 고려한다면 식 (5.39)에 다른 방정식을 추가해야 한다. 이 경우 최종적인 강성 행렬은 비대칭이 된다.

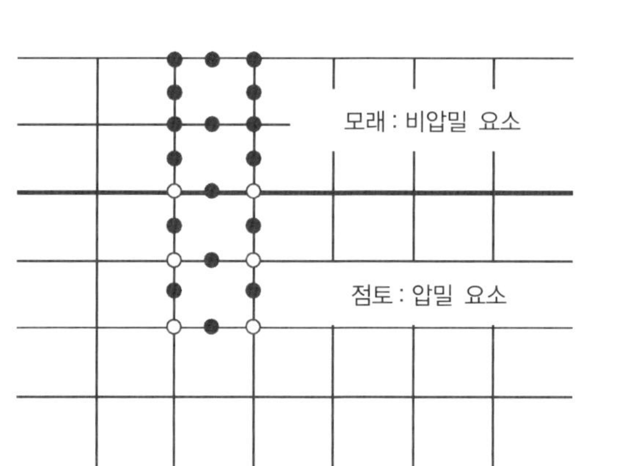

그림 5.19 압밀 및 비압밀 지층에 대한 요소의 선택

6 지반-구조물 인터페이스 모델링

6.1 개요

대다수의 지반공학적 문제는 구조물과 흙의 상호거동을 포함한다. 이러한 상호거동 문제를 수치해석에서 다루기 위해서는 지반과 구조물 각각의 모델링과 더불어 지반과 구조물 사이의 인터페이스 거동을 모델링해야 한다. 예로, 터널 굴착을 해석하는 데는 터널 라이닝(lining)과 함께 주변 지반과의 인터페이스를 사실적으로 모델링하는 것이 중요하다. 대부분의 경우 이러한 상호거동을 모델링하기 위해 특별한 알고리즘이 요구된다. 예로, 유한요소해석에서는 전통적인 연속체 요소와 함께 특별한 인터페이스 요소를 추가하여 사용할 수 있다. 본 장에서는 구조 요소와 흙 요소, 그리고 이들의 인터페이스를 모델링을 하기 위해 사용되는 일반적인 내용들을 다루고자 한다.

6.2 구조 요소의 모델링

6.2.1 개요

그림 6.1과 같이 많은 지반공학적 문제들은 흙과 구조물의 상호거동을 포함한다. 따라서 이러한 문제에 수치해석을 적용할 때 구조적인 요소인 흙막이 벽체, 버팀보, 앵커, 터널 라이닝, 기초 등을 유한요소 메쉬 또는 유한차분 격자 안에 포함해야 한다. 이론적으로 전통적인 2D 또는 3D 연속체 요소들을 사용하여 이러한 구조 요소들을 모델링할 수 있으나, 실제에서는 이러한 모델링에 한계가 있다. 예로, 대부분의 경우 구조 요소들의 영역(dimension)은 전체적인 기하학적인 조건에 비해 작으므

로 2D/3D 연속체로 모델링하는 것은 많은 수의 요소가 소요되거나, 요소의 형상비(aspect ratio)가 불량해지는 결과를 가져온다. 이와 비슷한 문제가 유한차분 격자에서도 발생한다.

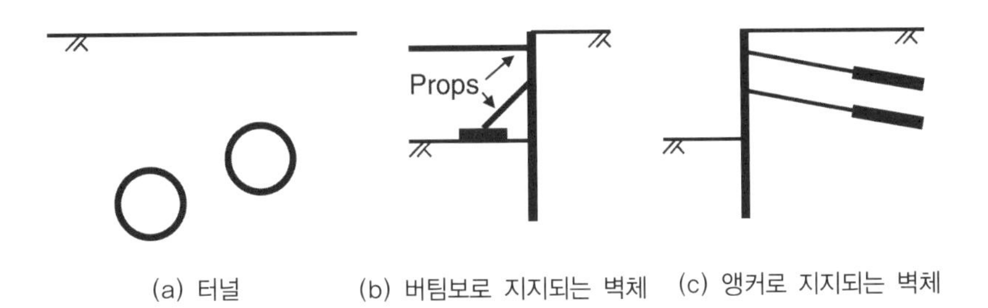

그림 6.1 흙과 구조물 상호거동 예

대부분의 경우 우리의 관심은 구조 요소들의 구체적인 응력 분포가 아니라 휨모멘트, 축하중 및 전단하중의 평균적인 분포이다. 이러한 값들은 2D/3D 연속체 요소들의 응력으로부터 구할 수 있으나 추가적인 계산을 필요로 한다.

위에서 언급한 문제점들을 극복하기 위해 특별한 요소들이 개발되어 왔다. 이러한 요소들은 필수적으로 하나 또는 그 이상의 구조 요소의 차원을 '0'으로 줄여 정식화한다. 예로, 흙막이 벽체는 두께가 '0'인 보(beam) 요소로 모델링할 수 있다. 이러한 요소는 변형률과 연계하여 직접적으로 휨모멘트, 축하중 및 전단하중을 변수로 정식화된다. 결과적으로 공학적 관심인 정량적인 값들이 유한요소해석에서 바로 구해진다.

특별한 구조 요소들에 대한 서로 다른 구성식은 문헌에서 찾아 볼 수 있으며 각각의 구성식은 장점과 단점을 가지고 있다. 따라서 이러한 요소들을 사용하는 데 요소가 검토 대상 문제에 적절한지에 대한 주의가 필요하다. 이러한 구조 요소들을 개발하는 데 따른 유한요소 근사화를 예시하기 위하여 2차원의 보(beam) 요소를 살펴보기로 한다(Day & Potts, 1990, Potts & Zdravkovic, 1999).

6.2.2 변형률 정의

그림 6.2에 보인 특별한 보 요소의 변형률은 다음과 같다(Day, 1990).

축 변형률

$$\varepsilon_l = -\frac{du_l}{dl} - \frac{w_l}{R} \tag{6.1}$$

휨 변형률

$$\chi_l = \frac{d\theta}{dl} \tag{6.2}$$

전단 변형률

$$\gamma = \frac{u_l}{R} - \frac{dw_l}{dl} + \theta \tag{6.3}$$

여기서, l : 보의 길이, u_l과 w_l : 접선방향 변위와 보의 법선방향 변위, R : 곡률반경, θ : 단면 회전각을 나타낸다. 식 (6.1)~(6.3)에서 압축을 양의 기호로 나타낸다.

식 (6.1)~(6.3)을 전체 좌표계인 x_G와 y_G에 대한 변위인 u와 v로 나타내는 것이 유용하다. 변위를 전체 좌표계 성분으로부터 국부 좌표계 성분으로 변환하면 다음과 같다.

$$\begin{Bmatrix} u_l = v\sin\alpha + u\cos\alpha \\ w_l = v\cos\alpha - u\sin\alpha \end{Bmatrix} \tag{6.4}$$

그림 6.2로부터

$$\frac{d\alpha}{dl} = -\frac{1}{R} \tag{6.5}$$

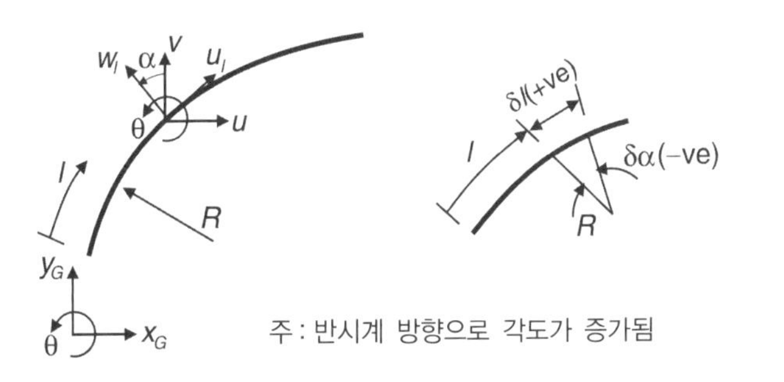

그림 6.2 용어와 축의 정의

전체 좌표계 변위 관점으로 다시 쓰면, (6.1)~(6.3)은 다음과 같다.

축 변형률

$$\varepsilon_l = -\frac{du}{dl}\cos\alpha - \frac{dv}{dl}\sin\alpha \tag{6.6}$$

휨 변형률

$$\chi_l = \frac{d\theta}{dl} \tag{6.7}$$

전단 변형률

$$\gamma = \frac{du}{dl}\sin\alpha - \frac{dv}{dl}\cos\alpha + \theta \tag{6.8}$$

위의 변형률에 대한 식들은 평면변형률(plane strain) 해석에서는 충분하나, 축대칭(axisymmetric) 해석인 경우에는 추가적인 식이 필요하다(Day, 1990).

원주방향의 멤브레인 변형률은

$$\varepsilon_{\psi} = \frac{w_l \sin\alpha - u_l \cos\alpha}{r_0} = -\frac{u}{r_0} \tag{6.9}$$

원주방향의 휨 변형률은

$$\chi_{\psi} = \frac{\theta \cos\alpha}{r_0} \tag{6.10}$$

여기서, [illegible] : 원주의 반경(그림 6.3), u와 v : 회전축(axis of revolution)의 법선방향[illegible] 평행방향에 대한변위이다.

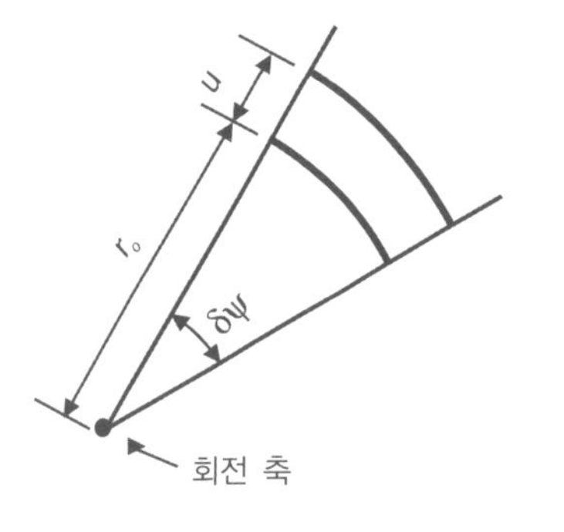

그림 6.3 r_0의 정의

위에서 핵심적인 가정은 보를 0의 두께로 모델링할 수 있다는 것이다. 따라서 보는 선으로 표현되며 변형은 2개의 변위 요소인 u_l과 w_l(또는

u와 w), 그리고 회전각 θ로 나타낼 수 있다. 결과적으로 보가 변형되어도 보의 단면은 평면으로 남아 있음을 의미한다. 한편, 앞의 가정으로부터 좀더 미묘하며 내재적인 문제들이 발생한다.

3차원 해석인 경우 보와 동등한 구조적인 형태는 셀(shell)과 판(편평한 셀, plate)이다. 이들은 두께를 0으로 모델링하여 2차원 면으로 나타낼 수 있다. 그러나 3개의 변형과 3개의 회전각 성분을 포함하므로 변형률 식은 복잡해진다.

6.2.3 구성방정식

위의 변형률 식은 아래의 구성식에 의해 요소의 힘과 휨모멘트에 관련된다.

$$\{\Delta\sigma\} = [D]\{\Delta\varepsilon\} \tag{6.11}$$

여기서, $\{\Delta\varepsilon\} = [\Delta\varepsilon_l,\ \Delta\chi_l,\ \Delta\gamma,\ \Delta\varepsilon_\psi,\ \Delta\chi_\psi]^T$,
$\{\Delta\sigma\} = [\Delta F,\ \Delta M,\ \Delta S,\ \Delta F_\psi,\ \Delta M_\psi]^T$ 각 증분표현은

ΔF : 중력방향의 힘, ΔM : 휨모멘트, ΔS : 전단력, ΔF_ψ : 원주방향 힘, ΔM_ψ : 원주방향 모멘트이다. 평면변형률 해석인 경우 ΔF는 평면에서 축방향 증분의 힘, ΔF_ψ는 평면의 길이방향(out-of-plane) 힘 그리고 $\Delta\varepsilon_\psi = \Delta\chi_\psi = 0$이다.

등방의 선형-탄성거동인 경우 매트릭스 $[D]$는 다음과 같다.

$$[D] = \begin{vmatrix} \dfrac{EA}{(1-\mu^2)} & 0 & 0 & \dfrac{EA\mu}{(1-\mu^2)} & 0 \\ 0 & \dfrac{EI}{(1-\mu^2)} & 0 & 0 & \dfrac{EI\mu}{(1-\mu^2)} \\ 0 & 0 & KGA & 0 & 0 \\ \dfrac{EA\mu}{(1-\mu^2)} & 0 & 0 & \dfrac{EA}{(1-\mu^2)} & 0 \\ 0 & \dfrac{EI\mu}{(1-\mu^2)} & 0 & 0 & \dfrac{EI}{(1-\mu^2)} \end{vmatrix} \tag{6.12}$$

보 또는 쉘(shell) 물성치는 단면 2차 모멘트 I와 단면적 A이다. 평면변형률과 축대칭 해석에서 이러한 구조 요소는 보(또는 쉘)의 단위 폭당 값으로 정의한다. E와 μ는 각각 영계수(Young's modulus)와 포아송비이며 k는 전단보정계수(shear correction factor)이다.

휨을 받는 보 또는 쉘 요소 전단면에 걸쳐 작용하는 전단응력의 분포는 비선형이다. 그러나 보 요소의 정식화에서 전단 변형률은 1개의 보정계수 값을 사용하여 일정한 값으로 가정된다. 보정계수 k는 단면적에 적용되는 계수로서 유한요소 모델에서 면적 kA에 대하여 계산된 변형률 에너지가 전체 면적 A에 대한 실제 변형률 에너지와 같도록 선택된다. 전단보정계수는 단면적 형상에 의존한다. 직사각형 단면인 경우 $k=5/6$이다. 폭에 비해 길이가 상대적 긴 보(slender beam)는 휨 변형이 지배적이며 k 값에 민감하지 않다.

3차원 쉘과 판(plate) 요소는 8개의 변형률, 그리고 이와 쌍을 이루는 8개의 힘을 변수로 한다. 따라서 구성 매트릭스는 8×8로 나타난다.

소성거동을 모델링하고자 하면 구성 거동은 식 (6.11)에 상응하는 힘과 소성 변형률의 항(term)을 포함하여야 하며, 보 또는 쉘 요소에 대한 더욱 복잡한 식이 사용되어야 한다.

위의 기본 가정으로 개발된 유한요소는 전단과 멤브레인(membrane) 로킹(locking) 현상이라는 문제를 발생시킬 수 있다. 이러한 문제는 모든 Gauss 적분점을 사용하여 체적을 적분할 때 발생하며, 축하중 및 전단하중이 크게 변화(fluctuation)하는 결과를 초래한다. 이러한 문제점은 선별 감차적분법을 통해 방지할 수 있다. 즉, 몇몇의 변형률 항은 다른 변형률 항에 비해 낮은 차수의 적분을 수행하는 것이다. 그러나 이 방법은 곡선보 또는 쉘 요소에 해당이 되지 않을 수도 있으므로 이러한 경우 정상적인 감차적분법이 필요하다. 과거 수치해석 경험에 따른 판단이 무엇보다 중요하다.

6.2.4 멤브레인(membrane) 요소

위에서 설명한 보 요소는 휨모멘트 또는 전단력을 다른 요소로 전달할 수 없는 요소로 만들 수 있다. 평면변형률 및 축대칭 해석에서 요소의 접선력만 전달할 수 있는 핀 연결(pin-ended)인 멤브레인 요소가 그 예이다. 이는 본질적으로 스프링 요소와 같으나, 곡선요소이며 해석에 있어 다른 모든 요소와 같은 방법으로 취급될 수 있다는 점이 스프링 요소와 다르다.

이 요소는 절점 당 2개의 자유도를 가진다. 즉, 전체 좌표계 x_G와 y_G 방향에 해당하는 변위 u와 v이다. 평면변형률 해석에서는 단지 하나의 길이 방향의 변형률 항을 가지며, ε_l은 다음의 식으로 주어진다.

$$\varepsilon_l = -\frac{du_l}{dl} - \frac{w_l}{R} \tag{6.13}$$

축대칭 해석에서는 추가의 원주방향 변형률은 다음과 같다.

$$\varepsilon_\psi = -\frac{u}{r_o} \tag{6.14}$$

위의 식들은 보 요소의 변형률 식 (6.1)과 (6.9)와 같다.

구성 행렬 $[D]$의 성분은 보 요소에 대한 구성 행렬에 상응하며 다음과 같다.

$$[D] = \begin{vmatrix} \frac{EA}{(1-\mu^2)} & \frac{EA\mu}{(1-\mu^2)} \\ \frac{EA\mu}{(1-\mu^2)} & \frac{EA}{(1-\mu^2)} \end{vmatrix} \tag{6.15}$$

7장에서 설명하는 스프링 경계조건에 비하여 이러한 형태의 요소가 주는 장점은 다음과 같다.

- 여러 형태의 거동이 구성법칙(constitutive law)과 탄소성 식을 이용하여 쉽게 표현될 수 있다. 예로, 최대 축하중은 항복함수인 F(F=축하중 ± 상수)로 설정할 수 있다.
- 축대칭 해석에서 후프(hoop) 하중(원주방향 축하중)은 심각한 구속(restraint)을 야기한다. 이러한 하중은 멤브레인 요소를 사용하여 해석에 고려할 수 있다. 스프링 경계조건으로는 후프 하중에 대한 영향을 고려할 수 없다.

멤브레인 요소는 흙-구조물 상호거동 문제의 해석에 유용하다. 인장을 허용하지 않는 구성법칙은, 버팀보(prop) 끝을 핀으로 흙막이 벽체에 연결되는 것으로 모델링하여 버팀보(prop)가 설치된 후 벽체로부터 이탈되는 거동을 모델링할 수 있다. 인장력에만 저항하는 요소를 이용하여 흙 속에 설치되는 토목섬유(geofabric)와 같은 인장보강재(reinforcing strip)를 모델링할 수도 있다.

위에서 정리한 식들을 3차원으로 확장하는 것은 상대적으로 쉬운 일이다. 이 경우 2개의 평면 상 직접 변형률(in-plane direct strain)과 전단 변형률 그리고 이에 상응하는 직접 및 전단 멤브레인 하중이 있다. 2차원 및 3차원 요소는 멤브레인 하중에 대응하는 멤브레인 응력으로도 수식화가 가능하다. 이 경우, $[D]$ 행렬의 성분들은 식 (6.15)로 주어지며 멤브레인의 두께 A로 나눈 값이다.

6.3 인터페이스의 모델링

6.3.1 개요

흙-구조물 상호거동 상황에서는 흙과 구조물의 상대적 변형이 발생할 수 있다. 유한요소해석에서 변위의 적합성(compatibility)을 만족하는 연속체 요소를 사용하면 흙-구조물 인터페이스에서의 상대적인 변형을 구속한다(그림 6.4). 즉, 유한요소법의 절점의 적합성이 인접한 구조물 요소와 흙 요소가 함께 움직이도록 한다. 인터페이스 요소는 가끔 조인트(joint) 요소로 불리며, 흙과 구조물 경계면을 모델링할 때 사용된다.

예로, 벽체 또는 말뚝의 측면, 푸팅(footing)의 저면을 들 수 있다. 이러한 요소의 특별한 장점은 흙-구조물의 인터페이스(즉, 최대 벽면 마찰각) 구성거동의 변화를 고려할 수 있고 흙과 구조물의 서로 다른 변형을 가능하게 할 수 있다(미끄러짐과 분리). 흙과 구조물 인터페이스에서 비연속적인 거동을 모델링하기 위한 많은 방법들이 제안되어 왔다. 이를 정리하면 다음과 같다.

(1) 표준적인 구성법칙을 따르는 얇은 연속체 요소의 사용(Pande & Sharma, 1979; Griffiths, 1985; 그림 6.5).
(2) 두 절점의 연결 요소(linkage element)를 사용(Hermann, 1978; Frank 등, 1982). 일반적으로 개별 스프링으로 연결한다(그림 6.6).
(3) 두께가 0이거나 유한 값을 갖는 특별한 인터페이스 요소, 또는 조인트 요소(Goodman 등, 1968; Ghaboussi 등, 1973; Carol & Alonso, 1983; Wilson, 1977; Desai 외, 1984; Beer, 1985; 그림 6.7).
(4) 하이브리드 방법(hybrid method)으로서 흙과 구조물을 각각 모델링하되, 구속방정식(constraint equation)으로 연결하여 인터페이스에서 힘과 변위의 적합성을 유지(Francavilla & Zienkiewicz, 1975; Sachdeva & Ramakrishnan, 1981; Katona, 1983; Lai & Booker, 1989).

위의 4가지 방법 중 두께가 0인 인터페이스 요소를 가장 많이 사용한다. 여기서는 이 요소에 대한 기본적 이론과 개략적인 특징 및 문제점에 대해 설명하고자 한다.

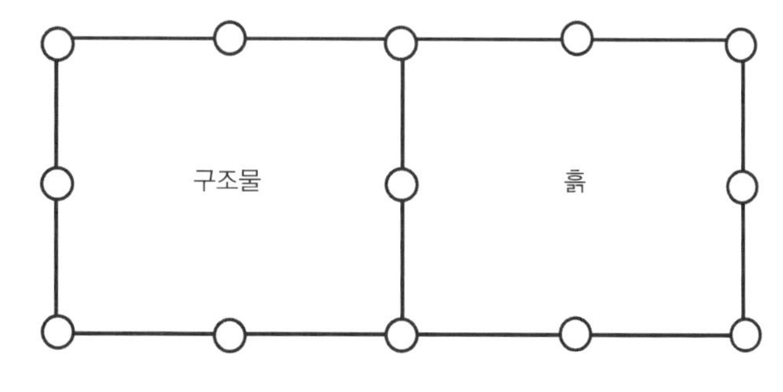

그림 6.4 연속체 요소를 사용하는 흙-구조물 인터페이스

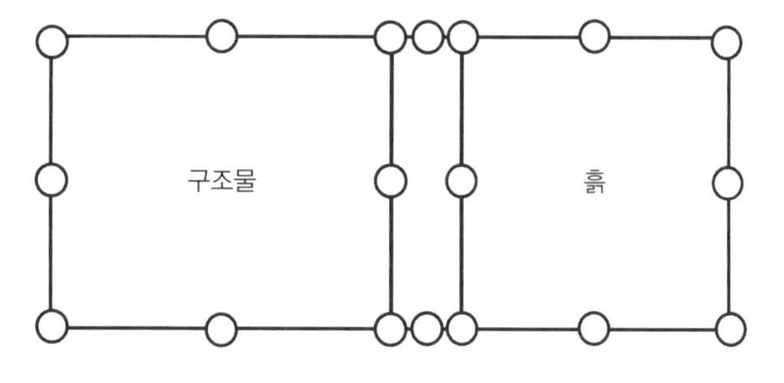

그림 6.5 연속체 요소를 사용한 인터페이스 모델링

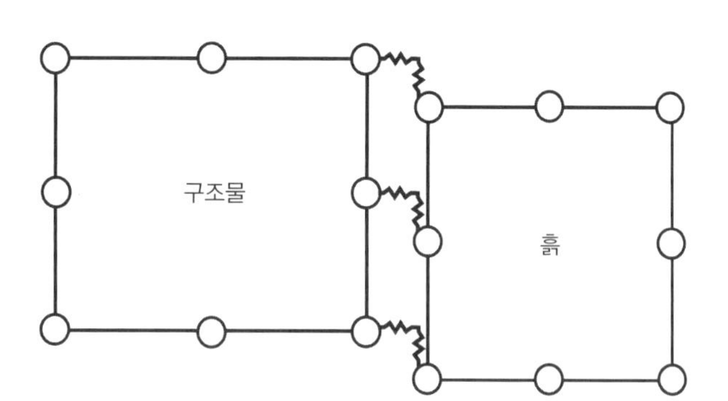

그림 6.6 스프링을 사용한 인터페이스 모델링

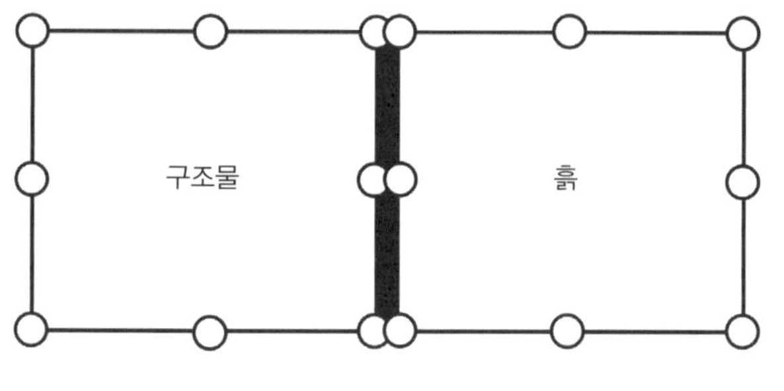

그림 6.7 특별한 인터페이스 요소의 적용

6.3.2 두께 0인 인터페이스 요소

두께가 0인 등매개 변수(isoparametric)의 2차원 인터페이스 요소는 Beer(1985), Carol과 Alonso(1983)에 의해 설명되었다. 그림 6.8과 같이 4개 또는 6개 절점의 인터페이스 요소는 각각 4개 또는 8개 절점의 직사각형, 3개 또는 6개 절점의 삼각형 2차원 등매개 변수 요소와 완전한 적합성이 성립한다.

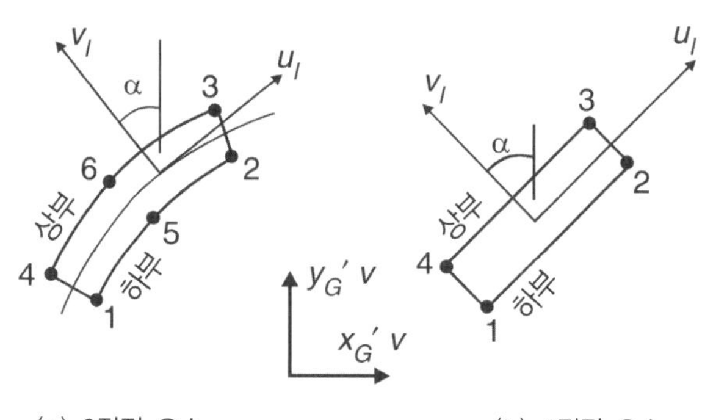

그림 6.8 등매개 변수(isoparametric)의 인터페이스 요소

인터페이스의 응력은 법선(normal)응력과 전단응력으로 구성된다. 이러한 법선응력 σ와 전단응력 τ는 구성방정식의 법선 변형률(ε)과 접선 변형률(γ)에 관련되며 아래의 식 (6.16)으로 표현할 수 있다.

$$\begin{Bmatrix} \Delta\tau \\ \Delta\sigma \end{Bmatrix} = [D] \begin{Bmatrix} \Delta\gamma \\ \Delta\varepsilon \end{Bmatrix} \tag{6.16}$$

등방선형탄성거동인 경우 행렬 $[D]$는 다음과 같다.

$$[D] = \begin{bmatrix} K_s & 0 \\ 0 & K_n \end{bmatrix} \tag{6.17}$$

여기서, K_s와 K_n은 각각 탄성전단계수(elastic shear stiffness)와 법선계수(normal stiffness)를 나타낸다.

인터페이스 요소의 변형률은 인터페이스 요소 상부(top)와 하부(bottom)의 상대적 변위로 정의된다.

$$\gamma = \Delta u_l = u_l^{bot} - u_l^{top} \tag{6.18}$$

$$\varepsilon = \Delta v_l = v_l^{bot} - v_l^{top} \tag{6.19}$$

여기서,

$$\begin{Bmatrix} u_l = v\sin\alpha + u\cos\alpha \\ v_l = v\cos\alpha - u\sin\alpha \end{Bmatrix} \tag{6.20}$$

u와 v는 전체 좌표계에서의 변위(global displacement)로서 각각 x_G와

y_G에서 정의된다. 따라서,

$$\begin{Bmatrix} \gamma = (v^{bot} - v^{top})\sin\alpha + (u^{bot} - u^{top})\cos\alpha \\ \varepsilon = (v^{bot} - v^{top})\cos\alpha + (u^{bot} - u^{top})\sin\alpha \end{Bmatrix} \tag{6.21}$$

3차원 인터페이스 요소의 방정식은 위에서 설명한 것과 동일하나, 3개의 인터페이스 응력(법선응력 σ, 2개의 쌍방 전단응력 τ_a와 τ_b), 변형률(ε, γ_a와 γ_b), 그리고 3개의 변위(u_l, v_l과 w_l)를 포함한다.

식 (6.18)과 (6.19)로부터 변형률은 인터페이스 요소의 상부와 하부의 상대변위로 정의된다. 결과적으로 변형률은 무차원이 아니며 변위와 같은 차원을 가진다(즉, 길이). 식 (6.17)에 의한 구성 행렬은 전단계수(shear stiffness)인 K_s와 법선계수(normal stiffness)인 K_n의 항으로 구성된다. 이러한 계수는 식 (6.17)을 통해 응력(단위 : 힘/길이의 제곱)과 변형률(단위 : 길이)을 연계시켜준다. 즉, 힘/길이의 세제곱으로 표현된다. 따라서 인터페이스에 인접한 흙 또는 구조물의 영계수(Young's modulus)인 E와 단위가 다르다(즉, E는 응력과 같은 단위인 힘/길이의 제곱). K_n과 K_s는 실내 실험으로 결정하기 어렵기 때문에 해석을 위한 적절한 값을 선택하기가 어렵다. 이러한 이유로 어떤 소프트웨어 패키지(software package)는 자동적으로 인터페이스 계수 값을 선택한다. 일반적으로 이 계수 값은 고체(solid) 요소의 강성(stiffness)과 이와 인접한 인터페이스 요소의 측면 및 그 크기에 의존한다. 흙-구조물 상호거동 문제를 조사하기 위해 사용자는 프로그램에서 주어지는 이러한 기본 값이 적절한지를 확인해야 한다.

만약, 간극수(pore fluid)가 인터페이스에 존재한다면 강성 매트릭스 안에서 간극수에 대한 유효 체적탄성계수(effective bulk stiffness, 단위 : 힘/길이의 세제곱)를 고려하여 비배수 거동으로 모델링할 수 있다. 또한, 인터페이스 요소가 길이 방향을 따라 1차원 압밀이 될 수 있도록 구현할 수도 있다.

인터페이스 응력에도 파괴기준(failure criterion)을 설정할 수 있다. 이는 탄소성 구성 모델을 사용해 편리하게 완성할 수 있다. 예로, Mohr-Coulomb 파괴기준을 사용해 항복면을 정의한다.

$$F = |\tau| + \sigma' \tan \varphi' - c' \tag{6.22}$$

이와 함께 소성 포텐셜(potential) 함수의 기울기 P는

$$\frac{\partial P}{\partial \sigma'} = \tan\nu \quad \frac{\partial P}{\partial \gamma} = \pm 1 \tag{6.23}$$

여기서, φ'는 최대 전단저항각, c'는 점착력(그림 6.9 참조), ν는 팽창각이다. 인터페이스가 거동하여 최대 법선 인장강도를 초과($c'/\tan\varphi'$)한다면, 인터페이스를 열리거나 닫힐 수 있고, 유한요소해석에서는 비선형해(non-linear solution)의 알고리즘을 통해 잔류 인장응력을 재분배할 수 있다. 인터페이스가 열릴 때 법선응력은 $c'/\tan\varphi'$로 유지되며 전단응력은 0이 된다. 이때 인터페이스가 열리는 크기가 기억된다. 인터페이스가 다시 닫히거나 주변과 접촉이 되면 구성 모델은 다시 인터페이스 거동을 정의한다.

인터페이스 요소에 대한 열림과 닫힘의 기능은 매우 유용하다. 특히, 인장균열이 발생하는 문제를 해석하는 경우가 그렇다. 이러한 예로 수평

하중을 받는 말뚝의 후면과 흙막이 벽체의 배면을 들 수 있다.

두께가 0인 인터페이스 요소를 사용하는 데 따른 문제점은 전체 강성 매트릭스의 수치 불안정 문제(ill conditioning)가 야기되는 것이다. 이로 인해 인터페이스 요소에 큰 기복의 응력이 발생한다. 이는 인터페이스 요소와 인접한 요소 사이의 요소 강성의 차이가 높은 응력과 변형률 경사를 야기하기 때문이다(Potts & Zdravkovic, 1999). 강성 차이는 인터페이스 요소와 인접 요소의 강성 및 요소의 크기에 기인한다.

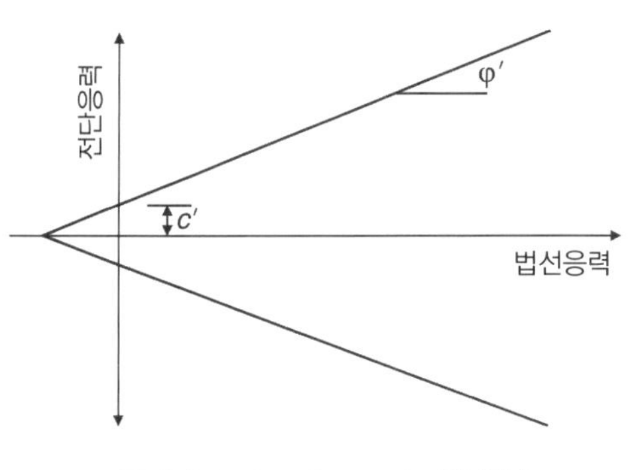

그림 6.9 Mohr-Coulomb 항복함수

7 경계 및 초기조건

7.1 개요

경계조건(boundary condition)은 모든 가능한 추가적인 조건을 다루기 위해 사용된다. 경계조건의 유형은 아래에 주어진 전체 시스템(global system) 방정식에 영향에 따라 분류된다.

$$[K_G]\{\Delta d\}_{nG}=\{\Delta R_G\} \tag{7.1}$$

경계조건의 첫 번째 그룹은 단지 시스템 방정식의 오른쪽 항인 $\{\Delta R_G\}$에 영향을 준다. 이러한 경계조건을 하중조건이라고 하며 점 하중(point load), 경계면 응력(boundary stress), 강체 힘(body force), 침투유량(압밀 해석), 축조 및 굴착을 들 수 있다.

경계조건의 두 번째 그룹은 시스템 방정식의 왼쪽 항인 $\{\Delta d\}_{nG}$에 영향을 준다. 이러한 경계조건은 운동조건(kinematic condition)으로 선행변위(prescribed displacement)와 간극수압(압밀 해석)이 있다.

경계조건의 마지막 그룹은 전체 구조물의 시스템 방정식에 영향을 주므로 좀더 복잡하다. 이러한 조건은 국부 좌표계(local axes)를 포함하며 강성 행렬과 우항인 하중 벡터의 수정을 요구한다. 자유도 결합(tied freedom)은 자유도의 수와 강성 행렬 조합 과정에 영향을 미친다. 스프링의 도입도 강성 행렬 조합 과정에 영향을 미친다.

다음 절에서는 지반 유한요소해석을 수행하기 위해 필요한 경계조건의 선택에 대해 자세하게 설명하고자 한다. 평면변형률 또는 축대칭 문제인 경우 유한요소 메쉬의 절점에 대한 $x(r)$와 $y(z)$경계조건을 설정하는 것이 필요하다. 3차원 해석인 경우도 3차원 방향 z에 대한 각각의 경계조건을 설정하는 것이 필요하다. 경계조건은 선행 절점 변위 또는 절점력으로 나타낸다. 이와 더불어 연계압밀해석인 경우 간극수압 자유도를 가지는 모든 경계 절점에 대해 선행 간극수압 또는 침투유량을 설정하는 것이 필요하다. 많은 유한요소 프로그램이 사용자가 이러한 모든 조건을 설정하도록 강요하지는 않는다. 프로그램은 설정되지 않은 절점 조건에 대한 내재적인 가정을 포함한다. 일반적으로 경계조건이 사전에 설정되지 않으면 프로그램은 절점력을 0으로 설정한다. 그리고 연계압밀해석인 경우 절점에서의 침투유량은 0으로 설정한다. 본 장의 마지막에서는 초기조건(응력과 상태 변수)의 설정을 다룬다.

7.2 국부 좌표계(local axes)

대부분 해석에서 각 절점에 대한 자유도(예 : 평면변형률과 축대칭 문제에서 2개의 절점 변위)는 전체 좌표계로 정의한다. 따라서 강성 행렬과 하중조건도 전체 좌표계에 의해 결정된다. 그러나 경계조건을 전체 좌표계에 대해 기울어진 방향으로 적용하고자 하는 경우 특정 절점에 대해 국부 좌표계를 도입할 수 있다. 이 경우 국부 좌표계에 포함된 요소의 강성 행렬과 하중조건의 축 변환이 필요하다. 예로 그림 7.1은 경사진 경계조건 문제를 보인 것이다. 이 경우 절점 1은 단지 x_l 방향으로 평행하게 움직여야 할 것이다. 여기서, x_l은 전체 X_G 축에 대해 α의 각도를 이룬다. 절점 1의 자유도는 국부 좌표계 x_l, y_l에 의해 쉽게 정의할 수 있다. 절점 1에 대해 2번째 자유도는 0이다($V_l = 0$).

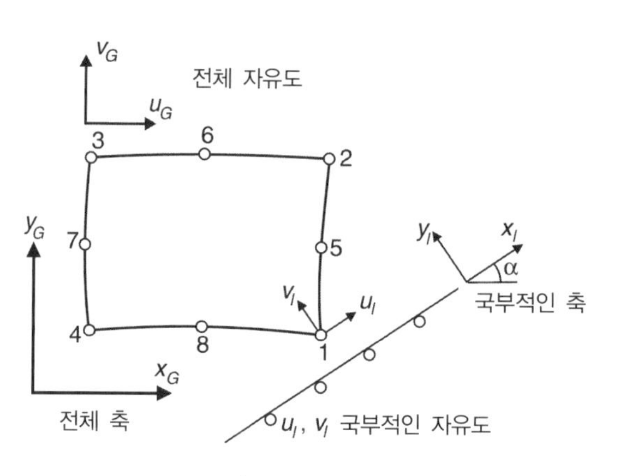

그림 7.1 경사진 경계조건

국부 좌표축이 정의되면 시스템 방정식 조합 전에 요소의 강성 매트릭스와 하중 경계조건의 축 변환이 필요하다. 2차원 평면변형률과 축대칭 해석인 경우 요소의 강성 행렬 $[K_E]$는 전체 축으로부터 국부 좌표축으로 변환된다.

$$[K_E]_{local} = [Q]^T [K_E]_{global} [Q] \tag{7.2}$$

여기서, $[Q]$는 축 방향에 대한 회전 행렬로 다음과 표현된다.

$$\{\Delta d\}_{global} = [Q] \{\Delta d\}_{local} \tag{7.3}$$

식 (7.3)은 국부 좌표축의 변위와 전체 변위의 관계이다. 예로, 4절점 등매개 변수 요소에서 회전 행렬 $[Q]$는 다음과 같다.

$$[Q]=\begin{bmatrix} \cos\alpha_1 & -\sin\alpha_1 & 0 & 0 & 0 & 0 & 0 & 0 \\ \sin\alpha_1 & \cos\alpha_1 & 0 & 0 & 0 & 0 & 0 & 0 \\ 0 & 0 & \cos\alpha_2 & -\sin\alpha_2 & 0 & 0 & 0 & 0 \\ 0 & 0 & \sin\alpha_2 & \cos\alpha_2 & 0 & 0 & 0 & 0 \\ 0 & 0 & 0 & 0 & \cos\alpha_3 & -\sin\alpha_3 & 0 & 0 \\ 0 & 0 & 0 & 0 & \sin\alpha_3 & \cos\alpha_3 & 0 & 0 \\ 0 & 0 & 0 & 0 & 0 & 0 & \cos\alpha_4 & -\sin\alpha_4 \\ 0 & 0 & 0 & 0 & 0 & 0 & \sin\alpha_4 & \cos\alpha_4 \end{bmatrix} \quad (7.4)$$

여기서, 각도 α_1, α_2, α_3, α_4는 전체 축에서 각각의 4개의 절점에 대한 국부 좌표축의 회전을 정의한다. 식 (7.2)의 평가에 소요되는 연산의 수는 행렬식 (7.4)의 0이 아닌 항만 고려함으로써 크게 감소된다.

우항 하중 벡터의 변환도 유사한 방법으로 이루어진다.

$$\{\Delta R_E\}_{local} = [Q]^T\{\Delta R_E\}_{global} \quad (7.5)$$

여기서, $[Q]$는 식 (7.4)와 같은 형식이다($[Q]^{-1} = [Q]^T$). 식 (7.5)의 변환은 요소 단위에서 이루어진다. 그러나 실제에서는 조합된 우항 벡터 $\{\Delta R_G\}$에 대하여 국부 좌표축을 적용하는 것이 편리하다.

7.3 변위 경계조건

구조적인 경계를 나타내기 위한 선행 변위 조건의 적용과 더불어 강체(rigid body)의 이동과 회전을 제한하기 위한 충분한 수의 변위 구속조건들이 설정되어야 한다. 이러한 조건들이 설정되지 않으면 전체 강성 행렬은 특이조건(singular)으로 인한 수치불안정이 야기되어 시스템 방정식을 풀 수 없다.

2차원에서 2개의 변위와 하나의 회전으로 구성되는 강체 모드(mode)를 제거하기 위해 사용자는 적어도 3개의 자유도에 대한 경계조건을 효과적으로 설정해야 한다. 특히, 선행 변위로 모든 강체 모드를 제한하고자 하는 경우 회전 모드에 주의를 요한다. 그림 7.2는 평면변형률 조건에서 물체(body)가 응력 경계조건에 의해 변형되는 예를 보인 것이다. 강체 모드를 제한하는 선행 변위의 설정은 유일하지 않으며 요구되는 변위해에 의존한다. 그림 7.2는 3개의 자유도 설정으로 강체 모드를 제거한 경우로서 절점 5에서 $u=0$, $v=0$ 그리고 절점 6에서 $v=0$으로 설정하였다.

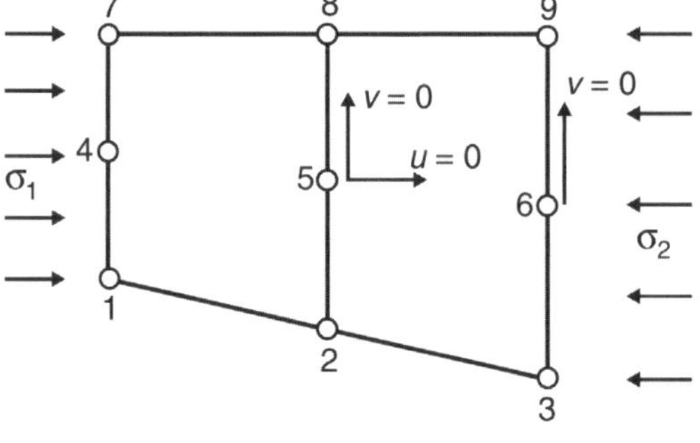

그림 7.2 강체 모드의 제거

물체가 대칭이고 대칭 경계조건을 갖는 경우 단지 물체의 반만 해석하여 풀 수 있다. 이러한 경우 변위 경계조건이 적용되어 대칭 선은 변형이 없이 그대로 유지된다. 이러한 변위 경계조건은 강체 모드를 제거하는 데도 유용하다고 할 수 있다.

선행 변위를 설정하는 것은 자유도 값을 설정하는 것과 같다. 따라서 어떤 절점에서 국부 좌표축이 설정이 되면 선행 변위는 새로운 국부 좌표축의 변위 성분으로 설정한다. 선행 변위는 전체 시스템 방정식의 해에도 적용된다.

전체 평형 방정식 (7.1)은 다음과 같이 구분할 수 있다.

$$\begin{bmatrix} K_u & K_{up} \\ K_{up}^T & K_p \end{bmatrix} \begin{Bmatrix} \Delta d_u \\ \Delta d_p \end{Bmatrix} = \begin{Bmatrix} \Delta R_u \\ \Delta R_p \end{Bmatrix} \quad (7.6)$$

여기서, Δd_u는 미지의 변위, 그리고 Δd_p는 선행 변위이다. 식 (7.6)으로부터 첫 번째 행렬식은

$$[K_u]\{\Delta d_u\} = \{\overline{\Delta R_u}\} \quad (7.7)$$

여기서,

$$\{\overline{\Delta R_u}\} = \{\Delta R_u\} - [K_{up}]\{d_p\} \quad (7.8)$$

따라서 미지의 변위 $\{\Delta d_u\}$는 수정된 전체 평형 방정식 (7.7)로부터 계산할 수 있다.

식 (7.7)로부터 결정된 $\{\Delta d_u\}$에 의해 두 번째 행렬식 (7.6)은

$$\{\Delta R_p\} = [K_{up}]^T\{\Delta d_u\} + [K_p]\{d_p\} \tag{7.9}$$

이로부터 각각의 선행 변위에 상응하는 반력(reaction force)을 계산할 수 있다.

많은 해법(solution scheme)에서 선행 변위의 적용은 식 (7.6)에 보인 전체 시스템 방정식의 재배열 없이 해석이 수행된다. $\{\Delta R_p\}$에 상응하는 식들은 식 (7.7)이 계산되는 동안 제쳐두었다가 $[K_{up}]^T$와 $[K_p]$를 이용하여 반력을 결정한다.

보(쉘) 요소가 구조 요소를 모델링하기 위해 사용되면, 이 요소는 회전 자유도 θ와 2개의 변위를 가진다. 실제적으로 구조 요소의 거동을 모델링하기 위해서는 절점에서의 회전 값을 미리 설정하는 것이 필요할 수도 있다.

동적 해석에서는 속도 또는 가속도가 절점에서 설정되어야 한다. 통상 소프트웨어가 동적 알고리즘을 이용하여 이러한 값들을 등가의 절점 변위로 전환해준다.

7.4 자유도 결합(tied freedom)

이 경계조건은 동등한 미지의 변위 성분을 하나 또는 여러 절점에 똑같이 부여하는 조건이다.

이러한 개념이 어디에 유용한지를 설명하기 위해 표면이 매끈한 강성 연속푸팅(strip footing) 문제를 고려해보자. 그림 7.3에서 보는 바와 같이 대칭으로 가정하면 절점 A와 B 사이가 기초의 절반인 모델링이 가능하다. 수직하중 P로 인한 기초의 침하량을 계산하는 문제를 고려하자. 하중이 주어졌으므로 기초의 거동을 평가하는 문제로서, 이때 하중은 경계조건의 일부에 해당한다. 기초가 강체이면 기초 폭에 걸쳐서 같은 양의 수직 변형만을 허용하여야 한다. 해석은 이러한 수직변위의 크기를 결정하기 위해 수행한다.

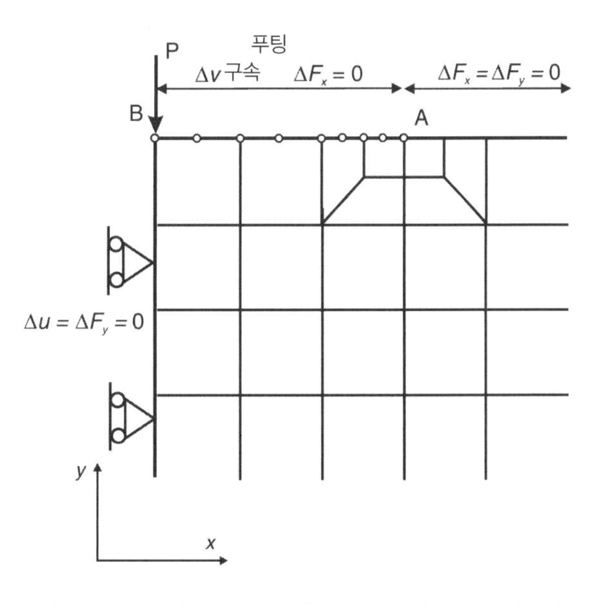

그림 7.3 수직하중 P를 받는 표면이 매끈한 연속푸팅(strip footing)의 경계조건

이러한 문제를 푸는 한 방법으로 자유도 결합 개념을 사용할 수 있다. 그림 7.3은 대상 기초 바로 아래에 위치하는 메쉬 경계에 대한 경계조건을 보여준다. 수직 절점 하중 $\Delta F_y = P$가 대칭선 상의 절점 B에 적용되며, 수평 절점력 $\Delta F_x = 0$ 조건이 A와 B 구간의 모든 경계면 절점에 적용된다. 이때, A와 B 구간의 절점은 자유도를 결합하여 같은 크기로 수직으로만 움직이게 한다. 이는 유한요소해석에서 A와 B 사이의 각각

의 절점의 수직 자유도를 하나의 수직 자유도(single degree of freedom number)로 설정함으로써 가능하다.

일반적으로 결합되는 변위 성분의 조합(set)은 하나의 자유도로 주어지며, 조합된(assembled) 전체 평형 방정식에도 1개 변수로 나타난다. 따라서 자유도 결합은 전체 강성 행렬의 구조를 변화시킨다. 그리고 어떤 경우에는 전체 방정식 규모를 증가시킨다(즉, $[K_G]$와 관련된 항들에 대한 저장을 필요).

그림 7.4는 두 물체 사이에 마찰이 없는 접촉 문제를 보인 것이다. 상부 물체의 절점 25, 26, 27, 28은 하부 물체 각각의 절점 19, 20, 21, 22와 일치된다. 이 문제는 상부 물체의 중량으로부터 발생되는 유발 응력을 구하기 위한 것이다. 두 물체가 접촉하고 있으므로 접촉면에 '무관입(no penetration)' 조건이 설정되어야 한다. 이러한 현상은 구속 조건을 자유도 결합으로 설정함으로써 쉽게 구현할 수 있다.

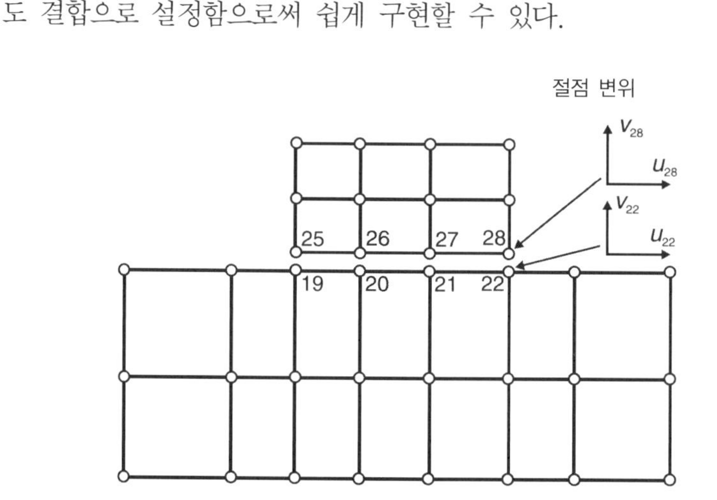

그림 7.4 마찰이 없는 접촉면 문제

$$v_{19} = v_{25};\quad v_{20} = v_{26};\quad v_{21} = v_{27};\quad v_{22} = v_{28} \tag{7.10}$$

해석 과정에서 식 (7.10)은 결합절점의 변위성분을 똑같은 자유도 번호로 넘버링하여 고려된다. 일례로 v_{19}와 v_{25}는 같은 자유도 번호를 가진다.

자유도(또는 변위)는 국부 좌표계의 축에 따라 양의 값으로 설정할 수 있으므로 자유도 결합문제를 앞의 7.2절에서 설명한 국부 좌표축과 결합하면 해석의 유연성(flexibility)을 높이게 된다. 그림 7.5는 전체 좌표계에서의 효과적인 결합 조건들을 보여주고 있다. 그림 7.5는 1개 절점에서 두 자유도를 결합하면, 전체 좌표계 X_G 및 Y_G와 α각도를 이루는 국부 좌표계 x_l 및 y_l의 방향을 조정하여 얻을 수 있는 전체 좌표계의 유용한 구속조건을 보인 것이다. 전체 좌표계에서의 변위(X_G, Y_G 방향에서 양의 값으로 측정)는 u와 v이다.

α	국부 좌표계	유용한 전체 좌표계 구속 조건들
0	y_l ↑, x_l →	$u = v$
90	x_l ↑, y_l ←	$v = -u$
180	x_l ←, y_l ↓	$-u = -v$
270	y_l →, x_l ↓	$-v = u$

그림 7.5 하나의 절점을 구속하기 위한 유용한 전체 구속 조건들

α(node B)	국부 좌표계	$x_l^A x_l^B$	$x_l^A y_l^B$	$y_l^A x_l^B$	$y_l^A y_l^B$
0	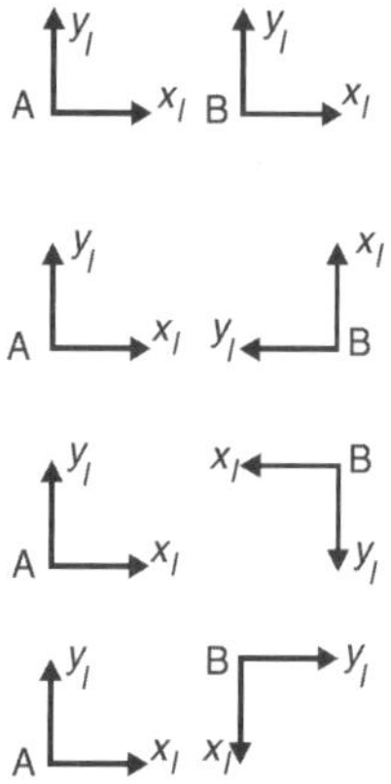	$u_A = u_B$	$u_A = v_B$	$v_A = u_B$	$v_A = v_B$
90		$u_A = v_B$	$u_A = -u_B$	$v_A = v_B$	$v_A = -u_B$
180		$u_A = -u_B$	$u_A = -v_B$	$v_A = -u_B$	$v_A = -v_B$
270		$u_A = -v_B$	$u_A = u_B$	$v_A = -v_B$	$v_A = u_B$

(유용한 전체 좌표계 구속 조건들)

그림 7.6 2개의 절점 사이를 구속하기 위한 유용한 전체 좌표계 구속 조건들

구속 조건의 결합을 정의하는 추가적인 옵션은 그림 7.3의 연속푸팅 문제와 같이 경계부 절점의 어떤 영역에 걸쳐 자유도를 결합하는 것이다.

이러한 자유도 결합 개념은 연계압밀해석(coupled consolidation analysis)의 간극수압 자유도에도 적용할 수 있다. 그러나 간극수압이 스칼라(scalar) 양이기 때문에, 자유도가 변위와 같이 벡터인 경우 다양한 결합 옵션이 있는 데 비해, 이 경우에는 단지 하나의 결합 옵션만 있다. 간극수압을 결합하는 예로, 그림 7.7과 같이 인터페이스에 의해 분리되는 2개의 압밀층 문제를 살펴보자. 인터페이스 요소의 두께가 0이기 때문에 일반적으로 압밀을 고려하기 위한 수식화가 필요하지 않다. 그림 7.7의 경우 지층 1의 아래 면을 따르는 절점 조합이 있으며 또 다른 조합은 지층 2의 상부 면이다. 이러한 상·하부 면은 행으로 배열된 인터페이스 요소에 각각 대응된다. 인터페이스 요소는 압밀을 고려하지 못하기 때문에

요소의 상하 절점 사이에서 침투(seepage)는 발생하지 않는다. 이러한 절점에 대해 경계조건이 특별히 정의되지 않으면 대부분의 소프트웨어 프로그램은 각각의 행을 불투수 경계로 다룬다(즉, 증분의 절점 흐름은 0). 만약, 인터페이스가 투수 경계로 다루려면, 인터페이스 요소를 횡단하는 인접한 절점 간 증분의 간극수압이 결합되어야 한다. 예로 결합되는 간극수압의 절점은 AB, CD, ⋯ 등이다.

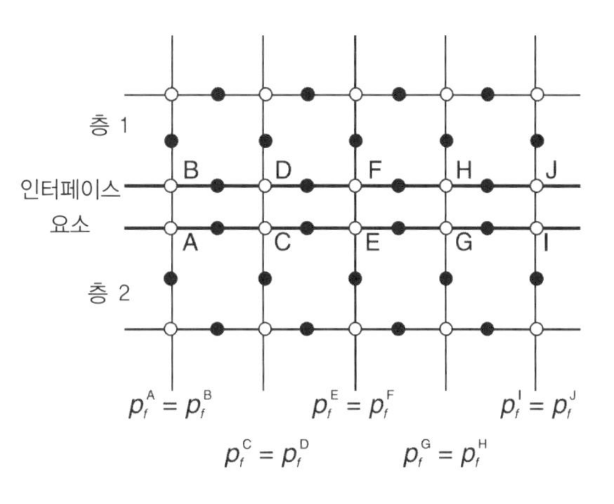

그림 7.7 간극수압의 구속

7.5 스프링

멤브레인(membrane) 요소를 축력을 지지할 수 있는 구조 요소로 사용하면 스프링 경계조건이 된다. 일반적으로 스프링은 일정한 강성 k_s를 가지는 선형요소로 가정하며, 다음과 같이 다양한 방법으로 유한요소해석에 적용될 수 있다.

(1) 메쉬 안에서 2개의 절점 사이에 위치할 수 있다. 그림 7.8은 아주 근사적인 굴착 문제로서 2개의 스프링이 사용되었다. 첫 번째 스프링은 절점 i와 j를 연결하며 버팀보(prop)를 나타낸다. 두 번째 스프링은 절점 m과 n 사이에 위치하며 선단지지말뚝(end bearing pile)을 나타낸다. 이러한 스프링은 선형 2절점 멤브레인 요소로 작용하며, 전체 강성 행렬에 기여한다. 절점 i와 j 사이의 스프링에 대한 평형 방정식은 다음과 같다.

$$k_s \begin{bmatrix} \cos^2\theta & \sin\theta\cos\theta & -\cos^2\theta & -\sin\theta\cos\theta \\ \sin\theta\cos\theta & \sin^2\theta & -\sin\theta\cos\theta & -\sin^2\theta \\ -\cos^2\theta & -\sin\theta\cos\theta & \cos^2\theta & \sin\theta\cos\theta \\ -\sin\theta\cos\theta & -\sin^2\theta & \sin\theta\cos\theta & \sin^2\theta \end{bmatrix} \begin{Bmatrix} \Delta u_i \\ \Delta v_i \\ \Delta u_j \\ \Delta v_j \end{Bmatrix} = \begin{Bmatrix} \Delta R_{xi} \\ \Delta R_{yi} \\ \Delta R_{xj} \\ \Delta R_{yj} \end{Bmatrix} \quad (7.11)$$

여기서, θ는 전체 X_G 축에 대해 스프링이 기울어진 각도를 나타낸다(그림 7.8 참조). 위의 식은 조합이 진행되는 동안 전체 강성행렬에 추가되어야 하며 절점 i와 j의 변위 자유도에 관련된 항에 영향을 준다.

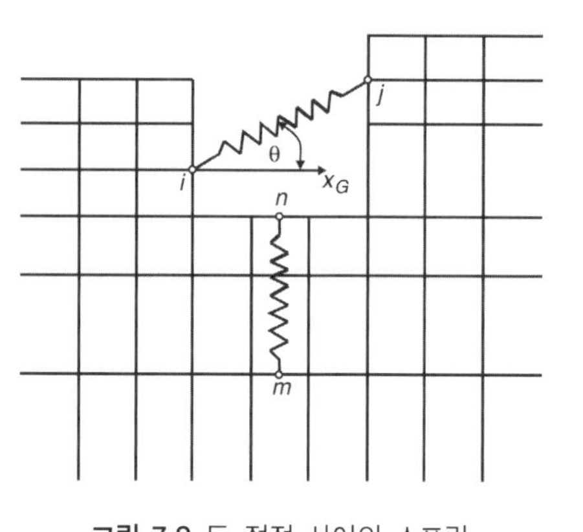

그림 7.8 두 절점 사이의 스프링

(2) 스프링은 하나의 절점에 적용될 수 있다. 이와 관련된 예는 그림 7.9와 같이 대칭 굴착에서 스프링이 절점 i에 적용되어 버팀보를 나타내는 경우이다. 이 상황에서 스프링의 단부는 절점에 연결되지 않고 어떤 방향으로 움직이지도 않는 구속된 지반으로 가정하는 것이다. 이러한 스프링은 전체 강성 행렬에 영향을 미친다. 이때 스프링 평형 방정식은 다음과 같다.

$$k_s\begin{bmatrix}\cos^2\theta & \sin\theta\cos\theta \\ \sin\theta\cos\theta & \sin^2\theta\end{bmatrix}\begin{Bmatrix}\Delta u_i \\ \Delta v_i\end{Bmatrix}=\begin{Bmatrix}\Delta R_{xi} \\ \Delta R_{yi}\end{Bmatrix} \tag{7.12}$$

여기서 θ는 전체 좌표계 X_G 방향에 대해 스프링이 기울어진 각도를 나타낸다. 위의 예는 $\theta = 0°$이다. 위의 식은 조합이 진행되는 동안 전체 강성 행렬에 추가되어야 한다.

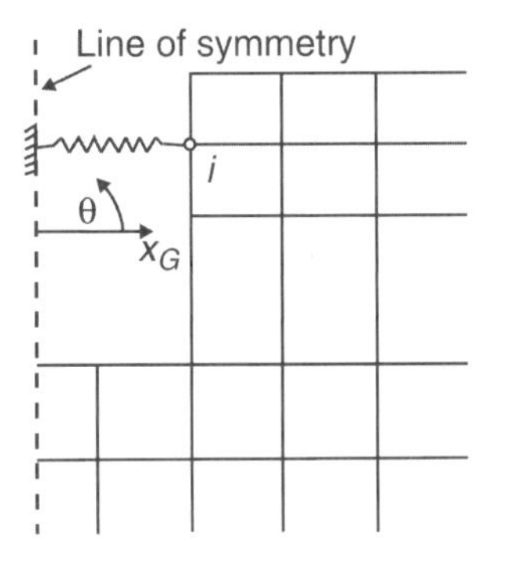

그림 7.9 하나의 절점에서 스프링

(3) 메쉬 경계의 일부 구간에 연속적인 스프링을 적용하는 것이다. 이와 관련된 예는 그림 7.10과 같다. 메쉬 바닥 경계면을 따라 스프링이

위치한다. 여기서 주의해야 할 점은 이러한 스프링이 절점에 개별적(또는 불연속적)으로 위치하는 스프링이 아니라는 점이다. 이러한 스프링은 메쉬 경계를 따라 연속적이다. 따라서 전체 강성 매트릭스 안에 조합되기 전에 등가의 절점 스프링으로 반드시 전환되어야 한다.

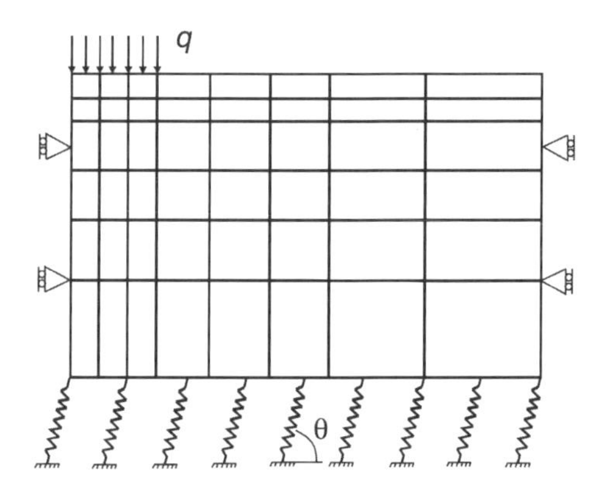

그림 7.10 메쉬 경계에 따른 연속 스프링

요소 강성 행렬은 다음과 같이 나타난다.

$$\int_{S_{rf}} [N]^T [K_s] [N] dS_{rf} \tag{7.13}$$

여기서,

$$[K_s] = K_s \begin{bmatrix} \cos^2\theta & \sin\theta\cos\theta \\ \sin\theta\cos\theta & \sin^2\theta \end{bmatrix}$$

그리고 S_{rf}는 스프링이 작용하는 요소 외곽면을 나타낸다. 위의 식은 단지 요소 외곽면에서 절점에 대한 전체 강성에 기여한다. 만약, 스프링의 스팬이 하나의 요소 이상에 걸쳐 있다면 각각 요소에 대한 기여가 전체 강성 행렬에 추가되어야 한다. 적분 식 (7.13)은 각각의 요소 외곽면에 대해 수치적으로 계산될 수 있으며 7.6절의 경계면 응력도 같은 방법으로 고려할 수 있다.

7.6 경계면 응력(boundary stresses)

응력 경계조건은 반드시 등가의 절점력으로 전환되어야 한다. 많은 유한요소 프로그램에서 등가 절점력의 계산은 경계면 응력과 임의의 경계면 형상에 대해 자동적으로 계산된다.

그림 7.11은 경계면 응력의 형태에 대한 예를 보여준다. 절점 1과 2 사이에서는 선형적으로 감소하는 전단응력이 적용되고 절점 2와 3 사이에서는 일반적으로 변화하는 법선응력(normal stress)이 작용한다. 3과 4 측면은 응력이 없으며 절점 4와 1 사이에서는 선형적으로 증가하는 법선응력이 작용한다.

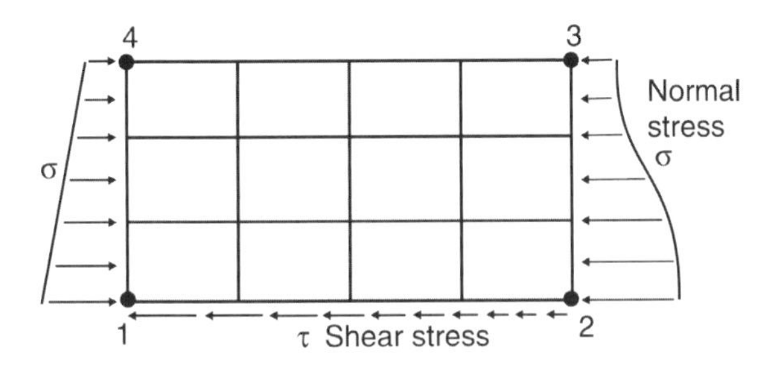

그림 7.11 응력 경계조건의 예

응력 경계조건에 등가 절점력을 결정하기 위해 요소 우항에 기여하는 표면력(surface traction)에 대한 표현은 다음과 같다.

$$\{R_E\} = \int_{S_{rf}} [N]^T \{\Delta T\} dS_{rf} \tag{7.14}$$

여기서, $[N]$은 형상함수 행렬, $\{\Delta T\}$는 증분의 전체 표면력 벡터(즉, 경계면 응력), 그리고 S_{rf}(즉, surface)는 표면력이 작용되는 요소 측(외곽)면을 나타낸다. 적분 식 (7.14)로 각각의 요소 측면에 작용하는 표면력에 대해 수치적으로 계산할 수 있다.

표면력 벡터 $\{\Delta T\}$에 대한 적분 점(integration point) 값을 결정하기 위해서는 적용된 응력이 적분점에서 면 요소의 방향과 정의된 응력 부호 규약에 따라 변환되어야 한다. 응력 부호규약은 법선응력(σ)이 물체의 경계면으로부터 바깥 방향이면 양(+)이다. 한편, 물체의 경계면에 대해 반시계 방향의 접선전단응력(τ)이면 양(+)이다. 이러한 부호규약을 사용하면 식은 다음과 같다.

$$\{\Delta T_l\} = \sigma_l \begin{Bmatrix} \cos\theta_l \\ \sin\theta_l \end{Bmatrix} \tag{7.15}$$

만약, 법선응력이 작용된다면

$$\{\Delta T_l\} = \tau_l \begin{Bmatrix} -\sin\theta_l \\ \cos\theta_l \end{Bmatrix} \tag{7.16}$$

전단 응력에 대하여 θ_l은 경계면 법선과 전체 X_G 축 사이의 각도를 나타낸다. 그리고 아래 첨자 l은 적분 점(integration point) 값이다.

모든 경우에 대하여 식 (7.14)로부터 계산되는 등가절점력은 초기에 전체 좌표계 축을 기준으로 한다. 만약, 국부 좌표계 축이 정의된 경우라면 앞의 7.2절에서 언급한 바와 같이 절점력을 변환한다.

7.7 점 하중(point loads)

표면력에 대한 경계조건의 추가적인 방법으로 개별 절점에 대한 점 하중 조건이 있다. 평면변형률과 축대칭 해석에서 이러한 점 하중은 메쉬면(지면)에 수직인 방향의 선 하중(line load)이다. 이 옵션은 사용자가 수동적으로 응력 경계조건을 경계 범위에 대해 정의하거나 하나의 절점에 점 하중을 정의할 수 있다. 점 하중은 점 하중 축(point loading axes)을 설정하여 정의할 수 있다.

그림 7.12는 하나의 점 하중이 물체의 경계면에 각도 θ만큼 기울어져 적용되는 경우를 보인 것이다. 점 하중이 메쉬 경계의 일부구간에 걸쳐 정의되는 연속적인 응력 분포라면, 점 하중의 값들은 반드시 물체의 포텐셜(potential) 에너지가 최소가 되는 원리를 적용하여 계산하여야 한다. 이는 점 하중으로 인해 절점에서 변위가 발생할 때의 일이 연속적인 응력 분포에 의한 일과 동일하다는 조건이다. 따라서 점 하중은 식 (7.14)의 적분으로부터 계산되어야 한다.

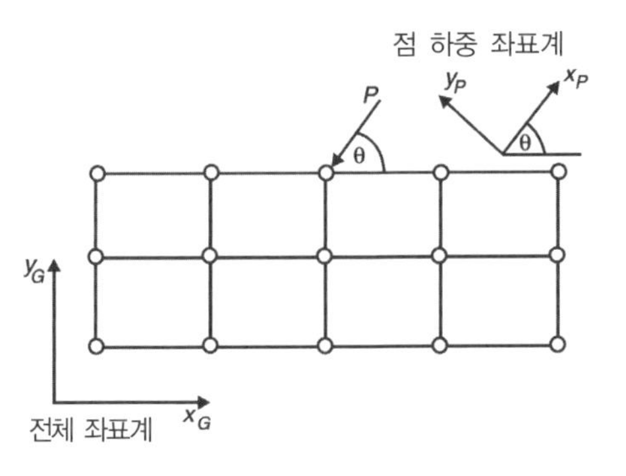

그림 7.12 점 하중 좌표계의 회전

요소 형상과 응력 분포가 단순한 경우 등가절점력은 정확하게 계산된다. 이와 관련된 몇 가지 예들을 요소 한 면이 2개 또는 3개의 절점을 가지는 요소는 그림 7.13과 같다.

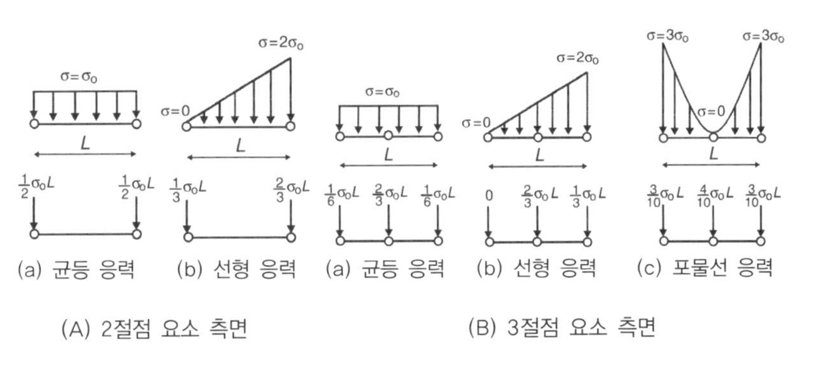

(A) 2절점 요소 측면 (B) 3절점 요소 측면

그림 7.13 요소 측면에 대한 등가절점력

모든 경우에서 점 하중은 초기에 x_p 및 y_p의 점 하중 좌표계 또는 경계면 법선을 기준으로 정의되며, 전체 좌표계 축으로 변환된다. 만약, 국부 좌표축이 정의된 경우라면 7.2절에서 언급한 바와 같이 전체 좌표계의 절점력으로 변환된다.

7.8 체적력(body forces)

중력에 의한 하중 또는 체적력은 모든 지반공학적 문제에서 중요한 역할을 한다. 위에서 언급한 다른 하중 조건과 마찬가지로 체적력도 등가의 절점력으로 계산되어야 한다. 대부분의 유한요소 프로그램에서 체적력에 상응하는 절점력의 계산은 자동적으로 이루어진다. 체적력은 어떠한 방향에서도 작용시킬 수 있으며 메쉬에 따라 그 크기를 변화시킬 수 있다.

체적력의 적용과 체적력 좌표축을 정의하기 위해 그림 7.14의 예를 고려한다. 이 예는 경사면에 놓여 있는 제방이며, 제방의 자중으로 인해 변형이 일어나는 문제이다. 편의상 전체 좌표계는 경사에 평행한 것으로 설정한다. 따라서 중력장(gravitational field)을 적용하기 위해서는 체적력 축 x_B와 y_B를 정의하여야 한다. 여기서, x_B는 전체 X_G 축에 대해 θ 각도로 기울어진 것으로 정의된다. 다음으로 중력장은 y_B 축을 따라 정의된다.

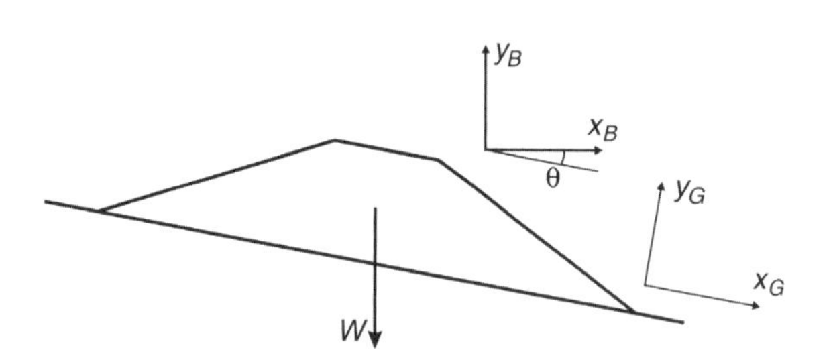

그림 7.14 경사진 제방에 대한 물체 힘 하중 축

체적력에 대한 등가절점력은 우항의 벡터에 기여하는 체적력을 사용하여 요소 단위로 계산한다.

$$\{\Delta R_E\} = \int_{Vol} [N]^T \{\Delta F_G\} d\,Vol \qquad (7.17)$$

여기서, $[N]$은 형상 함수 행렬, $\{\Delta F_G\}$은 전체 체적력 벡터(global body force vector), Vol은 요소의 체적이다. 체적력 벡터 $\{\Delta F_G\}$는 다음 식을 사용하여 전체 좌표계에서 결정된다.

$$\begin{Bmatrix} \Delta F_{xG} \\ \Delta F_{yG} \end{Bmatrix} = \Delta\gamma \begin{Bmatrix} \cos\beta \\ \sin\beta \end{Bmatrix} \qquad (7.18)$$

여기서, $\Delta\gamma$는 체적 단위중량(bulk unit weight)의 증분이다. 여기서 $\beta = \theta$ 또는 $\theta + 90°$이다. θ는 x_B와 X_G 축 사이의 각도를 나타낸다.

7.9 축조(construction)

제방 축조 및 흙막이 벽체 배면의 뒤채움 등 지반공학적 문제들은 새로운 재료의 추가를 포함한다. 유한요소해석에서 이러한 활동에 대한 시뮬레이션은 단번에 이루어지지 않는다. 해석 프로그램은 다음과 같은 사항을 반드시 포함해야 한다.

- 축조될 재료를 나타내는 요소가 원래의 유한요소 메쉬에 반드시 포함되어야 한다. 그러나 굴착 전까지는 비활성(deactivated)되어야 하며, 축조 시에 요소가 활성화된다.
- 재료의 축조는 증분적으로 이루어져야 한다. 이는 비록 선형탄성재료일지라도 중첩(superposition)원리가 성립되지 않기 때문이다. 제방을

축조하는 경우 층별 다짐을 해석의 증분으로 시뮬레이션이 가능하며 층별 축조 과정을 따라야 한다.

- 축조가 진행되는 동안 축조 재료는 실제 거동과 일치되는 구성 모델이어야 한다. 축조가 완료되면 구성 모델은 축조된 재료의 거동을 표현할 수 있도록 바꾸어야 한다.
- 요소가 축조될 때 자중인 체적력을 축조 요소에 적용함으로써 추가적인 요소의 중량을 유한요소해석에 고려하여야 한다.

재료를 축조하는 경우 다음과 같은 해석 절차가 추천된다.

(1) 해석을 증분 과정으로 나누고 축조가 시작되기 전까지 축조에 해당되는 모든 요소들을 비활성화시킨다.
(2) 특정 증분에서 축조될 요소들을 다시 활성화시키고 축조가 되는 동안 재료거동에 적합한 구성 모델을 부여하여야 한다. 건설 중이므로 보통 아주 낮은 강성을 부여한다.
(3) 축조되는 재료에 대한 자중에 따른 절점력은 7.8절에서 설명한 체적력과 같은 방법으로 계산되며, 우항 하중 벡터에 추가된다.
(4) 전체 강성 행렬과 모든 경계조건이 각 증분에 대해 조합된다. 방정식을 풀어 증분변위, 변형률 그리고 응력을 구한다.
(5) 다음의 증분을 적용하기 전에 막 축조된 요소들의 구성 모델은 이미 축조가 되었으므로 채움재(fill)의 거동을 나타내도록 변화시킨다. 축조되는 요소들에 연결되는(즉, 이전 증분에서 기활성화 된 요소들에 연결되지 않는) 절점의 변위는 0으로 처리한다. 축조된 재료를 표현하는 데 사용한 구성 모델에 따라 상태 변수(예, 경화파라미터)를 설정하거나 축조된 요소의 응력을 수정하는 것이 필요할 수 있다.

응력이 수정되는 경우, 평형을 유지하기 위해 등가의 변화가 누적 우항의 벡터에 반영되도록 주의하여야 한다.

(6) 다음 증분해석을 수행한다.

그림 7.15와 같은 제방 축조 문제를 고려해보자. 제방은 4개의 수평 층으로 구성되며 4단계의 증분으로 축조된다. 해석의 시작단계에서 제방을 구성하는 모든 요소는 비활성화된다. 초기의 증분인 증분 1에서 층 1이 축조되면 층 1의 모든 요소들은 다시 활성화된다(즉, 활성화되는 메쉬의 추가). 그리고 축조 재료 거동에 적합한 구성 모델이 설정된다. 다음으로 자중의 체적력이 축조 요소에 작용되며 등가 절점력이 계산되어 우항 벡터에 추가된다. 전체 강성 행렬과 경계조건이 조합되고 방정식을 풀게 된다. 축조되는 요소에 연결된 절점의 증분 변위가 0으로 처리된다. 그러나 이러한 요소는 원래 지반 요소에는 연결되지 않는다(즉, 활성화되는 모든 절점은 선 AB 위에 위치). 축조가 완료되면 성토재 거동에 적합한 구성 모델을 새로 축조될 요소에 부여한다. 다음으로 재료의 상태 변위가 계산되고 응력 수정이 이루어진다.

층 4
층 3
층 2
층 1
A
B

그림 7.15 제방 시공

2, 3, 4층에 대한 축조 과정은 같은 단계를 반복한다. 최종 결과는 각 증분해석 결과를 누적함으로써 얻는다. 해석의 결과는 축조 층의 수와 두께에 의존할 것이다.

요소에 대한 비활성화는 2가지 방법 중 하나를 택할 수 있다. 최선의 방법은 유한요소 방정식에 비활성화 요소를 포함시키지 않는 것이다. 이는 축조 요소에 대한 강성 행렬 또는 절점의 자유도를 전체 강성 행렬과 우항의 벡터가 조합되는 동안 고려하지 않는 것이다. 유한요소 방정식 관점에서 생각한다면 비활성화 요소가 존재하지 않는 것이다. 이 방법을 비록 비활성화 요소를 다루는 방법 중의 하나로 추천하지만, 유한요소해석 중 활성화 메쉬가 계속 변화하므로 데이터 이력(data track)을 유지하기 위한 정교한 데이터 유지 및 추적(book-keeping)기법이 필요하다. 대안적인 방법은 비활성화 요소들을 활성화 메쉬에 남기되 매우 작은 강성을 가지는 것으로 가정하는 것이다. 실제로 존재하지만 역학적 활동이 거의 없으므로 이때 비활성화 요소를 종종 '유령 요소(ghost element)'라고 한다. 이 과정에서는 모든 요소들이 요소 방정식에 기여하며 모든 자유도는 활성화 상태로 있게 된다. 이러한 유령 요소들이 해에 미치는 영향은 가정한 강성에 의존한다. 대부분의 소프트웨어가 유령 요소에 대해 작은 강성 값을 자동적으로 설정하거나 사용자가 작은 강성 값을 설정할 수 있도록 하고 있다. 그러나 해석 결과, 포아송 비(Poisson's ratio)가 0.5에 접근하지 않도록 주의를 요한다. 포아송 비가 0.5에 접근하면 유령 요소는 비압축성이 되며 해석 결과에 심각한 영향을 미친다.

축조 과정에 대한 시뮬레이션의 복잡성으로 인해 구조공학(structural engineering)해석에 초점을 두고 있는 많은 수치해석 프로그램들이 지반해석에 부적합하다.

7.10 굴착

많은 지반공학적 문제들이 지반 굴착을 포함한다. 유한요소해석에서 굴착의 시뮬레이션은 다음과 같이 정리할 수 있다. 그림 7.16(a)에서 음영 부분인 A는 굴착이 되는 영역이며 음영 부분이 아닌 B는 남겨지는 영역이다. 만약, A가 제거되기 전에 굴착면에 작용하고 있던 지반 내부(internal) 응력과 동등한 표면력(T)을 굴착면에 작용시키면[그림 7.16(b) 참조] 굴착부가 제거되어도 변위나 응력 변화가 발생되지 않을 것이다. A의 굴착으로 인한 B의 거동은 그림 7.16(c)와 같이 표면력(T)가 작용될 때의 B의 거동과 일치할 것이다.

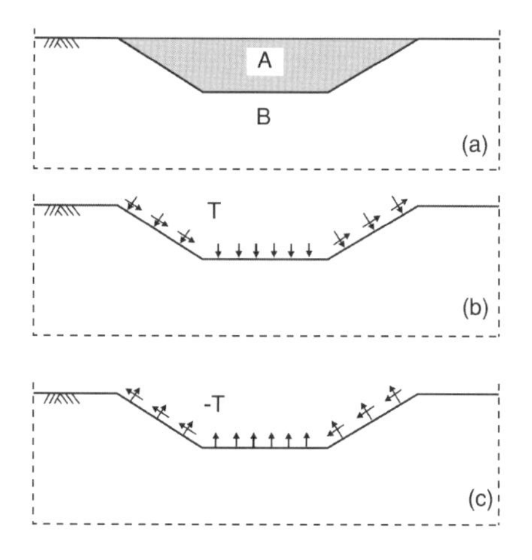

그림 7.16 굴착 시뮬레이션(simulation)

굴착에 대한 시뮬레이션은 굴착 경계면에서 표면력 T의 결정 및 지반 B의 강성 결정, 그리고 굴착 경계면에 T를 적용하는 관계로 이루어진다. 이러한 과정에 대한 유한요소 모델링은 그림 7.16(c)에서의 표면력과 등가의 절점력을 결정하는 것을 포함한다. 굴착력은 굴착 경계면에 접한 굴착되는 요소로부터 식 (7.19)를 사용하여 계산할 수 있다.

$$\{R_E\} = \int_{Vol} [B]^T \{\sigma\} d\,Vol - \int_{Vol} [N]^T \gamma d\,Vol \qquad (7.19)$$

여기서, $\{\sigma\}$는 요소의 응력 벡터, γ는 단위 체적 중량, Vol은 굴착되는 요소의 부피를 나타낸다. $\{R_E\}$는 굴착면에 위치하는 요소의 절점력만을 포함한다. 이러한 계산은 굴착 경계면에 인접한 모든 요소들에 대해 반복된다. 이 과정은 Brown과 Booker(1985)가 제시하였다.

지반공학 문제에서 굴착을 시뮬레이션하는 경우 일반적으로 구조 요소 또는 지보재(support)가 포함된다. 따라서 해석을 연속적인 증분의 단계로 나누는 것이 필요하다. 비선형 구성 모델이 사용되는 경우에도 이러한 과정이 필요하다. 따라서 다음과 같은 해석 절차를 따른다.

(1) 요소가 굴착되는 특정한 증분단계를 지정한다.
(2) 식 (7.19)를 사용하여 굴착 경계면에 적용되는 등가 절점력을 결정한다. 굴착되는 요소들을 비활성화하고 메쉬로부터 이들을 제거한다.
(3) 경계조건들을 고려하여 활성화 메쉬에 대한 전체 강성 행렬을 조합한다. 유한요소 방정식을 풀어 변위, 응력과 변형률에 대한 증분적인 변화를 얻는다.
(4) 변위, 응력, 그리고 변형률에 대한 증분 값을 이전 누적 값에 추가하여 누적 값을 업데이트한다.
(5) 다음의 해석에 대한 증분해석을 수행한다.

7.11 간극수압

비압밀(비연계 또는 uncoupled) 해석을 수행하는 경우 전응력은 유효응력과 간극수압의 항으로 표현하며, 간극수압의 변화로 경계조건을 설정하는 것이 적절하다.

유한요소해석에서는 간극수압의 변화를 등가의 절점력으로 설정하는 것이 필요하다. 간극수압의 변화(Δp_f)를 경계조건으로 설정하는 경우 요소의 등가 절점력은 다음 식으로 구한다.

$$\{R_E\}=-\int_{Vol}[B]^T\{\Delta\sigma_f\}d\,Vol \qquad (7.20)$$

여기서, $\{\Delta\sigma_f\}=\{\Delta p_f,\ \Delta p_f,\ \Delta p_f,\ 0,\ 0,\ 0\}^T$는 간극수압의 변화를 포함하는 응력 벡터이다.

흔히 다음 2개의 시나리오가 발생한다.

첫 번째는 유한요소 메쉬의 특정 부분에서 간극수압 변화의 조합된 설정이 요구되는 경우이다. 층상지반에서 굴착을 하는 경우 입상토(모래) 층을 통한 배수를 고려하면 히빙을 방지할 수 있다(그림 7.17 참조).

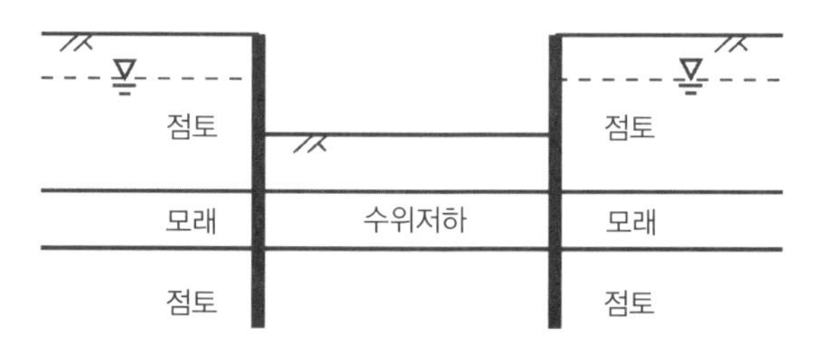

그림 7.17 굴착에 의한 수위 저하(dewatering)

두 번째로는 과잉간극수압의 소산을 필요로 하는 경우이다. 예로 비배수 조건에서 하중을 받고 있는 대상 기초를 고려하자. 최초 해석은 등가의 간극수의 체적 계수인 K_e를 높인 값을 설정하여 수행한다. 다음으로 과잉간극수압을 계산한다(그림 7.18 참조). 기초에 하중이 재하되면 K_e는 0으로 설정되고, 과잉간극수압은 하중이 재하되는 동안 크기가 같고 부호를 반대로 설정한 수압에 의해 소산된다. 따라서 전체 압밀 효과가 예측된다. 그러나 압밀이 진행되는 동안에 중간 과정의 정보는 얻을 수 없다. 이러한 해석 방법은 흙의 거동이 선형탄성인 경우에는 적합하다. 만약, 구성 거동이 비선형이면 추가의 가정이 필요하다. 왜냐하면, 응력 변화와 압밀 기간이 비례한다는 내재적인 가정이 포함되어 있기 때문이다. 실제, 응력 변화는 비례 가정과는 거리가 멀다고 할 수 있다. 하중을 받고 있는 기초에서 간극수압은 가장자리에서 먼저 소산되며 상대적으로 급격한 유효응력 변화가 이 지점에서 발생한다. 기초 중심의 유효응력은 느리게 변화한다. 오차의 정도는 구성 모델에 의존한다. 압밀 과정을 정확하게 모델링하기 위해서는 연계해석이 수행되어야 한다. 만약, 연계압밀해석이 수행되면 절점간극수압의 증분변화 $\{\Delta p_f\}_{nG}$로 설정하는 것이 필요하다. 간극수압은 스칼라 양이므로 국부 좌표축과 무관하다. 경계조건으로 설정한 간극수압의 변화는 7.3절에서 언급한 선행 변위의 설정과 같은 방법으로 다룬다.

비선형 지배방정식을 푸는 경우 일반적으로 간극수압의 증분변화량이 요구되지만, 특정 증분의 끝의 누적 값으로 설정하는 것이 더 편리한 경우가 많다. 사용자가 증분의 마지막 단계에 설정한 증분변화 값은 프로그램에 남아 작동하게 되는데, 증분의 시작 단계에서 컴퓨터에 저장된다. 모든 소프트웨어 패키지(package)가 이러한 기능을 가지고 있지 않다는 점에 주의할 필요가 있다. 어떤 소프트웨어는 절점 자유도 변수로 수두 또는 과잉간극수압의 변화를 사용한다. 결과적으로 경계조건은 일관되게 적용된다.

경계간극수압의 설정에 대한 예로 그림 7.19와 같은 굴착 문제를 고려하자. 해석 동안 오른편 메쉬는 간극수압이 초기의 값이 일정하게 유지되는 것으로 가정한다. 결과적으로 경계면 AB를 따르는 모든 절점은 모든 증분에 대해 증분간극수압이 0(즉, $\Delta p_f = 0$)으로 설정된다. 해석의 첫 번째 증분에서 벽체 전면의 굴착을 시뮬레이션하며, 굴착면은 불투수성이라고 가정한다. 결과적으로 이 면의 경계조건은 절점의 유량이 0인 조건을 부여한다. 그러나 굴착이 한번 완료되면 그림 7.19와 같이 굴착경계면은 0의 간극수압을 가지며 침투를 허용한다. 따라서 굴착증분이 완료되면 최종 누적되는 값(즉, $p_f = 0$)은 CD를 따라 설정된다. 프로그램이 굴착경계면의 절점에 대한 누적간극수압을 알기 때문에 Δp_f를 평가할 수 있다. 이후의 증분해석에서 CD를 따라 간극수압은 0이며, 따라서 $\Delta p_f = 0$이 적용된다.

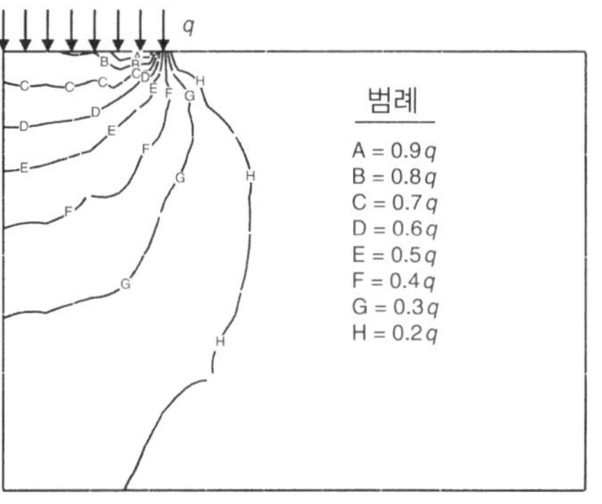

그림 7.18 매끈하고(smooth) 유연한 연속푸팅(strip footing) 아래의 과잉간극수압

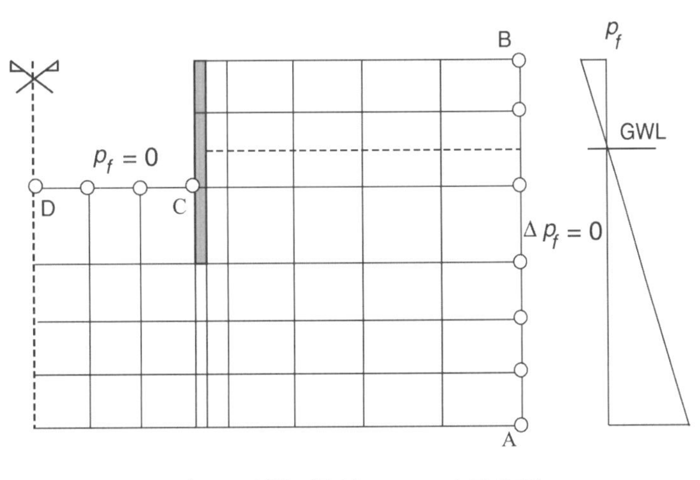

그림 7.19 선행 간극수(pore fluid) 경계조건

7.12 침투(infiltration)

유한요소해석 시 특정 증분에서 유한요소 메쉬(즉, 연계압밀해석인 경우)의 일부 경계에 유입량 조건의 설정을 필요로 하는 경우 침투(infiltration) 경계조건이 사용된다. 유입량은 앞의 7.6절에서 언급한 경계 응력과 같은 방법으로 다룰 수 있다.

그림 7.20은 침투 경계조건의 예를 보인 것이다. 여기서, 강우(rainfall)로부터 굴착에 인접한 지표유입량(flow rate)이 q_n인 것으로 가정한다. 일반적으로 유입량은 설정된 경계를 따라 변화한다. 이 경계조건을 유한요소해석에 적용하기 위해 경계면의 분포 유입량은 등가의 절점 유입량으로 변환되어야 한다. 많은 유한요소 프로그램들은 분포 유입량을 절점 유입량으로 변화시키는 작업을 자동적으로 수행한다.

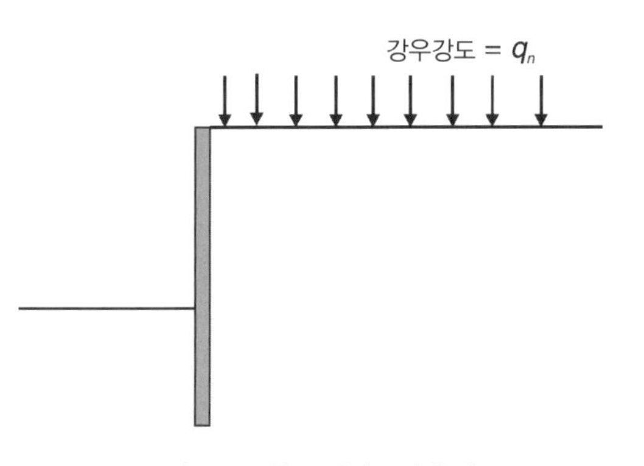

그림 7.20 침투 경계조건의 예

침투 경계조건의 등가 절점 유입량은 다음의 식으로 결정된다.

$$\{Q_{\infty il}\} = \int_{S_{rf}} [N_p]^T q_n \, dS_{rf} \quad (7.21)$$

여기서, S_{rf}는 침투 유입량이 설정되는 요소 측면을 나타낸다. 이 적분은 경계면 응력과 마찬가지로 설정된 경계 범위에 위치하는 각 요소의 측면에 대해 수치적으로 계산할 수 있다.

7.13 유입 및 유출

흐름 경계조건에 대한 추가 옵션으로 각 개별 절점에 유입(inflow) 또는 유출(outflow)량을 설정하는 방법이 있다. 평면변형률 및 축대칭 해석인 경우 이 옵션의 적용은 유한요소 메쉬의 평면에 직각한 방향으로 연속해서 일어나는 선 흐름을 모사하는 것이다.

유입과 유출에 대한 경계조건 예를 그림 7.21에 나타냈다. 굴착 내부의 인양 우물 그리고 옹벽배면의 과다침하 억제를 위한 주입우물을 설치한 경우이다. 인양(extraction) 우물의 영향은 절점 A에 펌핑(pumping) 유량과 등가 유출량을 적용하여 모델링 할 수 있다. 그리고 주입(injection) 우물의 영향은 절점 B에 등가의 유입량을 적용함으로써 모델링할 수 있다.

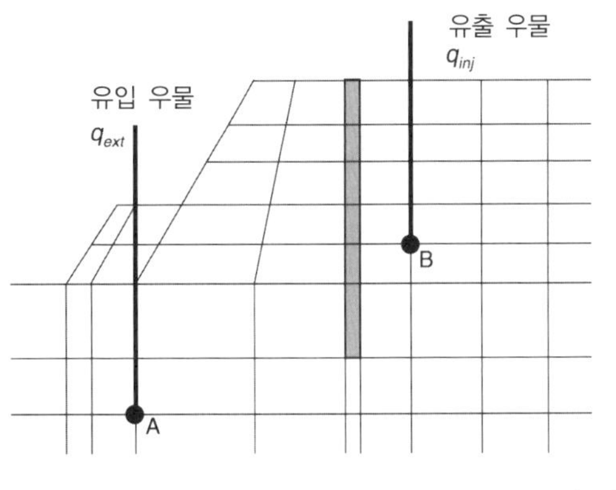

그림 7.21 유입(sources)과 유출(sinks) 경계조건의 예

7.14 침강/강우(precipitation)

이 경계조건은 사용자가 메쉬 경계에 중복(dual) 경계조건의 설정을 가능하게 한다. 즉, 침투(infiltration) 유량 q_n과 간극수압인 p_{fb}를 둘 다 설정하는 것이다. 증분시점에서 경계면 각 절점의 간극수압이 p_{fb}보다 상대적으로 더 압축적인지를 확인하여야 한다(흐름의 방향 검토가 필요하므로). 만약, 그렇다면 절점 경계조건은 증분간극수압인 Δp_f로 설정

되며 이때, Δp_f의 크기는 마지막 단계의 누적간극수압인 p_{fb}와 동일하다. 이와 달리 간극수압이 p_{fb}보다 더 인장적이라든지, 또는 절점에서 현재의 유입량이 등가의 q_n 값을 초과한다면 경계조건은 q_n로부터 결정된 절점 유입량으로 설정된다. 다음 2가지 예제를 통해 이러한 경계조건이 어떻게 사용되는지 알 수 있다.

7.14.1 터널 문제

터널 굴착 후 터널 경계를 불투수층이라고 가정하면 터널에 인접한 흙의 간극수압은 인장이 된다(체적이 팽창하므로). 증분해석(터널 경계가 투수성) 과정에서 터널 경계 절점의 누적간극수압이 0으로 설정되면 터널에서 흙 속으로의 물 흐름이 발생한다[그림 7.22(a) 참조]. 터널에서 물이 공급될 수 없기 때문에 이러한 현상은 비현실적이다. 이러한 문제는 $q_n = 0$이고, $p_{fb} = 0$인 침강(precipitation) 경계조건을 사용하여 다룰 수 있다. 초기(굴착 후)에 터널 굴착 경계절점에서 간극수압은 p_{fb}보다 더 인장적이다. 따라서 $q_n = 0$(흐름이 없음)인 경계조건을 채택한다[그림 7.22(b) 참조]. 시간 경과에 따라 팽창(swelling)이 일어나며 인장간극수압은 감소한다. 그리고 점차적으로 p_{fb}보다 더 압축적으로 된다. 이 경우 마지막 증분에서 p_{fb}와 동등한 누적간극수압이 되도록 간극수압 경계조건을 선정한다[그림 7.22(d) 참조]. 각각의 증분에 대하여 터널 굴착면 경계의 모든 절점에 대한 간극수압의 체크가 이루어져야 한다. 이는 경계조건이 각 개별 절점에 대해 해석의 증분 단계마다 변화됨을 의미한다. 따라서 어떤 증분에서 몇몇 절점은 간극수압 경계조건을 가지는 반면에 다른 절점은 유입량 경계조건을 가질 수 있다[그림 7.22(c) 참조].

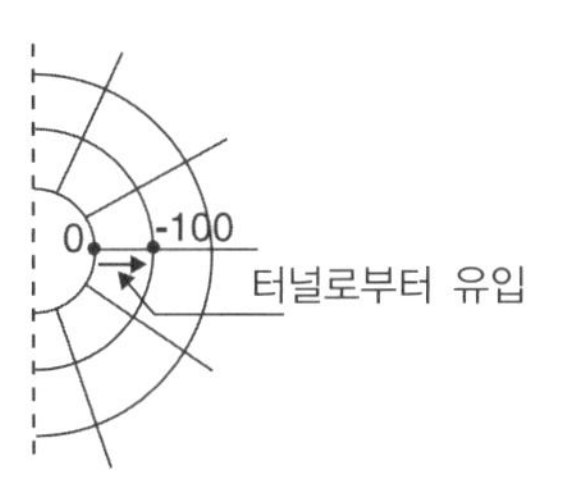

(a) 단기적 경계조건의 설정 간극수압

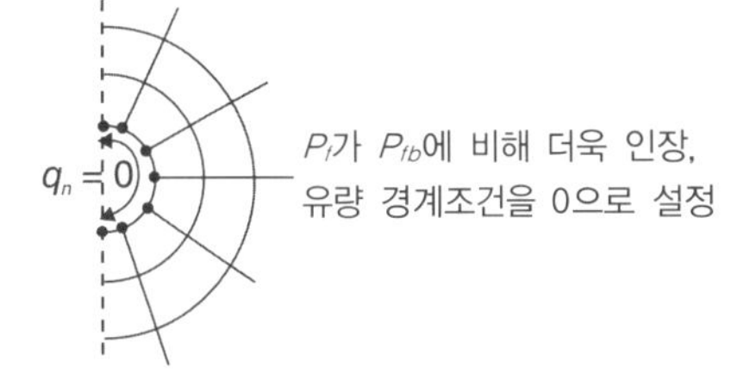

(b) 단기적 침강 경계조건

P_f가 P_{fb}에 비해 더욱 압축,
간극수압 경계조건을 설정

P_f가 P_{fb}에 비해 더욱 인장,
유량 경계조건을 설정

(c) 중기적 단계에서 침강 경계조건

모든 절점에서 P_f가 P_{fb}에 비해
더욱 압축, 모든 절점에 대해
간극수압 경계조건을 설정

(d) 장기적 침강 경계조건

그림 7.22 터널 문제에서 침강 경계조건
(수압 큰 쪽에서 작은 쪽으로 흐름이 일어나도록 경계조건 설정. 만일, 터널에서 지반으로 흐름이 일어나면 유입량 '0' 조건 설정)

7.14.2 강우 침투

강우 침투 문제는 강우 강도(intensity)에 따른 경계조건 문제라 할 수 있다. 만약, 흙이 충분한 투수성을 가지고 있거나 강우강도가 작다면 흙이 물을 흡수할 수 있으므로 유입량 경계조건이 적합하다[그림 7.23(a) 참조]. 그러나 만약 흙의 투수성이 작거나 강우강도가 크다면 흙이 물을 다 흡수하지 못해 지표에 물이 고일 것이다[그림 7.23(b) 참조]. 물고임의 깊이는 유한할 것이며 결과적으로 이 경우에는 간극수압 경계조건이 적용될 수 있다. 그러나 경계조건을 미리 설정하는 것은 용이하지 않다.

왜냐하면 흐름(침투)거동이 지층 구성, 투수성 그리고 기하학적 조건에 따라 달라지기 때문이다. 이러한 문제는 q_n을 강우강도와 동등하게 놓고 p_{fb}를 p_{fi}(지표에서 간극수압 초기 값)에 비해 좀더 압축적인 값으로 설정하는(즉, 고인물의 깊이와 동등한 수준) 침강(precipitation) 경계조건을 사용하여 해결할 수 있다. p_{fi}가 p_{fb}에 비해 더 인장적이기 때문에 초기에 흐름 경계조건이 가정되기 때문이다. 해석이 진행되는 동안 간극수압이 p_{fb}에 비해 더 압축이 되면 경계조건은 간극수압 경계조건으로 변하게 될 것이다.

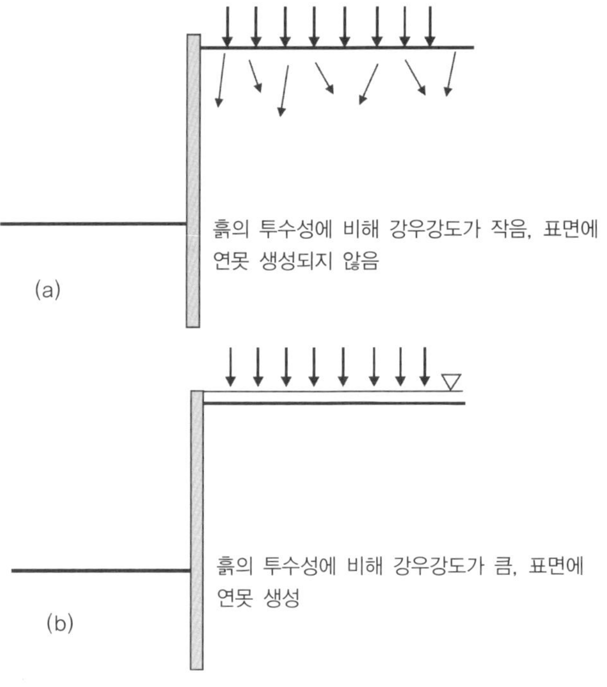

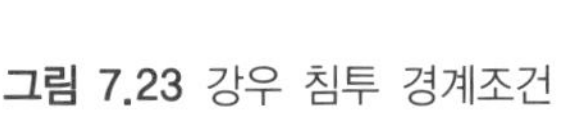
그림 7.23 강우 침투 경계조건

7.15 초기응력

지반의 초기응력 상태는 축조(성토) 활동 또는 하중 재하의 결과로 발생하는 응력 재분배를 예측하는 수치해석에서 매우 중요한 역할을 한다. 특히 고급 구성 모델을 사용하는 경우 초기응력 상태는 예측 결과에 상당한 영향을 미친다.

수치해석에서 초기응력 상태를 설정하는 몇 가지 방법이 있다.

- 지반 수치해석 프로그램에서 초기응력을 도입하는 가장 일반적인 방법은 단위중량(unit weight)과 K_0 값에 상응하는 응력 상태를 부여하는 것이다. 이 방법은 지표면이 수평인 경우에 적용이 가능하다. 초기응력의 부여는 변위를 수반하지 않는다. 흙의 응력 상태는 정규압밀 또는 과압밀인지에 의존하며 고급 구성 모델을 사용하는 경우, 초기응력 상태가 항복면의 초기 크기를 초과하지 않도록 신중해야 한다. 사용 프로그램은 초기응력 상태가 설정한 파괴 기준을 위반(violation)하는지 여부를 반드시 확인할 수 있어야 한다.
- 두 번째 방법으로는 지반제체에 중력을 작용시키는 것이다. 이 경우 결과로 나타나는 변위는 해석을 수행하기 전에 반드시 0으로 설정하여야 한다. 다시 한 번, 초기응력과 관련하여 구성 모델의 선택에서 신중해야 한다. 해석결과에 따라 나타나는 K_0 값에 심각한 영향을 줄 수 있기 때문이다. 탄성 재료에 중력 하중이 적용되는 경우 K_0 값은 $(\nu/(1-\nu))$으로 산정된다(여기서, ν는 포아송 비). 이는 해석 모델이 수평지표면이며, 표준적인 경계조건이 적용될 때 Mohr-Coulomb 소성 모델을 사용하여도 마찬가지이다. 이러한 이유로 중력을 적용하

는 방법은 정규압밀 지반조건에서는 타당하나 과압밀 지반에는 적합하지 않다.

- 지질학적 이력을 알고 있다면 이러한 이력을 모델링할 수 있다. 그 예로 상당한 선행압밀(preconsolidation) 또는 하중이 제거되는 문제(예, 빙하 지역)를 들 수 있다. 다시 한 번, 구성 모델의 선택은(예로 초기응력 산정을 위한 하중의 재하와 제거와 관련된 거동) 계산되는 초기응력에 상당한 영향을 주며 이로 인해 후속적인 해석 결과에도 영향을 미치므로 유념해야 한다.

8 입력과 출력 가이드라인

8.1 개요

유한요소(FE) 또는 유한차분(FD) 해석에는 입력 및 출력에 대한 최소한의 문서화된 양식이 제공되어야 한다. 이는 사용자가 해석과정을 쉽게 점검 및 조정할 수 있으며, 해석의 질을 제어할 수 있으므로 유익하다. 의뢰자 입장에서는 해석과정의 추적과 이해가 용이하다는 장점이 있다. 입력과 출력 변수들의 표준화는 데이터의 일관성에 대한 검증을 가능하게 해준다. 가이드라인은 유한요소해석에 요구되는 최소한의 기본적이고, 표준적인 정보를 포함할 것을 제안한다. 또한, 해석 대상 문제의 해설과 결과에 대한 의미 설명도 포함해야 한다.

유한요소해석을 위한 표준화된 입출력 양식은 유한차분해석과 경계요소(BE) 해석, 혼합된 형태의 유한요소-경계요소(FE-BE) 조합 해석에도 마찬가지로 적용된다.

8.2 기본 정보

일반적인 입력과 출력 데이터의 설명에 앞서 기본적인 정보에 대한 항목 설명이 필요하다. 이는 다음의 사항을 포함한다.

- 프로그램 버전(version)과 추가적인 특징을 포함하는 코드(code) 전체에 대한 설명
- 사용되는 요소 형태
- 다양한 지층 및 구조 요소에 대한 재료 모델
- 평면변형률, 축대칭 등 해석 단순화에 대한 내재된 가정

8.3 입력

입력 데이터가 프로그램에 의해 가시적으로 표현되는 것은 데이터의 일관성을 확인할 수 있어 중요하다. 서로 다른 지층을 확실하게 구분할 수 있어 입력 데이터의 혼동과 비일관성을 쉽게 골라 낼 수 있다.

8.3.1 유한요소 메쉬 생성

그림 8.1은 자연사면에 대한 유한요소 메쉬에 대한 예이다. 이 그림은 메쉬에 대한 기본적인 정보를 제공한다. 이를 통해 변형된 메쉬의 여부, 메쉬의 적합성에 대한 판단을 직접 확인할 수 있다. 이러한 확인이 중요한 이유는 많은 수치해석의 에러가 메쉬의 부정확한 기하학적인 조건에서 비롯되기 때문이다.

인터페이스 요소가 사용될 때 인터페이스 요소의 형태와 위치는 전체요소 또는 인터페이스 요소만 분리해낸 출력 도면으로 확인할 수 있다.

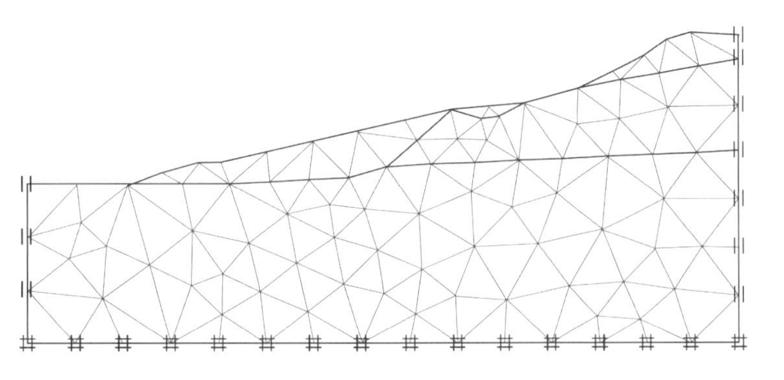

그림 8.1 유한요소 메쉬의 생성

8.3.2 경계조건도의 생성

모델의 질을 평가하기 위해 경계조건의 형태와 위치를 생성하여 보여주는 것이 필요하다. 여기에는 단순화를 위한 가정들의 적용이 나타난다. 그림 8.2는 수직, 수평이 모두 구속된 경계면(바닥 선)과 수평 구속, 수직으로 자유로운 변형이 가능한 경계조건(측면 경계면) 출력 도면의 예를 보여준다.

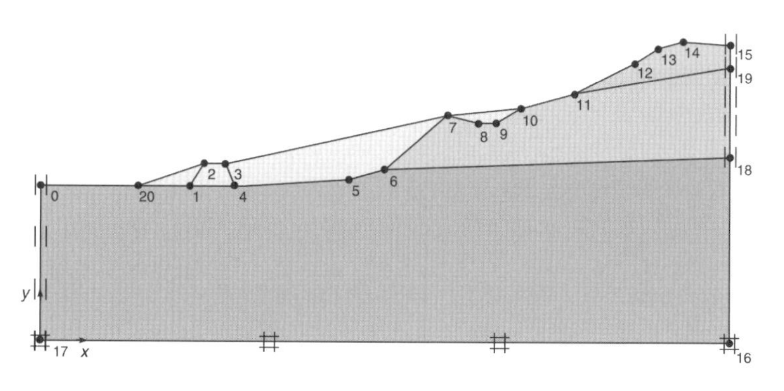

그림 8.2 자연 점토사면의 지층 경계도

8.3.3 지층 구성도의 생성

지층 구성도(그림 8.2)는 필요로 하는 표준도 중에서 세 번째로 중요하다. 이 도면은 수치 모델을 실제 상황과 비교, 판단하는 데 유용하다. 지층 구성도의 각 지층은 적용되는 재료 구성 모델 및 이와 연관되는 입력 물성치 표와 일치하여야 한다.

8.3.4 적용되는 재료의 모델과 입력 물성치 표

프로그램이 제공하는 구성 모델과 이에 연관된 입력 물성치가 표로 주어져야 한다. 어떻게 물성치가 산출되었는지에 대한 정보를 제공하는 것이 필요하다. 이러한 정보는 본질적인 가정과 단순화를 이해할 수 있도록 가능한 충분하게 제공되어야 한다. 표 8.1은 이에 대한 예를 나타낸 것이다. 물성치에 대한 물리적 의미, 그리고 적용되는 소성유동규칙(flow rule)도 표시해야 한다.

표 8.1 적용되는 구성 모델과 이에 연관되는 물성치를 나타내는 표에 대한 예

재료 모델 : 지층에 따른 구성 모델
모델의 특별한 내용 : 캡(cap), 경화(hardening), 연화(softening) 등, 매뉴얼에서 언급하는 구성 모델의 짧은 설명을 포함
입력 물성치를 열거하고 어떻게 물성치가 산출되는지를 설명, 소프트웨어에 따라 나타내는 클릭 박스(click box)를 두어 다양한 설명을 하기도 한다. ■ 실내 시험(laboratory test) ■ 원위치 시험(in situ test) ■ 경험적인 데이터(empirical data) ■ 평가 데이터(estimated data) ■ 회귀분석 데이터(curve-fitting data, 복잡한 입력 물성치를 산출하기 위한 삼축시험의 재계산) ■ 매뉴얼로부터 인용한 물성치

8.3.5 선정한 재료 모델의 거동 예시도 생성

선정한 물성치로 실내 실험(삼축시험, 압밀시험)을 시뮬레이션해보고, 이 결과를 조사 중인 지반문제의 시험 데이터와 간단하게 비교해보는 것이 좋다.

8.3.6 초기응력 조건, 간극수압, 상태 변수 도면의 생성

초기응력 조건, 간극수압, 상태 변수 도면이 발주자(의뢰인, client)와 사용자에게 수치해석에 대한 초기조건으로 제공되어야 한다. 이러한 정보는 사용자가 입력 데이터의 일관성과 내재적인 이상화(idealization)를 확인하고 판단하는 데도 도움이 된다.

그림 8.3은 정규 압밀된 퇴적토에 대한 초기응력 상태를 보여준다. 선의 길이와 방향은 적분점에서 주응력의 크기와 방향을 나타낸다. 지중에 매립되어 있는 '구조물'은 두꺼운 수평선과 짧은 수직선으로 나타냈으며 하중이 적용되지 않은 상태를 나타낸다. 구조물 위의 지층은 이전에 놓여 있던 상부 지층의 선행압밀 효과를 시뮬레이션 하기 위해 추가되었다.

그림 8.4는 상부 지층이 제거된 경우이다. 여기서(완전 탄성이 아닌 흙의 모델을 적용), 현재 지표면에 가까운 주응력 축을 보면 수평응력의 분포는 상부층의 영향을 받았음을 알 수 있다.

초기응력 상태에 대한 가정은 후속적인 계산에 결정적인 역할을 한다.

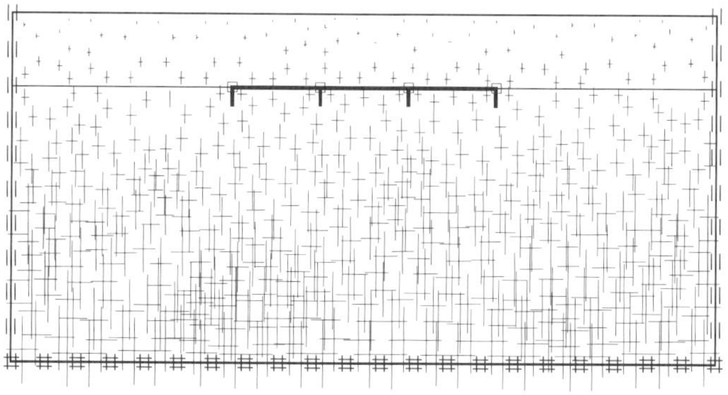

그림 8.3 정규 압밀 퇴적층에 대한 초기응력 상태

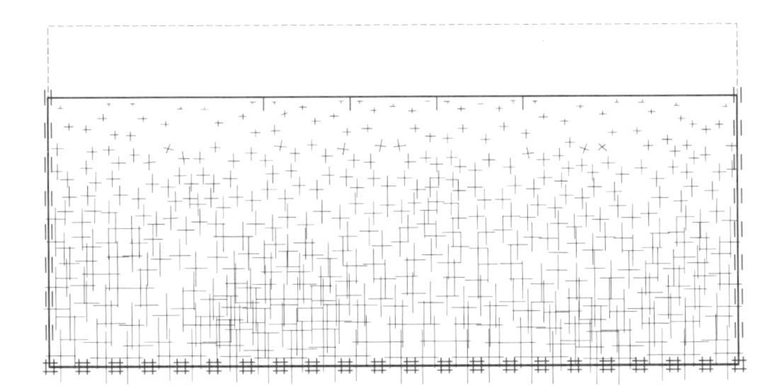

그림 8.4 상부 지층 제거 후 과압밀 응력 상태

8.3.7 해석단계와 수렴기준

해석 단계와 수렴 기준에 대한 표를 통해 수치 모델링 과정의 전반에 대한 하중/축조/굴착 단계의 순서를 나타낸다. 굴착 또는 축조(요소의 제거 및 추가)와 관련된 경우, 이에 대한 기하학적인 도면 생성을 포함한다. 이러한 표는 발주자가 메쉬 생성 단계에서부터 해석이 진행되는 동안 다르게 적용되는 경계조건까지의 전반적인 모델링 과정을 알 수 있게 해준다. 비배수–배수 해석의 경우 시간 경과에 따라 어떤 것이 모델링이 되는지를 언급하는 것이 필요하다. 이와 더불어, 요구되거나 가정된 수렴기준(convergence criteria)을 적시하여야 한다.

8.4 출력

출력에 대한 문서화는 일련의 표준화된 도면 세트로 구성된다. 서로 다른 옵션(option)을 갖는 컴퓨터 코드와 해석 대상 문제의 특성으로 인해 출력 도면의 형태가 달라질 수도 있다. 그러나 어떠한 계산이 수행되는지와 그 계산이 어떻게 모델 자체에 영향을 미치는지를 명확하게 나타내야 한다. 따라서 본 절에서는 출력 도면 생성에 필요한 최소한의 범위에 대해 기술하고자 한다.

8.4.1 변형된 요소 메쉬 생성

변형된 유한요소 메쉬 도면은 지반과 인접 구조물에 대하여 어디에서 어떤 변형이 일어났는지를 전반적으로 보여준다. 그림 8.5(a)와 (b)는 자연사면의 상부에서 상당한 변형이 발생된 예를 보여준다.

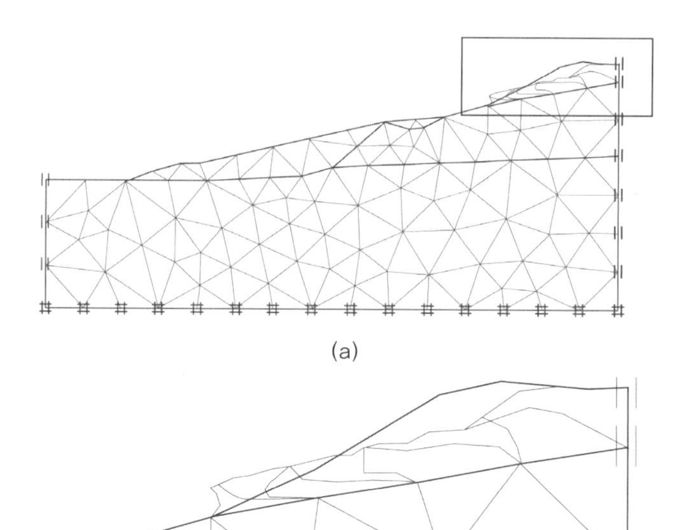

(a)

(b)

그림 8.5 (a) 변형된 유한요소 메쉬의 예, (b) 상부사면의 확대

8.4.2 변위 벡터 생성

그림 8.6(a)와 (b)는 변위 벡터에 대한 예를 보여준다. 이러한 변위 벡터 도면은 전체 계산에 대한 최종 누적 변위 또는 특정 계산단계에 대한 부분 누적변위를 나타낼 수 있다.

어떤 특정 단계의 증분 변위 벡터 도면도 유용하다. 이는 요소의 제거 또는 추가, 그리고 하중의 제거 또는 추가 단계와 관련되는 특정 결과를 표현하는 데 적용할 수 있다.

압밀 또는 크리프(creep)를 포함하는 장기거동 해석의 경우 임의 중간 단계에서 변위 벡터 도면을 출력할 수 있도록 하여야 한다.

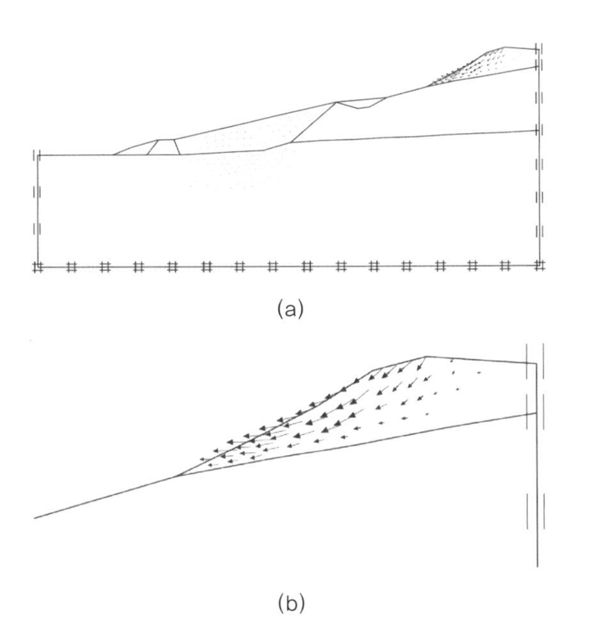

그림 8.6 (a) 자연사면의 변위 벡터(상부사면의 활동이 중요),
(b) 상부사면을 확대한 전체 변위 벡터

8.4.3 응력과 변형률 등고선

그림 8.7(a)와 (b)는 전단 변형률 등고선을 보여준다. 해석의 중간 그리고 마지막 단계에서의 응력과 변형률에 대한 등고선 도면을 생성할 수 있어야 한다. 출력 도면의 수는 모델링 과정의 어려움과 복잡성에 따라 달리할 수 있다. 발주자(의뢰인)는 해석이 진행되는 동안 흙의 거동 변화를 가시적으로 확인할 수 있어야 한다. 등고선 출력에 대한 범위와 해상도(resolution)는 해석 대상 문제에 따라 달라질 수 있다.

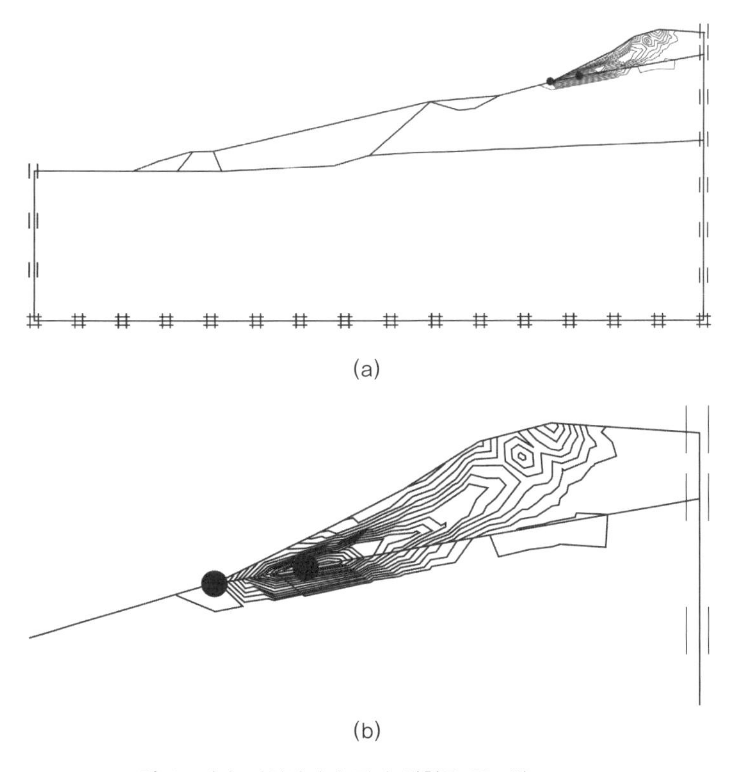

그림 8.7 (a) 자연사면의 전단 변형률 등고선
(b) 상부사면의 전단 변형률을 확대한 그림

8.4.4 응력 수준과 상태 변수들의 등고선

등고선을 이용한 응력 수준과 상태 변수들의 표현은 유한요소 메쉬의 질을 설정하는 데 도움을 준다(8.4.2절의 제안 참조). 구성 모델에 따라 차이는 있지만, 소성영역의 확인(그림 8.8 참조), 그리고 흙의 강성, 강도 및 경계력(boundary force)의 변화를 확인하는 데 특히 유용하다.

해석이 진행되는 동안 예측된 응력과 변형률 변화를 이해하기 위해 해석 대상 문제의 2차원 또는 3차원적 성질을 반드시 기억해야 한다. 따라서 종종 체적 및 전단 변형률 성분 도면이 수평 및 수직 변형률 도면보다 훨씬 큰 의미를 지닌다. 일반적으로 흙 재료의 전단강도는 평균 유효응력 수준에 따라 변화한다. 따라서 유동 전단응력을 출력하는 것(mobilization)이 전단강도(단위 : kPa) 자체를 출력하는 것보다 훨씬 의미가 있다.

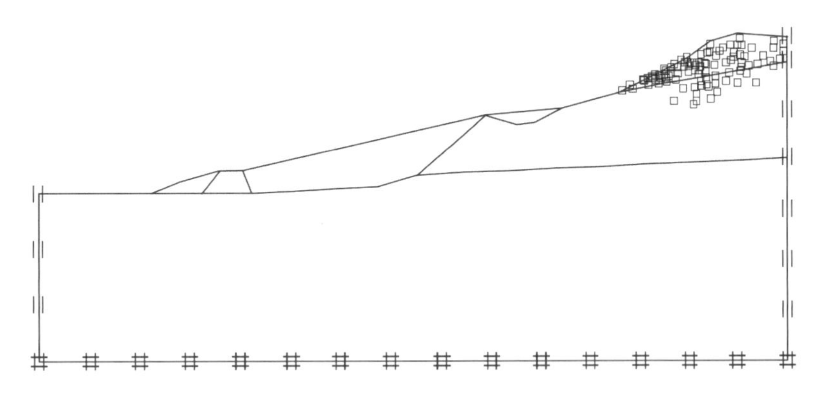

그림 8.8 소성상태의 적분점

8.5 결론

완전 수치해석은 방대한 양의 데이터 처리를 요구한다. 입력과 출력 데이터의 일관성을 확인하기 위해 그래픽 도면의 활용이 필요하다. 프로그램에 따라 생성되는 출력 도면은 제한될 수 있다. 최소한 기하학적인 조건, 경계조건, 초기응력 그리고 중간 및 최종 단계에서의 응력, 변형률, 그리고 변위에 대한 기본 도면이 생성될 수 있어야 한다. 또한, 재료의 물성치와 이에 대한 내용도 요약, 정리를 해야 한다.

9

지반구조물에 따른 모델링

9.1 일반사항

9.1.1 해석 영역의 범위

유한요소법(FEM)과 같은 수치해석법은 연속체 역학의 경계치 문제에 대한 근사해를 준다. 수치해석법에서 해석 영역은 유한개의 요소로 분할된 연속체의 일부분이다. 해석 영역의 크기는 해석에 포함되지 않은 영역이 해석 결과에 영향을 미치지 않도록 선정한다.

선형탄성경계치 문제의 경우 해석 영역의 최적 범위는 해석 결과, 모델 경계에서 변위가 거의 일어나지 않을 정도로 충분히 커야 한다. 불균형 비대칭 외부 하중이 작용하는 경우 경계를 따라 수용할 수 있는 범위를 초과하는 반력을 발생시킬 수 있으므로 이러한 경우에는 해석 영역의 확장을 고려하여야 한다(Meissner, 1991). 한편 해석 영역의 크기는 자유도(DOF)의 수에 영향을 미친다. 따라서 종합적으로 고려해서 해석에 소요되는 비용을 줄여야 한다. 해석 영역을 줄이기 위하여 가능한 모든 대칭조건을 이용하는 것이 중요하다. 이와 다른 방법으로는 모델 경계에 무한요소(infinite element)를 사용하거나 FEM과 BEM(boundary element method)을 조합하는 방식을 도입하는 것이다.

이 보고서에서 고려하는 지반-구조물 상호작용 문제는 탄성 문제로는 다루지 않는 지반거동의 모델링을 포함한다. 그러므로 해석 영역을 선정하는 문제는 다음과 같은 많은 지반공학적 측면을 고려하여야 한다.

- 어떤 지반의 특정 지질학적 조건에 따라 해석 영역을 축소 또는 확대할 수 있다. 일례로 암반과 같이 비압축성 지층 아래 압축성 지층이

존재하는 경우, 압축성 지층의 두께가 해석 영역의 깊이를 결정한다. 한편, 경사지층 또는 경사절리가 분포하는 사각형 해석 영역의 경우 해석 영역을 확대하여야 한다.

- 해석 영역의 크기는 지반재료 및 구조 요소의 구성 모델에 따라서도 달리 해야 한다. 재하 또는 제하 시 탄성재료의 거동은 거의 무한한 범위까지 나타난다. 이는 터널 해석 시 터널이 융기하는(heave) 불합리한 현상을 야기하거나, 제방의 경우에는 탄성 또는 탄성-완전소성(예, Mohr-Coulomb) 구성방정식을 사용할 때 모델의 깊이가 증가함에 따라 침하가 증가하는 비현실적 거동을 야기한다. 이러한 영향을 피하기 위하여 모델의 깊이는 터널 인버트 아래로부터 터널 직경의 (2~3)D까지 제한해야 한다(Meissner, 1996). 얕은 기초나 제방의 경우에는 소위 '주동깊이(지층의 구조강도가 지표하중으로 인한 수직응력의 증가를 초과하는 깊이, active depth, Swoboda et al., 2001)'까지로 제한하여야 한다. 그렇지 않으면 탄성의 강성이 깊이에 따라 증가하는 특성을 고려하여야 한다. 만일 비선형성과 편차 및 체적 재하/제하 거동을 최대 강도에 도달하기 전 거동 특성으로 고려할 수 있는 보다 진보된 구성 모델을 사용하는 경우 이러한 제약은 불필요하다.

9.1.2 수치해석의 올바른 활용

수치해석은 지반문제를 종래의 이론해석법 및 관습법으로 풀 수 없는 경우, 또는 기존 해석법이 불완전하거나 지나치게 문제를 단순화할 수밖에 없는 경우에 적용한다. 일반적으로 대규모 토목 구조물에 포함되는 복잡한 지반문제는 이러한 범주에 속한다고 할 수 있으며, 특히 다음의 경우가 수치해석을 적용해야 할 경우에 해당한다고 할 수 있다.

- 부지의 지질 및 지반공학적 조건이 복잡(비균질, 경사지층, 과압밀층, 이방성 및 팽창성 지반 등)하며, 이전에 이들 조건에 대한 건설 경험이 없는 경우
- 복잡한 기하학적 형상과 지질조건으로 인해 지반–구조물 상호작용 문제가 검토되어야 하는 경우
- 구조물 간 상호 간섭으로 인한 변형이나(변형이 예상되거나), 근접한 지하 또는 지상의 건물로서 안정이나 균열 관리가 필요한 기존 건물 영향을 결정하여야 하는 경우
- 비선형성, 소성 및 크리프(creep)와 같은 복잡한 구조물 거동의 영향을 고려하여야 하는 경우
- 과압밀과 같이 원위치 응력 상태에 의해 해석 결과가 크게 영향을 받는 경우
- 건설공법 및 건설과정의 영향이 검토되어야 하는 경우
- 실내시험, 실대형(full scale) 원위치 시험, 또는 그 외의 다른 현장 시험결과가 매우 불규칙하게 얻은 경우
- 상부 구조물 강성의 영향이 고려되어야 하는 경우
- 공법의 비교 및 평가가 필요한 경우
- 시험시공(field trial)에 대한 평가가 필요한 경우
- 계측계획이 수립되어, 계측관리를 위한 한계 변위, 간극수압 등 관리 변수 설정이 필요한 경우
- 잠재적 파괴 메커니즘 및 파괴에 상응하는 변형률 기준을 결정하고자 하는 경우
- 성토공사 시 제방 아래 발생하는 간극수압을 제어하는 등 최적 건설속

도 기준을 설정하여 건설공사의 안정 확보가 필요한 경우

■ 측정 결과를 이용한 역해석(back calculation)을 수행하여 지반물성(구성방정식의 모델 변수)을 구하고자 하는 경우

9.1.3 입력변수의 영향에 대한 매개변수 연구

수치해석은 복잡한 지질 및 지반공학적 조건의 문제를 해결하는 데 적용하므로 항상 입력변수를 선정하는 데 질적 및 양적인 한계에 부딪힌다. 그러므로 매개변수 연구를 수치해석을 이용한 지반 공학적 문제 해결에 적절하게 적용하기 위한 기본적인 도구로 활용할 필요가 있다. 매개변수 연구의 기본 목적은 주어진 입력 데이터의 범위에서 얻는 거동의 범주를 파악하거나 구조물 거동을 이해하는 데 있다. 변수해석을 최소화하기 위해서는 주어진 문제에 대한 핵심 변수만을 대상으로 하는 것이 바람직하며 변수들의 실질적 분포 범위와 타당한 조합이 설정되어야 한다.

지반-구조물 상호작용 문제와 관련하여 각 검토 대상 항목에 대하여 다음의 입력 데이터가 제공되어야 한다.

■ 초기 상태 : K_o, 해석 영역의 폭, 지하수위
■ 구성 모델의 형태 : 항복 전(pre-yield) 거동으로 미소 변형률의 비선형 탄성-완전소성, Mohr-Coulomb, 이중경화
■ 물성 : 강성, 점성, 비배수 전단강도, 투수성(변형, 강도, 수리 특성의 상호의존성에 유념), 구조-수리 입력변수의 이방성 정도
■ 건설공법 및 절차

9.2 말뚝과 말뚝 전면기초(piled raft)

9.2.1 일반 사항

말뚝의 거동, 특히 수치해석을 이용한 말뚝거동의 해석은 문헌에서 자주 발견되는 주요 연구 주제의 하나이다. 이 장에서는 말뚝해석과 관련한 몇 가지 일반적 문제를 살펴보고자 한다. 이 주제를 보다 구체적으로 고찰하고자 하면 Potts and Zdravkovic(2001a)를 참고하기 바란다.

9.2.2 지반거동 측면

흙의 팽창거동은 파일 거동에 지대한 영향을 미치므로 사용할 구성방정식이나 입력변수를 선정할 때 상당한 주의가 필요하다.

유효응력 기반의 구성 모델을 이용하여 축하중을 받는 말뚝을 해석하고자 하는 경우, 한계상태에 도달함이 없이 막연한 유한값의 소성팽창을 주는 모델을 사용하는 것은 바람직하지 않다(일례로 Mohr-Coulomb 모델로서 팽창각 $\upsilon > 0^o$인 경우). 이런 해석으로는 말뚝의 극한 지지력을 예측할 수 없다.

9.2.3 인터페이스 요소

축하중을 받는 단항(single pile)을 해석하는 경우, 경계면 거동을 모사하기 위하여 말뚝 축을 따라 얇은 고체 요소(solid element)를 두거나 특별히 고안된 인터페이스 요소를 두어야 한다. 고체 요소를 두는 경우 두께가 너무 두꺼우면 해석 결과는 말뚝주면 지지력을 과다하게 산정하게 된다.

말뚝 축을 따라 인터페이스 요소를 두었다면 요소의 수직 및 전단강성을 적절히 선정하여야 한다. 강성의 크기가 충분히 크지 않으면 말뚝거동에 지배적인 영향을 미치게 된다. 그러나 강성 값이 너무 크면 수치 불안정 문제(ill conditioning)가 일어날 수 있다.

9.2.4 2D 또는 3D 해석

대부분의 2D 평면변형률 모델링은 문제해석에서 적정한 정확도를 제공한다. 철도 또는 도로의 제방이 그러한 경우에 해당한다. 그러나 횡방향 재하상태의 군말뚝은 재하에 대한 방향성 고려가 필요하므로 3D 모델링이 필요하다.

많은 컴퓨터 프로그램이 지반-구조물의 3차원 모델링 기능을 가지고 있지만, 실제로 3차원 모델링은 매우 복잡한 문제이다. 실무적용 사례도 많지 않아 주의가 필요하다.

유한요소 모델에서 자유도 수를 줄이는 효과적인 방법은 대칭조건을 잘 활용하는 것이다. 많은 문제에 이 조건을 활용할 수 있다. 경우에 따라서는 2개의 대칭조건을 만족하는 경우도 있는데, 이런 경우 자유도수를 현저히 줄일 수 있어 컴퓨터 용량을 아낄 수 있다.

이러한 경우의 대표적인 예는 말뚝-전면기초 시스템으로서 그림 9.1과 같다. 3D 등매개 변수 유한요소로 지반과 파일의 기하학적 형상을 모델링하고, 전면기초는 쉘 요소로 표현한다. 모델의 경계는 무한요소(infinite element)를 사용하여 마치 반무한 탄성체와 같이 고려한다. 기하학적 대칭성을 고려함으로써 전체 대상 문제의 8분의 1만 모델링하면 되므로 요소 수를 현저히 줄일 수 있다.

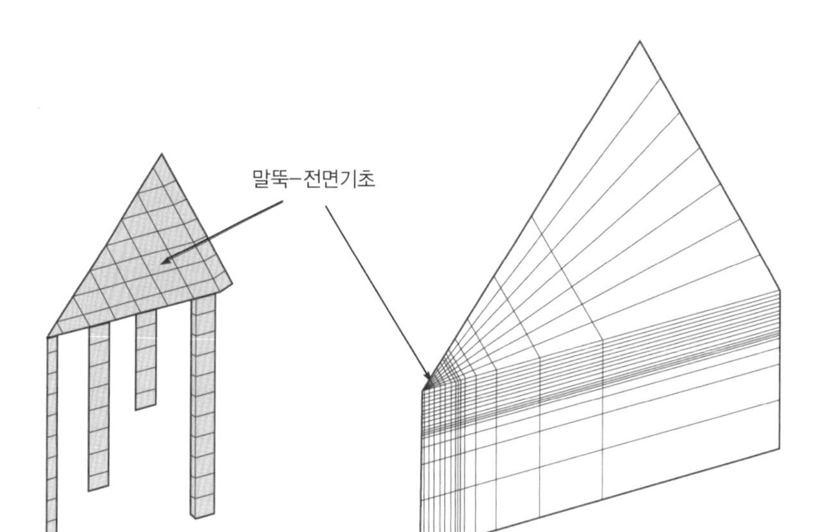

그림 9.1 말뚝–전면기초의 3D 유한요소 메쉬(Katzenbach 등, 1998)

9.2.5 수평하중

반복수평하중을 받는 단일 말뚝은(특히, 해상 구조물) 말뚝과 지반의 경계에 틈(gap)이 형성될 수 있음이 현장에서 보고되었다(e.g. Long et al., 1992). 이런 현상을 해석에 고려하려면 경계요소(interface element)를 말뚝과 지반의 경계에 설치하여야 한다. 이때 경계요소는 인장응력에 저항할 수 없어야 한다. 사실, 틈이 생성되는가의 여부는 지반강도 그리고 특히, 이러한 강도의 지반심도에 따른 분포에 의존한다(Potts and Zdravkovic, 2001a).

9.2.6 말뚝재하 시험의 역해석

말뚝재하 시험의 역해석(back calculation)은 이미 알고 있는 재하조건에서의 말뚝거동을 모델링하는 것이다. 그 목적은 일반적으로 말뚝의 저면 또는 주면 저항력을 결정하거나, 말뚝주변 지층에서 말뚝의 응력 및 변형률 분포를 결정, 시험한 말뚝형태에 대한 개선된 지반-구조물 상호작용 모델을 개발하는 데 있다.

해석의 모델이 되는 재하시험은 현장 또는 실험실에서 조건이 잘 제어된 시험이어야 한다. 시험부지의 지반조건은 최대한 정확하게 파악되어야 한다. 지층과 지층경계는 원위치 시험으로 확인되어야 하며, 적어도 한 개 이상의 시료를 채취하여 실내시험을 통해 해석 구성 모델에 필요한 탄소성 변수를 결정하여야 한다.

시험말뚝에 대하여 하중-변위 곡선과 같은 거동이 잘 계측되어야 한다. 가능하다면 주면에서의 응력분포, 말뚝저면에서의 응력수준 등도 파악하여야 한다.

역해석은 단말뚝 및 군말뚝에 대한 정적 및 반복 재하 시험 모두에 대하여 수행할 수 있다. 적절한 구성 모델을 사용하여 시험 조건과 시험부지의 지반 특성이 모델에서 재현되도록 하여야 한다.

말뚝재하 시험의 역해석은 2D 축대칭 모델, 3D 모델 및 3D 보 요소와 지반을 비선형 스프링 상수로 고려하는 복합 모델링 기법을 이용할 수 있다. 모델의 범위 및 규모는 재하형태와 방향, 말뚝의 물리적 복잡성, 재하 시험 환경, 지층과 하중의 대칭성 등에 의존한다. 역해석의 핵심목적은 시험 조건을 가장 잘 재현하는 모델을 찾아내는 데 있다.

9.3 터널 굴착

9.3.1 범위

이 절은 흔히 도심 지역에서 지반-구조물 상호작용을 발생시키는 천층 터널(shallow tunnel)의 수치해석을 다루고자 한다. 일반적으로 천층 터널의 건설은 기존의 주변 구조물에 영향을 미침으로써 발생되는 지반변형을 가급적 최소화해야 한다. 이러한 복잡한 지반-구조물 상호작용은 수치해석으로만 풀 수 있으며, 수치해석을 통해 터널과 주변 지반 및 구조물의 응력-변형률 상태에 대한 완전한 정보를 제공할 수 있다.

천층 터널의 건설로 발생되는 응력 상태는 일반적으로 3차원적이며, 다음과 같은 요인에 의해 지배된다.

- 터널의 기하학적 형상, 심도와 단면
- 부지의 지질학적 및 수리학적 상태
- 상재하중과 수평압력계수 K_o로 결정되는 초기응력 상태
- 지반과 라이닝의 변형, 강도 그리고 시간의존성 특성
- 건설과정. 즉, 종단 및 횡단 굴착단계, 가설지보의 설치 및 영구지보의 설치 기술 등

굴착면 주변에서 종횡방향으로 발생하는 3D 하중전이(아칭) 현상을 올바르게 모델링하는 것이 터널 수치해석의 핵심사안이다(그림 9.2 참고).

9.3.2 수치해석의 유형

9.3.2.1 3D 해석

원칙적으로 앞에 기술된 요인들은 고급 컴퓨터 프로그램과 적절한 구성 모델을 채용하는 3D 해석법을 적용함으로써 거의 다 고려할 수 있다. 사용 컴퓨터프로그램은 3D 메쉬 생성이 용이하고, 결과에 대한 3D 그래프 처리가 가능하여야 한다.

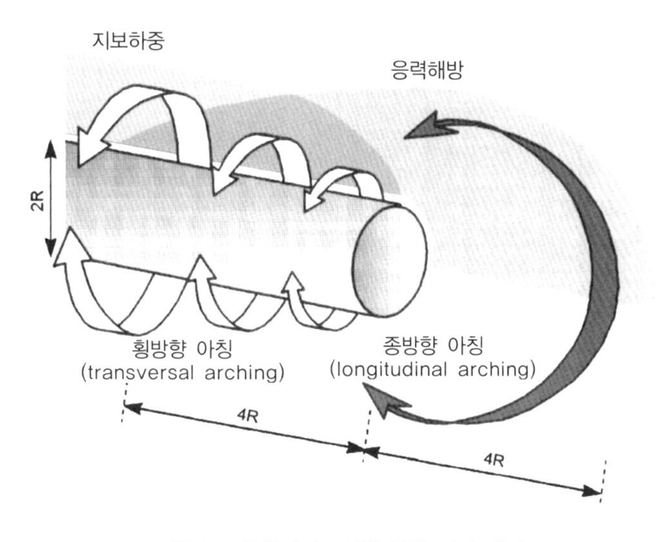

그림 9.2 굴착면의 3차원 응력 전달 개념도

하지만 3D 해석에 대한 경험이 충분하지 않아 숙련된 모델러에 의해 해석이 수행될 필요가 있으며, 결과의 해석에도 유의가 필요하다. 또한 3D 해석은 시간 소모가 많고 노력 소요가 크므로 특정하고 복잡한 문제에만 적용하여야 한다.

9.3.2.2 축대칭 해석

터널과 주변 지반 시스템의 축대칭 해석은 2D 해석의 노력과 자원으로 굴착면의 종횡방향 하중전이를 3차원적으로 파악할 수 있게 한다. 터널의 굴착과 지보재의 설치(터널면의 안정, 굴착면으로부터 지보 거리가 내공 변위 수렴에 미치는 영향 등) 영향이 이 모델링 방법으로 조사될 수 있다. 또한 지반물성의 영향을 파악해 볼 수 있고, 굴착면 도달 전에 발생하는 초기 내공 변위를 결정할 수 있다(Panet & Guenot, 1982; Renati & Roessler, 1998).

그러나 이런 형태의 해석은 깊은 심도의 균질지반에 건설되는 원형터널에 대해서만 가능하다. 따라서 축대칭 경계조건으로 모델링할 수 있는 K_o 조건의 가정이 가능하다. 천층 터널에서는 이러한 조건이 거의 성립하지 않는다.

9.3.2.3 평면변형률 해석

완성된 터널은 축방향 변형률을 '영'으로 가정할 수 있으므로 평면변형률 조건의 가정이 성립한다. 이런 이유로 터널에 대한 평면변형률 해석이 비교적 널리 사용된다. 그러나 다음의 측면들을 적절히 고려하지 않으면 다음과 같은 문제가 발생할 수 있다.

- 층리면, 불연속면과 같은 지질학적 조건이 터널 축과 평행하지 않은 경우
- 초기 지중응력
- 터널 축방향으로 진행하는 굴착과정의 고려. 특히, 터널 굴착면으로부터 떨어진 곳의 지보재 설치

- 앵커나 마이크로파일 같은 지보 설치

분할굴착, 지보설치를 포함하는 표준 평면변형률 해석은 터널 횡방향(터널 축에 직각)에 대한 하중전이만을 고려할 수 있다. 분할굴착의 각 단계는 한 단계씩 굴착을 하고, 무지보 또는 미리 모델에 포함하여 모델링할 수 있다.

평면변형 해석으로 터널 굴착면의 안정문제, 터널 축 방향 하중전달이 내공 변위나 지보재 압력에 미치는 영향은 고려할 수 없다.

9.3.3 3D 터널 굴착면 영향의 2D 근사화 방법

앞에서 언급한 제약사항 및 문제들을 극복하기 위해 터널 굴진에 따른 3D 조건을 2D 조건으로 모사하는 방법들이 개발되었다(Sakurai, 1978; Panet & Guenot, 1982; Dolezalvoa et al., 1991). 이는 굴착으로 인한 응력 해방 과정과 지보 설치 과정을 n개의 하중단계로 나눈 해석을 수행하는 것이다. 하중단계를 제어하기 위하여 여러 방법들이 제시되었다.

- 응력감소계수를 도입하여 이완하중을 단계별로 재하하는 방법(λ법)
- 목표한 지표체적손실(volume loss)이 얻을 때까지 이완하중을 단계별로 재하하는 방법(v_l법)
- 이완하중을 단계별로 재하하며, 굴착 요소의 강성을 단계별로 저감시키는 방법

첫 번째 방법에서 λ계수는 응력해방의 정도를 의미하며, 내공 변위를 이용하여 $\lambda = u_n/u_{\max}$ 로 결정된다. 여기서, u_n은 터널 굴착면에서 실제 반경방향 변위(내공 변위)를 의미하며, $u_{\max}$는 터널 굴착면에서 충분

히 멀리 떨어진 후방(변위가 수렴된 위치)의 최대 내공 변위이다. 터널 굴착면에서 전방으로 거리가 4R 이상인 경우 $\lambda = 0$이며, 터널 굴착면에서 후방으로 거리가 4R 이상인 경우 $\lambda = 1.0$이다(그림 9.3). 지보재 작용력이 간접적으로 λ에 비례한다고 가정하면, 실제 지보력 $P_n = \beta P_{max}$를 산정하기 위하여 감소계수 $\beta = 1 - \lambda$를 도입한다. 여기서, P_{max}는 최대 지보력 벡터이며 초기 지중응력 σ_o에 상응한다(Pan & Hudson, 1988; Panet & Guenot, 1982; Dolezalvoa 등, 1991).

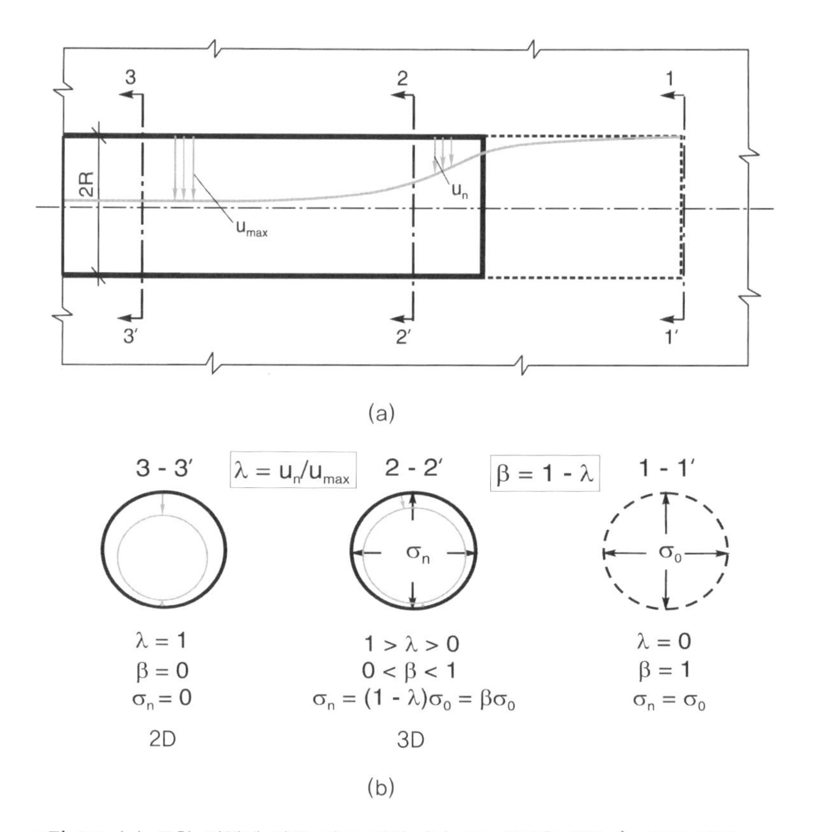

그림 9.3 (a) 굴착 진행에 따른 내공 변위, (b) 2D 해석을 위한 λ-법의 개념

라이닝을 타설하기 전의 응력이완계수 λ_{rel}와 하중감소계수 β_{rel}를 안다면, 2D 재하는 2단계로 고려할 수 있다. 지보재 설치 전 터널의 무지보 상태에 대하여 $1 > \beta_n > \beta_{rel}$, 그리고 지보가 설치된 후 $\beta_{rel} > \beta_n > 0$. 이런 방법으로 터널 굴착면으로부터 지보거리 영향을 고려할 수 있으며, 보다 실제적인 터널 내공 변위, 지표침하, 그리고 라이닝 부재력을 2D 모델로 산정할 수 있다.

그러나 굴착면의 3D 영향을 2D로 고려하는 데는 적어도 3개의 해결해야 할 문제가 있다. 첫 번째 문제는 λ_{re}에 대한 실제적인 평가이다. 이 문제는 사실 9.3.1절에 언급한 3차원 문제와 관련된 모든 요소를 포함하는 문제이다. 두 번째 문제는 터널 굴착면의 안정 여부를 이러한 해석으로는 확인할 수 없다는 것이다. 세 번째 문제는 터널 후방의 충분히 떨어진 거리는 평면변형률 조건으로 볼 수 없으므로 모델링의 기본 가정을 만족하지 않는다는 사실이다.

첫 번째 문제를 풀기위하여 무지보 원형 터널의 3D 해석(탄성, 점탄성, 탄소성)을 통한 터널 종방향 u_n의 분포를 평가하는 것이 추천되며, 실제로 과거에는 이 방법이 사용되기도 하였다(Sakurai, 1978). 오늘날에는 λ_{rel}나 β_{rel} 값을 선정하기 위해 터널형식별로 현장계측으로 얻을 수 있는 내공 변위나 체적손실 값이 더 선호된다. 또 다른 방법은 여러 β_{rel} 값에 대하여 굴착면이 내공 변위, 지표침하, 라이닝 하중 등에 미치는 영향에 대한 매개변수 연구를 수행하는 것이다. 이 방법을 사용하면 내공 변위–구속법(convergence-confinement method)을 적용하는 데 필요한 입력치를 얻을 수 있다(Renati & Roessler, 1998).

3D 터널 굴착 문제를 2D로 근사화하는 데 있어서, 해석자는 해석단면이 굴착면에서 멀리서 접근해오는 경우를 평면변형률 조건으로 가정하는 것이 단지 어떤 특별한 경우에만 타당하다는 사실을 알아야 한다. 초기 응력 조건이 $K_o = \nu/(1-\nu)$인 선형탄성매질 내 무지보 원형 터널이 여기 해당한다. 이런 경우가 아니면 터널 축에 직각방향 응력인 σ_z의 영향이 상당하다. 결과적으로 평균수직응력 σ_{oct}에도 영향을 미쳐, 계산된 응력-변형률 장이 평면변형률 조건을 만족하지 않게 된다(Panet et al., 1989). 이런 문제는 $K_o > 1$인 과압밀 지반에 건설되는 터널을 모델링할 때 특히 중요하다. 이런 특성 때문에, 물리적으로 더 정확한 비선형 구성 모델을 사용하는 경우 3D 결과와 λ-법 결과의 차이가 더 크게 나타난다(Vogt et al., 1998; Dolezalova & Danko, 1999). 심지어 σ_2와 무관한 탄성-완전소성 Mohr-Coulomb 모델도 항복이 일어나면 상당한 편차를 나타낸다. 그 이유는 3D 해석은 굴착면에서 $\sigma_z = \sigma_2$가 되는데, 이는 2차원 가정과 다르기 때문이다. 또한 3D 해석으로 산정한 터널의 지표 및 내공 변위는 흔히 λ_{re} 값을 사용한 λ-법으로 모사하기 어렵다는 사실이 확인되었다(Vogt et al., 1998; Dolezalova & Danko, 1999).

이러한 문제들을 고려할 때, 천층 터널의 3D 거동을 2D로 해석하는 경우 또는 부지조건을 잘 알거나 현장계측 결과(특히, 체적손실 v_l)의 획득이 가능한 경우 매개변수 연구 기법이 추천된다. 그렇지 않으면 건설과정을 3D로 모델링하거나 실질적인 터널내공 변위, 지표침하, 그리고 라이닝하중을 예측하기 위해서는 고급 구성방정식을 채용한 3D 수치해석을 고려할 필요가 있다.

9.3.4 터널 굴착-해석 영역의 크기

천층 터널에 대한 해석 영역의 크기를 선정할 때 예상되는 지표침하의 폭을 고려하여야 한다. 현장계측 결과(그림 9.4, 9.5 및 표 9.1)에 따르면, 침하폭은 모래지반에서 $1H$에서 $1.5H$로 분포하며(H는 터널 축(중심)까지 깊이), 점토지반에서는 $1.5 \sim 2.5H$로 분포한다(Mair and Taylor, 1997 참조).

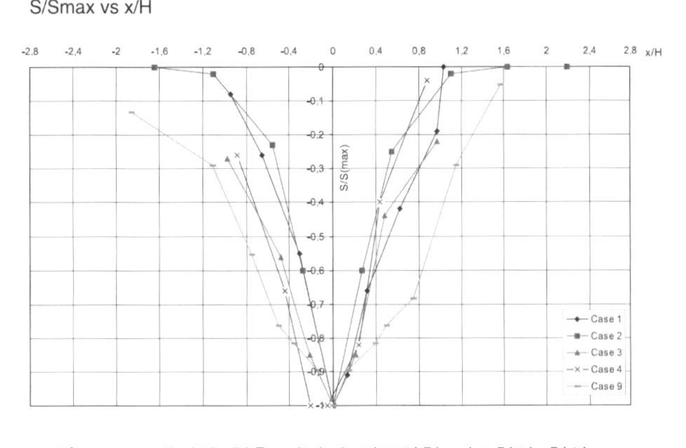

그림 9.4 모래지반 천층 터널의 정규화한 지표침하 형상

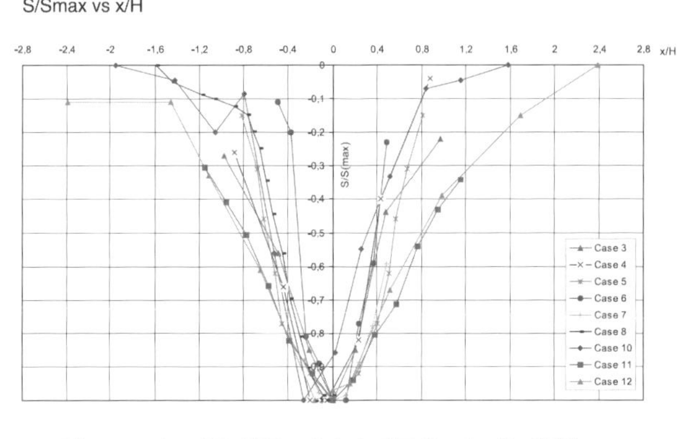

x-거리, S-침하, H-터널 축에서 깊이, S(max)-최대 침하

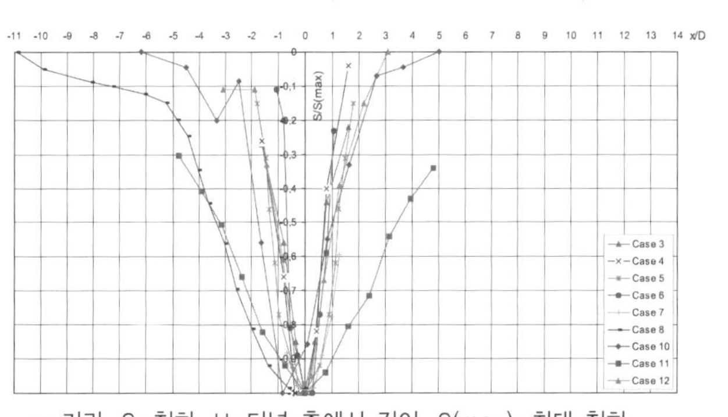

그림 9.5 점토지반 천층 터널의 정규화 지표침하형상

해석 영역은 현장응력 상태에 상응하는 주응력의 크기와 방향에도 영향을 받는다. 흔한 경우인 천층 터널이 포함된 사각형 모델 영역에서 원위치 응력이 모델의 측면과 평행한 경우, 측면에서 6~11D 거리 위에서 언급한 영향 요인들에 따라 수평변위가 구속되었다고 가정할 수 있다. 그러나 원위치 응력이 기울어져 있는 경우 더 큰 해석 영역 또는 특별한 해가 고려되어야 한다(확대 모델 'macro model'에 의한 원위치 응력의 산정과 거기에서 얻은 응력을 터널을 포함하는 터널 구간 모델 경계에 작용

시키는 방법 등, Swoboda et al., 2001). 또한 변위의 과소평가를 피하기 위하여 깊은 심도의 지하공간은 더 넓은 해석 영역을 적용하여야 한다.

표 9.1 터널 굴착에 따른 거동측정 연구 요약

구분	터널	직경 (m)	터널 축 심도 (m)	S_{max} (mm)	굴착방법 및 지반구성	참고문헌
1	Val-de-Marne	3.35	7.75	5.3	Slurry shield; silt, sand, gravels	Atahan et al. (1996)
2	Sudden Valley Sewer	1.43	9.12	43.0	Pipe-jacking with EPB; water-borne glacial sands	Dyer et al. (1996)
3	Madrid Underground (Section 1)	9.38	15.50	18.0	TBM with EPB; clayey sand and sandy clay	Herández and Romera (2001)
4	Madrid Underground (Section 2)	9.38	17.00	21.2	TBM with EPB; clayey sand and sandy clay	Herández and Romera (2001)
5	Shanghai (Tunnel I)	11.20	24.54	650.0	Shield with mechanical excavating; silty clay	Hou et al. (1996)
6	Shanghai (Tunnel II)	11.20	24.50	17.9	Slurry shield; silty clay	Hou et al. (1996)
7	Lyon Metro, D line	6.27	16.40	13.5	Slurry shield; fine silty sands and clays	Kastner et al. (1996)
8	Jubilee Line, St James's Park	4.95	34.00	21.00	NATM; Lower London clay	Potts and Zdravkovic (2001b)
9	Tunnel in Japan	10.00	14.00	38.00	Highly jointed rock	Sakurai (1992)
10	Singapore, Southbound Tunnel	6.00	19.00	17.5	NATM; very stiff clay	Mair and Taylor (1997)
11	Mrazovka Adit, St. 4.859	3.76	15.58	18.5	NATM; highly jointed shale	Kamenicek et al. (1997)
12	Mrazovka Tunnel, St. 4.930	16.60	21.45	22.7	NATM; jointed shale	Rozsypal (2000)

9.3.5 건설과정의 모사

터널 건설과정은 굴착, 임시지보의 설치, 영구 라이닝의 설치 등의 건설단계를 포함한다. 이들 건설과정은 단계별로 분리하여 고려되어야 한다.

다음의 건설단계가 고려되어야 한다.

- $\beta = 0$ 및 강성감소계수 $\gamma_n = 0$으로 놓으면, 선정한 영역을 3D 또는 2D로 전단면 굴착함을 의미한다.
- 만일 $\gamma_n = 0.001$과 같이 작게 취하고, β_n이 응력해방의 정도(λ)에 따라 변화하는 하중감소계수라면, λ-법(9.3.3)에 의한 굴착면의 3차원영향을 2D 개념으로 모델링할 수 있다.
- λ-법으로 단계적인 응력감소를 고려하는 경우 응력해방계수를 $\lambda_n > \lambda_{n-1}$로 증가시키는 방법이 도입된다($\sum_{n=1}^{nn}(\lambda_n - \lambda_{n-1}) = 1$이며, nn은 응력해방 단계의 수이다). 이때 상관되는 하중계수 β_n은 다음과 같이 주어진다.

$$\beta_n = \frac{1 - \lambda_n}{1 - \lambda_{n-1}}$$

- 응력해방률 λ_n을 증가시키고, 하중계수를 $1 \geq \beta_n \geq \beta_{re}$의 범위로 변화시키면 지반반응곡선을 얻을 수 있다(Renati & Roessler, 1998). 여기서, β_{re}는 라이닝 설치와 관련되는 값인 λ_{re}에 상응하는 값이다.
- 적절한 탄소성해를 얻기 위해서는 주어진 β_n에 대하여 각 하중단계가 더 작고 많은 수의 하부 단계로 분할되어야 한다.
- 대개 라이닝 타설 전에 발생하는 최대 터널내공 변위에 관심이 집중된다. 첫 번째 단계에서 $\lambda_n = \lambda_{re}$ 및 $\beta_n = \beta_{re}$로 설정하여 무지보

상태의 내공 변위를 산정한다. 다음 단계에서 $\lambda = 1$, $\beta = 0$으로 라이닝을 설치한다. 이렇게 하면 라이닝 하중이 $\beta_{re}\sigma_o$가 된다. 여기서, σ_o는 굴착 전 초기응력이다.

- 라이닝은 초기응력이 '영'인 요소를 추가하여 표현한다. 2D 해석에서는 8절점 등매개 변수 사각형 요소, 또는 6절점 등매개 변수 삼각형 요소의 거동과 일치하는 3절점 보 요소 사용이 추천된다.
- λ-법은 전단면 굴착뿐만 아니라 단면분할굴착의 경우에도 적용할 수 있다(그림 9.6). 이 경우 첫 번째 굴착 영역에 대한 라이닝하중(그림 9.6의 천단부 라이닝)은 기 설정한 $\beta = \beta_{re}$에 상응한다. 나머지 영역은 앞 단계 굴착의 응력해방에 의해 영향을 받으며, 추가적인 라이닝 하중의 감소를 초래한다(그림 9.6의 바닥부 라이닝).

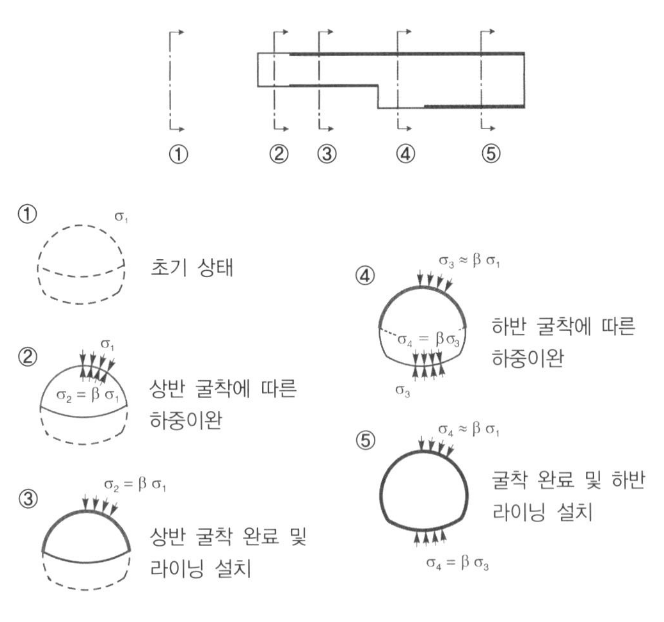

그림 9.6 λ-법으로 근사화한 단계별 굴착-건설 과정

β_{re}를 적절하게 선택하면, 터널 축방향으로 한 막장 굴착 길이의 영향(즉, 터널 굴착면으로부터 지보거리의 영향)도 모사할 수 있다. 하지만 이 값을 결정하기 위해서는 적절한 현장계측 값이나 3차원 해석 결과를 이용할 수 있어야 한다.

- β_{re}의 값은 주어진 측정 체적손실 V_l^{meas}에 상응되게 결정되어야 한다. 체적손실은 비교할 만한 지반조건에 건설된 유사한 현장계측 결과로부터 유도될 수 있다(Mair and Taylor, 1997). 체적손실은 $V_l = V_s/A$로 정의되며 여기서 V_s는 지표침하곡선이 이루는 터널 축방향 단위 길이 당 침하면적, A는 터널의 단면적이다.

β_{re}는 λ-법에서 λ_{re}를 점진적으로 증가시키고, β_{re}를 감소시키는 시행착오법(trial and error)으로 구할 수 있다. 주어진 β_{re}에 대한 해석을 수행하여 지표침하면적 V_s와 체적손실 V_l를 구하고 이를 측정 체적손실 V_l^{meas}와 비교하면 된다.

계측된 체적손실은 주어진 지반조건에 대하여 적용한 굴착 및 지보방법과 굴진율의 적합성을 내포한다. 이런 관점에서 1982년에 발표된 O'Reilly and New의 V_l^{meas} 계측 자료와 1997년 발표된 Mair and Taylor의 데이터를 비교하는 것은 흥미롭다. 1982년 0.5~20%(최대 40%)이던 V_l^{meas}이 1997년에 이르러 0.5~2%(최대 4%)로 줄어들었다. 이러한 정보들을 종합하면 터널 설계에서 λ-법은 상당한 확신을 가지고 적용할 수 있다.

그러나 이를 적용할 수 있는 범위는 런던과 같이 V_l^{meas} 데이터가 충분한 지역에 국한되어 있다. 체적손실 계측자료가 없는 지반은 건설과정을 모사하기 위한 3D 해석을 고려할 수 있다.

그림 9.6과 같이 숏크리트 터널(NATM, sprayed concrete tunnel)에 대한 3D 해석을 수행하고자 한다면 다단계 단면분할 굴착이 고려되어야 한다. 우선 $\beta = 0$, $\gamma = 0$ 조건으로 주어진 1회 굴착 길이에 대한 요소제거 기법으로 3D 전단면 굴착해석을 수행하고, 요소 추가 기법으로 라이닝을 설치한다. 이때 설치되는 요소의 초기응력은 '영'이다. 숏크리트 라이닝은 20절점의 얇은 브릭(brick)요소로 모델링할 수 있다.

2D 근사 모델링법과 달리 3D 모델링은 실제 건설과정을 다음과 같이 세밀하게 표현할 수 있다.

- 주어진 K_o에 대하여 정확한 응력 상태를 재현하여 고급 구성 모델의 적용이 가능하다.
- 굴착면의 안정과 굴착면이 지표침하에 미치는 영향을 평가할 수 있다.
- 굴착면으로부터 지보재 거리의 영향이 내공 변위 수렴 및 라이닝 하중에 미치는 영향을 평가할 수 있다.
- 주어진 막장거리(관찰기준단면에서 막장까지 거리, face distance)에 상응하는 감소계수 β_n을 결정할 수 있어, 3D 해석과 동시에 λ-법의 적용에 필요한 정보를 제공한다.

터널 건설과정을 3D로 모델링하는 또 다른 중요한 특징으로, 굴착으로 인한 불균형력은 항상 굴착면에 작용하며 라이닝 하중은 응력의 전이에 의해서 발생한다. 이 경우 터널 건설의 2D 모델링에서 흔히 발생하는 문제점인 터널 바닥부 라이닝의 비현실적인 팽창거동(unrealistic heave)은 나타나지 않는다. 쉴드 TBM 터널에 대한 3D 모델링은 터널쉴드에서 건설(erection)되는 세그먼트 지보재를 모사하여야 하므로 훨씬 더 어렵다. 게다가 세그먼트를 굴착벽면에 설치할 때 분절된 세그먼트 거동을 정확히 고려하는 것이 필요하다. 이런 건설과정의 모델링은 어려울 뿐 아니라, 결과적으로 3D 해석에 소요되는 노력을 정당화하기도 어렵다.

9.3.6 수리문제 : 터널에 관련된 지하수 문제

지하수로 포화된 지반에서 터널을 굴착하면 굴착경계면이 대기압 조건이 되므로 터널 굴착면을 향해 흐름이 일어난다. 마치 터널이 배수관처럼 흐름 통로 역할을 하게 된다. 터널로 침투가 일어나면 지하수위 저하, 인접한 우물수위 감소(심지어 고갈), 압밀로 인한 지반침하 등이 야기된다. 넓은 의미에서 이러한 환경적인 영향 외에도 다량의 지하수 유입은 굴착공사 자체를 방해할 수 있다. 지하수의 유입은 지반의 유효응력을 감소시켜 전단저항을 감소시키고, 굴착면을 향한 침투력의 발생, 지반 내 미세입자를 이동시켜 터널의 안정과 변형에 영향을 미칠 수 있다. 저투수성 지반에서 지하수 유출은 시간 의존성 거동을 야기하는 주요인이다. 게다가 연약지반에서 굴착면을 향한 침투력은 터널 굴착면의 안정을 저해할 수 있다. 그림 9.7은 지하수위 아래서 터널을 굴착하는 경우 야기되는 전형적인 문제점들을 정리한 것이다.

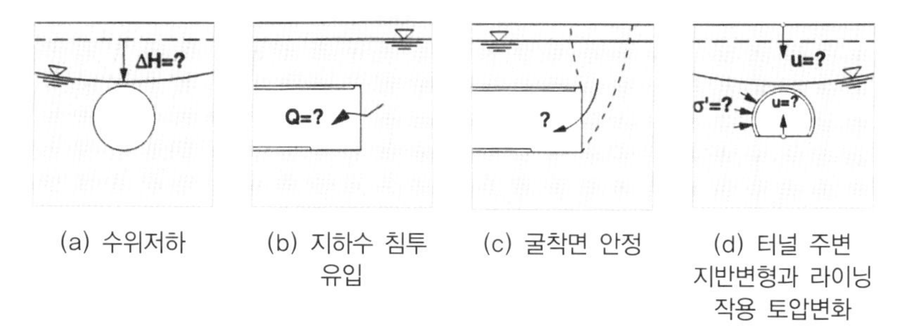

그림 9.7 지하수 아래 터널 건설에 따른 문제점

수치해석은 터널 굴착 중 지반 거동에 관한 유용한 정보를 제공할 수 있으므로 중요한 설계도구이다. 대상 문제의 설계 특성에 따라 침투(흐름) 수치해석, 응력해석, 응력-침투 결합 수치해석이 수행되어야 한다.

9.3.7 경계 및 초기조건

수치해석의 완성도를 높이기 위해서는 초기응력장뿐만 아니라, 초기 수리조건도 분명히 정의되어야 한다(일반적으로 원지반 지하수위 H를 기준으로 균질하다고 설정한다). 지반-터널-라이닝 상호거동(그림 9.8)을 조사하는 경우, 역학거동과 관련한 경계조건(변위고정조건 또는 하중재하조건) 설정 시, 유효응력 개념으로 경계조건을 설정할 것인지, 전응력 개념으로 설정할 것인지 구분하는 것이 중요하다. 터널 라이닝의 변형은 라이닝에 작용하는 전응력에 의존하는 반면, 지반거동은 유효응력에 의존한다. 사소해 보이지만 이것이 오차의 원인이 되는 경우가 흔하다.

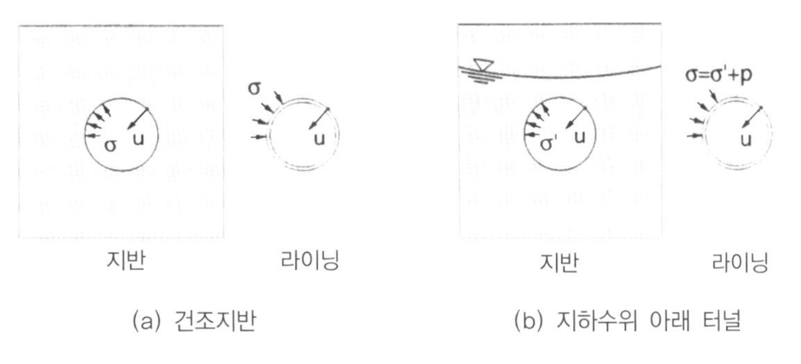

그림 9.8 지반-지보 상호작용

그림 9.9와 그림 9.10은 전형적인 수리 경계조건이다. 모델의 최외곽 경계면[그림 9.9(a)의 BCDA]에서 수두 Φ는 원지반의 수두를 유지한다고

가정한다. 모델이 대칭이어서 반단면만 해석하는 경우 대칭면에서 흐름이 없다고 설정한다[$Q = 0$, 그림 9.9(b)]. 지하수 저하가 예견되는 경우 모델 최외곽 경계의 수리 경계조건은 응력경계조건보다 훨씬 중요하다(Arn, 1987). 일반적으로 터널 외곽경계를 터널 중심으로부터 멀리 잡을수록 지하수위 저하가 커지는 결과가 나타난다. Arn(1987)과 Anagnostou(1995b)의 수치 해석 결과에 따르면 모델 외곽경계는 터널로부터 적어도 터널 직경의 15~20배 떨어져 있어야 한다.

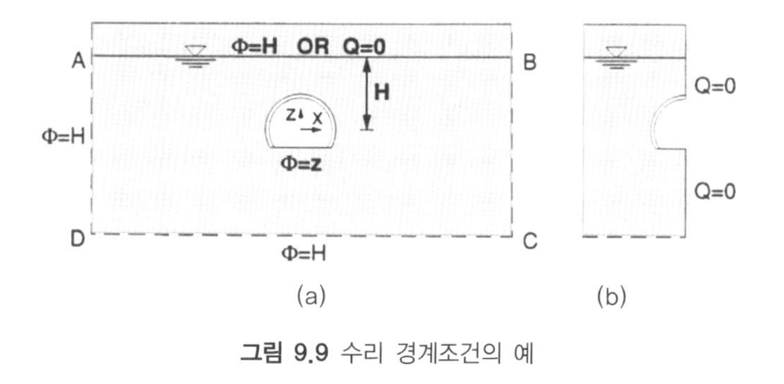

그림 9.9 수리 경계조건의 예

수위 AB를 따른 경계조건은 수리 지질조건(hydrogeological conditions)에 따라 달라 질 것이며 시간에 따라 변화할 것이다. 결과적으로 2가지 중요한 경계조건을 검토해볼 수 있다. 첫 번째로 강우, 인접한 하천, 호수, 우물 등으로 수위가 일정하게 유지되는 경우이다. 이때, 수리 경계조건은 AB를 따라 수두를 일정하게($\Phi = H$) 둔다. 이 경우 터널 굴착은 주변지반의 간극수압 감소를 야기한다. 두 번째는 지하수의 보충이 이루어지지 않아 지하수위가 저하하는 경우이다. 수위저하는 자유면(free surface) 수리경계를 도입함으로써 구할 수 있다(Bear, 1972). 이 방법은 유한요소 메쉬 크기를 변화시키므로 결합 수치해석에는 적절치 않다.

더 좋은 방법은 자유면을 포화지반과 불포화 지반이 연속되는 경계로 고려하는 방법이다(Marsily, 1986). 자유면은 압력 p가 대기압($p=0$, $\Phi=z$)인 면으로 정의한다. 지하수의 외부 유입(보충)을 '영'으로 가정하므로 AB는 흐름이 없는 경계조건으로 설정한다($Q=0$).

굴착면이 오픈된 경우 대기압이 작용하여 유출면이 된다. 하지만 슬러리 쉴드나 토압식 실드의 경우 굴착전면이 필터 케익 또는 실질적인 투수제어로 불투수 조건이 되는 경우 흐름이 '제로($Q=0$)'인 수리 경계조건이 적용되어야 한다(Anagnostou & Kovári, 1996, 1999). 방수막이 설치된 경우 터널 벽면에서 흐름 제로 조건($Q=0$)을 적용한다[그림 9.10(c)]. 오픈 굴착면[그림 9.9(a)의 터널 바닥], 투수성이 큰 배수층을 포함하는 면[그림 9.10(d), 9.10(e) 라이닝 미타설 굴착면] 흐름이 일어나는 수리 경계조건($p=0$ 또는 $\Phi=z$). 이 경계조건은 투수성 압력 의존성 거동과 조합하여야 물이 터널로 흘러나오는 것(터널 밖으로 흘러나가는 것이 아닌)으로 모사할 수 있다. 이들 단순 수리 경계조건 외에도 대기노출 지표면과 같은 특정 유형의 문제들을 해석하기 위한 복합 경계조건 모델이 제안되었다(Anagnostou, 1995a).

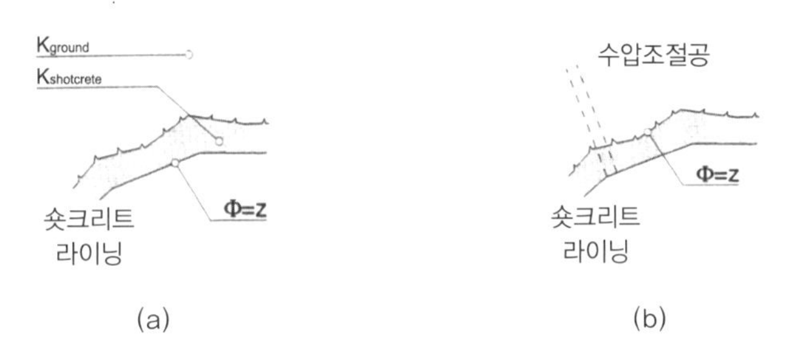

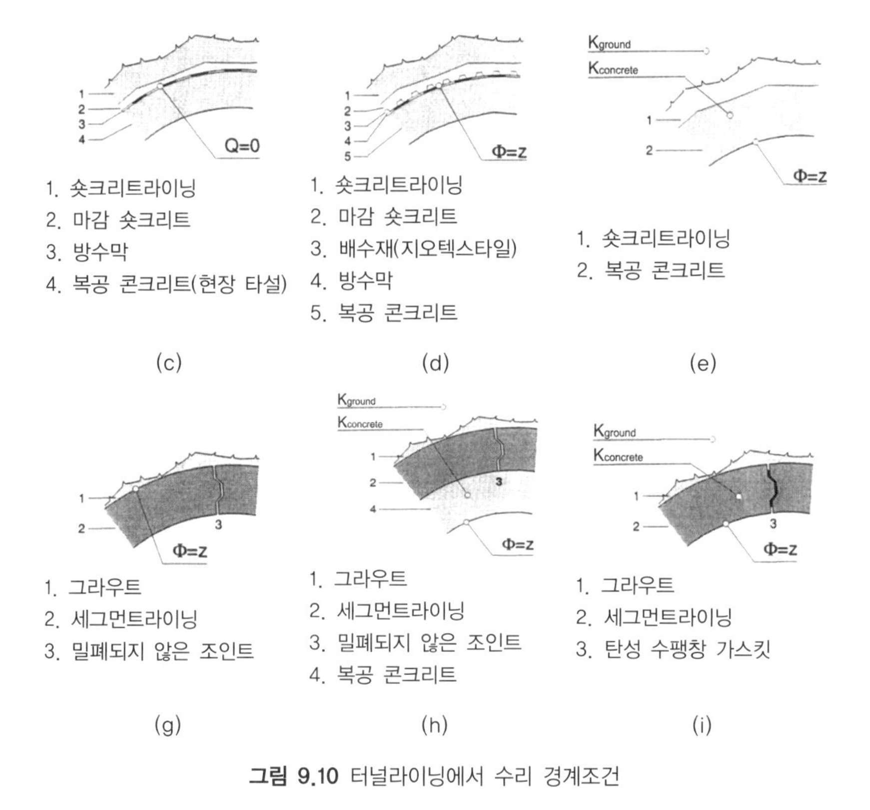

그림 9.10 터널라이닝에서 수리 경계조건

9.3.8 지하수위 저하 및 건설 중 침투

9.3.8.1 건설 중 지하수위 저하

지하수위의 저하는 터널 내 배출량이 지하수의 유입률보다 클 때 발생한다. 밀폐 쉴드(슬러리 또는 이토압식 쉴드)나 압축공기 쉴드를 제외한 터널 굴착면은 지하수 배출경계(대기압 작용)이다. 결과적으로 지하수의 유입은 터널 주변뿐 아니라 굴착전면을 통해 일어난다. 따라서 굴착 중

지하수위 저하를 평가하는 문제는 3차원 문제이다.

굴착면 부근의 수두 손실은 굴착 직후 발생하는 것이 아니다. 지반의 투수성이 낮을수록, 저류성이 클수록 정상 흐름 상태에 도달하는 시간이 길어진다(Marsily, 1986). 고투수성 지반의 경우, 굴진속도가 매우 느린 경우, 그리고 장기간 굴진을 정지하는 경우 침투흐름의 시간 의존성 거동은 무시할 수 있다. 이 경우 지하수위 저하 해석은 정상류(steady state flow)에 대한 3차원 흐름 해석을 수행함으로써 평가할 수 있다.

그러나 일반적으로 굴착진행과 함께 수두장(hydraulic head field)의 변화가 일어나므로 부정류(transient flow) 해석이나 결합(coupled) 해석이 요구된다(Goodman et al., 1965).

수두장의 시간에 따른 변화정도는 굴진속도(v)와 지반투수계수(k)의 비에 의해 지배되므로 차원 검토로 쉽게 확인할 수 있다. $v : k$ 비가 클수록 굴착으로 발생되는 수두장의 교란은 더 작아진다. 예를 들어 저투수성 지반에서 고속 굴착 후 굴착면 주변에 불투수 라이닝을 설치하는 경우 수위는 건설의 영향을 거의 받지 않을 것이다.

Anagnostou(1995b)는 터널 굴진문제에 대한 다른 접근법을 다루었다. 극히 단순한 접근법으로서, 공간적 흐름 영역을 고정시킨 다음 굴착에 부합하게 순차적으로 요소를 제거하는 유한요소해석을 수행한다. 어떤 시간 단계에 이르면 수두장이 준 정상류 상태(qusi-steady state)에 도달할 것이다. 굴착면이 고정되어 있으므로 이 상태는 개념 기준으로 볼 때 정상상태에 해당한다. 이 방법은 표준 유한요소 코드를 수정하지 않고 지하수위 아래의 터널 굴착을 모사할 수 있는 장점이 있다. 하지만 문제점도 분명하다. 준 정상류 상태의 계산은 매 시간 증분단계(time-step)에서 비선형 계산을 위한 수많은 반복계산(iteration)이 요구된다. 굴착면에서 수두경사가 크므로 유한요소 메쉬를 매우 조밀하게 구성해야 한다. 이는 방정식의 크기를 과대하게 증가시킨다. 게다가 굴착에 따라 제거대상 요소를 단계적으로 비활성화하므로 투수계수행렬을 매 증분시간 단계마다 업데이트하고 재구성하여야 한다.

Anagnostou(1995b)의 접근법을 좀더 고찰해보면, 확산방정식(diffusion equation)이 사용되고, 굴진속도를 추가 변수로 포함하고 있어 기존의 유한요소 코드에 쉽게 구현할 수 있다. 이 방법은 준 정상상태의 수두상태를 단일 계산 절차로 얻을 수 있으므로 계산 시간과 수치해석적 안정성 및 정확성에서 상당한 이득이 있다.

위에 설명한 두 방법에서 지반변형은 비저류 계수를 이용하여 간접적으로 산정할 수 있다(Marsily, 1986). 개념적으로 볼 때 수리-구조 결합 모델이 보다 타당할 것이다. 비결합 해석은 전응력 텐서의 첫 번째 불변량($\sigma_1+\sigma_2+\sigma_3$)이 일정하다고 가정하는 것이며 이는 아주 특별한 경우에만 타당하다.

그림 9.11은 굴진속도가 지하수위 저하에 미치는 영향을 조사한 매개변수 연구 결과이다. 이 결과는 해석 결과를 선택(부정류 해석 vs 정상류 해석)하는 데 유용한 참고기준으로 활용할 수 있다. 일례로 무차원 변수 Dsv/k가 0.1보다 작은 경우 굴진속도의 영향은 무시할 수 있으며 결과적으로 수위저하는 비교적 간단한 정상침투해석으로 평가할 수 있다.

9.3.8.2 건설 중 유입량

굴착면 주변의 지하수 유입은 건설작업을 심각하게 방해한다. 유입량은 3D 정상침투해석을 실시하여 평가할 수 있다(즉, 터널 굴착과정 해석이 불필요하다). 유한요소 변수해석에 따르면(Anagnostou, 1995b), 굴진속도는 저투수성 지반의 경우에만 영향을 미친다. 실제로 이런 지반에서는 유입량이 거의 없다.

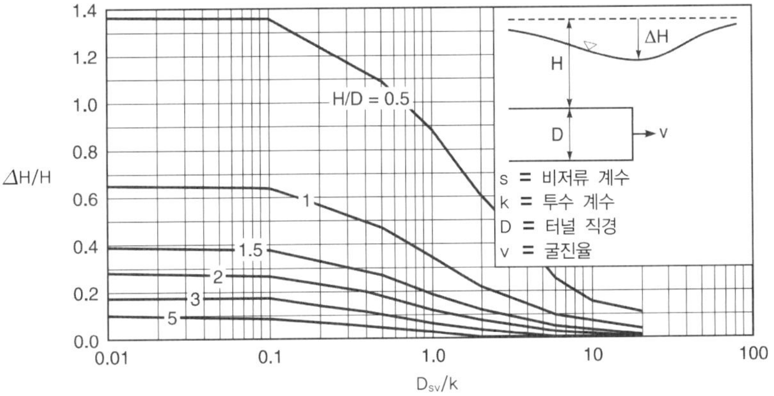

그림 9.11 불투수 라이닝 터널에서 수위저하(Anagnostou, 1995b)

9.3.8.3 운영단계의 침투

장기조건을 고려하면, 지하수위저하는 그림 9.9, 9.10의 경계조건 2차원 정상류 해석으로 검토할 수 있다. 이러한 조건은 터널의 배수 시스템을 설계할 때 유입량 산정에 적용할 수 있다. 3차원 흐름 해석은 터널 축 방향으로 짧은 구간에서 수리지질학적 조건이 현저하게 변화하는 경우에만 필요할 것이다. 일반적으로 도시 지역에서는 지속배수 또는 지하수위의 지속적 저하상태를 허용하지 않을 것이므로 유의할 필요가 있다.

9.4 깊은 굴착저면

지지굴착 해석에 대한 많은 연구가 문헌을 통해 보고되었고, 그중 상당수는 Duncan(1994)이 목록을 정리하였다. 다음은 이 주제에 대해 매우 유용한 자료이다.

- Gens(1995)–깊은 굴착으로 인한 거동예측, 측정 결과 및 설계
- Hight and Higgins(1995)–굴착으로 인한 지반거동 예측의 실제

9.4.1 빌딩하중, 건물강성 및 상재하중의 모델링

상재하중은 모델링하고자 하는 특정 상황과 일치하도록 모델링되어야 한다. 하지만, 대부분의 경우에 건설교통하중, 옹벽에 인접한 적재재료와 같은 상재하중도 포함되어야 한다. 일례로 BS 8002(1994)는 상재하중으로서 10kN/m^2을 고려하도록 제시하고 있다.

옹벽배면 뒤채움토의 다짐압력은 중요한 부가하중일 수 있다. Clayton and Symons(1992) 이 압력을 산정하는 방법을 제시하였다.

교란이 없는 원지반(greenfield)과 비교할 때, 건물의 강성이 옹벽과 지반의 거동을 변화시킨다는 데 이견이 없다. 이 문제는 터널 건설과 관련하여 다음과 같은 방법으로 조사되었다.

- Potts and Addenbrooke(1997) : 구조물의 휨 및 축강성과 기초 폭 그리고 지반강성을 조합한 상대 강성 변수를 도입한 설계곡선 제시
- Simpson(1994) : 유한요소법을 이용하여 구조물과 지반과 함께 모델링

9.4.2 지반/옹벽 경계면 거동

지반-구조물 경계면 거동 모델링에 대한 가능한 대안들은 제6장에서 다루었다. 여러 대안 중에서 두께 '0'인 경계요소가 아마도 가장 널리 사용되는 방법일 것이다.

Powrie et al.(1999)는 지반과 벽체구조물간 거동은 특별한 경계요소로 고려하지 않을 경우 발생하는 문제점들을 지적하였다. 강성 Boulder 점토에 설치되는 옹벽을 탄소성-Mohr Coulomb 모델로 해석한 결과 벽체 상부에 부(-)의 모멘트가 발생함을 보였다. Powrie et al.(1999)은 이 문제를 해소하기 위해서 경계면 가까이의 지반 강성을 줄일 것을 제안하였다. Long and Brangan(2001)은 이 방법으로 단단한 빙적토(hard gracial till) 지반의 옹벽에 대한 역해석을 실시하여 이러한 접근법이 타당함을 보였다.

9.4.3 버팀보 및 앵커의 모델링

버팀보(prop)나 앵커에 대한 다양한 모델링 방법들이 시도되었다. 버팀보가 벽체 외부로 설치된 경우라면 설치된 방향으로 강성을 갖는 선형탄성 스프링 요소로 모델링하는 것이 편리할 것이다. 버팀벽이 콘크리트 슬래브로 이루어져 모멘트 전달이 가능한 구조라면 2D 고체 요소로 모델

링할 수 있다. 하중분포는 적분점의 압축응력으로부터 구할 수 있다. 앵커는 봉 요소로 모델링할 수 있으며, 프로그램으로 초기 앵커 응력(pre-stress)에 부가되는 힘을 산정하는 것은 어렵지 않다.

보 요소는 각 회전뿐만 아니라 변위 자유도를 가지므로 모멘트와 축력 둘 다 전달할 수 있다.

영구 슬래브와 벽체간의 조인트를 모델링하는 경우라면 사각형 요소를 이용한 완전결합이나 삼각형 요소를 사용한 핀 연결로 모델링할 수 있다(그림 9.12).

버팀 부재의 경우 온도영향은 실질적인 하중을 발생할 수 있어 매우 중요하다. Powrie and Batten(2000), Boone and Crawford(2000)는 온도 영향에 대한 모델링을 상세히 다루었다.

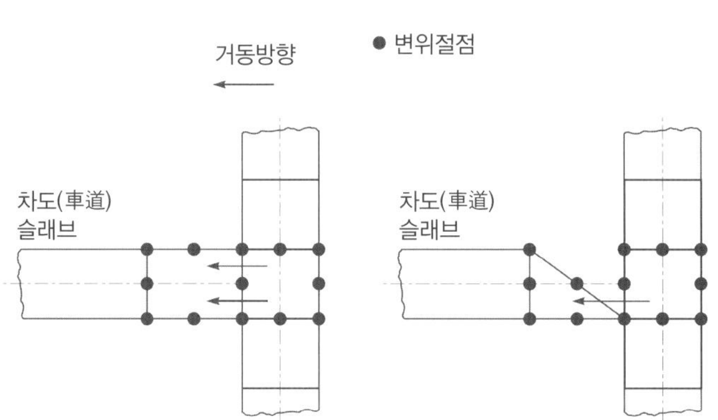

그림 9.12 벽체와 슬래브 간 연결 상세

모든 경우에 대하여 수계산으로 절점하중을 검토하여 평형조건이 만족되는지 확인하여야 한다.

9.4.4 깊은 저면굴착에 따른 지반거동의 예측

깊은 저면굴착으로 인해 야기되는 벽체와 지반의 거동을 적절히 예측하기 위해서는 선형탄성을 가정하는 구성 모델을 사용하면 안 된다는 인식이 보편화되었다.

Gen(1995)은 발표된 연구들을 검토한 결과, 특히 강성지반과 관련한 깊은 굴착문제의 경우, 벽체의 수평거동은 지반구성 모델의 선택에 크게 영향 받지 않음을 확인하였다. 하지만 이는 지반의 수직변위와 완전히 다른 문제이다. Burland and Hancock(1977)은 런던의 New Palace Yards의 깊은 굴착문제를 통해 이를 확인하였다. 그들은 선형탄성을 가정하여 실제 측정결과와 비교적 정확하게 일치하는 최대 변위를 예측하였다. 하지만 거동의 패턴은 일치하지 않았다. 이것이 의미하는 바는 Big Ben 타워가 실제 일어난 거동과 정확히 반대 방향으로 기울진다는 것이었고, 또한 선형탄성 모델은 벽체 앞굽의 거동을 과대하게 예측하는 경향이 있다는 것이다.

이런 환경에서, 특히 작은 변형률(small strain) 범위에서, 구성 모델은 비선형탄성을 고려하여야 한다. 구성 모델은 선정할 때 다음 사항을 고려한다.

- 지반의 비선형성
- 굴착으로 인하여 지반에 발생하는 실제 변형률
- 지반강성의 결정 방법

9.4.4.1 지반의 비선형성

지반강성이 비선형이며 변형률 증가와 함께 현저히 감소한다는 사실은 잘 받아들여지고 있다. 이 거동을 표현하기 위한 S-형 곡선의 개념은 문헌에 잘 정리되어 있다.

9.4.4.2 깊은 굴착으로 인한 실제 발생 변형률

깊은 굴착으로 지반에 일어나는 실제 변형률은 매우 작음을 인지하여야 한다. 그림 9.14는 벽체 높이(H)의 0.2%에 해당하는 벽체 변형으로 야기되는 예측 전단 변형률은 0.01%에서 0.1% 사이임을 보여준다. 벽체 높이(H)의 0.2%는 비교적 높은 수치이며, 따라서 실제 변형률은 이보다 훨씬 작을 것이다. 해석에 사용된 강성은 가능한 변형률에 부합하는 값이어야 한다.

9.4.4.3 지반강성을 결정하는 방법

그림 9.13은 옹벽공사 중 나타나는 일반적인 변형률 범위는 종래의 삼축시험으로 얻을 수 없음을 알 수 있다. 이는 삼축시험의 변위측정에 한계가 있기 때문이다. 이를 개선하려면 시료에 국부적 변환기(local transducer)를 장착할 수 있는 특수 삼축시험 장비가 필요하다. 만일 변형률이 0.001%보다 작은 범위의 강성이 필요한 경우 공진주 시험(resonant column tests) 또는 벤더 요소를 채용하는 삼축시험이 필요하다.

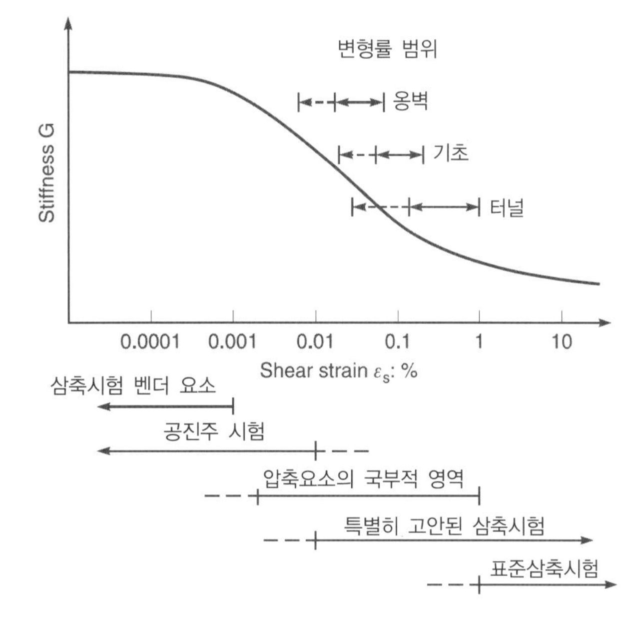

그림 9.13 지반강성을 신뢰성 있게 측정할 수 있는 시험법의 변형률 범위

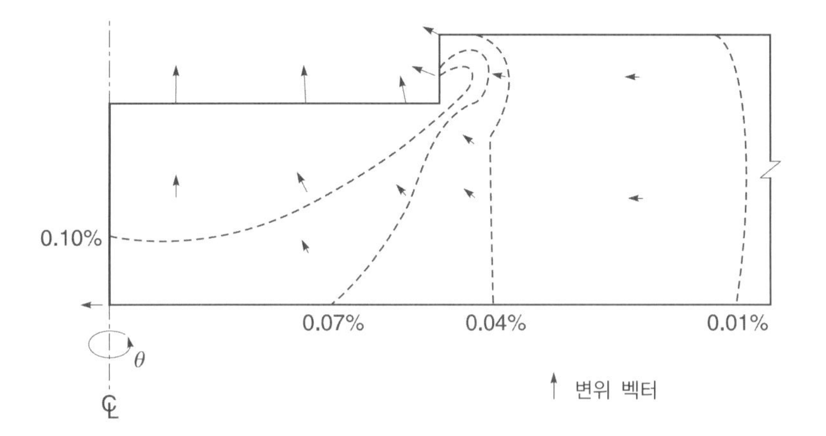

그림 9.14 굴착면 주변 변형률 등고선(Simpson et al., 1979)

지반시료의 역학적 거동이 현재의 응력 상태 및 과거 응력 이력에 따라 달라지므로, 해당부지의 지반시료가 경험한 응력 경로를 따라 시험한 결과로부터 강성을 구하는 것이 중요하다. Ng(1999)은 이 문제의 접근법을 다루었는데 그림 9.15에 이를 보였다.

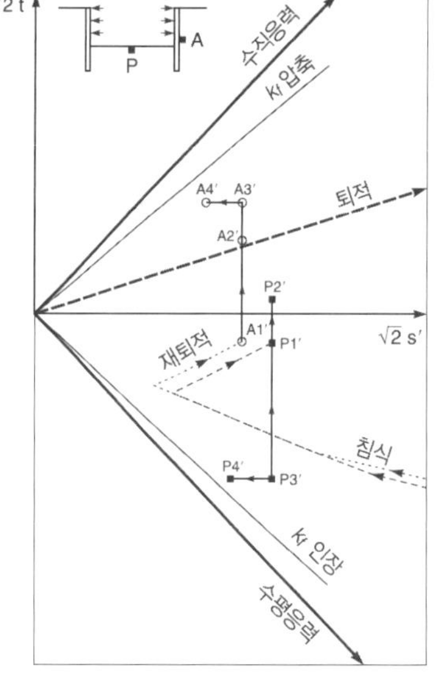

(a) 유효응력 경로

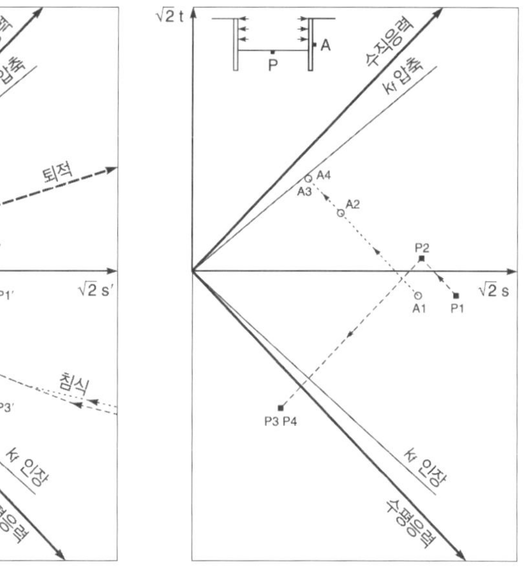

(b) 전응력 경로

그림 9.15 굴착으로 인한 응력이완 응력 경로(after Ng, 1999).

Hight and Higgins(1995)은 다음의 영향요소들이 산정한 지반변수에 미치는 영향을 조사하였다. 그들은 지반거동의 예측을 개선하기 위하여 이들 변수에 대해 보다 심도 깊은 이해가 필요함을 강조하였다.

- 지반의 조직구조(fabric)의 영향
- 시료교란의 영향

- 초기 이방성
- 발생 및 발전 이방성
- 재하속도 및 시간영향

9.4.4.4 구성 모델

비선형 및 미소 변형률 강성을 고려한 해석을 수행할 수 있는 많은 상업용 프로그램이 있다. 해석 예는 Simpson et al.(1979), Simpson(1992), Gunn(1992), Stallebrass & Taylor(1997), Jardine et al.(1986), Jardine et al.(1991)에서 확인할 수 있다.

9.4.4.5 항복면

이방성 항복면에 대한 고려는 연약 및 중간 강성의 지반에 대한 깊은 굴착해석 시 그 결과에 매우 중요한 영향을 미친다. 그림 9.16과 같이, 아주 실질적인 이방성 운동경화 모델(bounding surface model)을 채택하면, 지반의 주 항복이 항복면의 수동 영역(굴착)에서 발생한다.

9.4.5 수위저하 및 수위 아래 굴착

지하수로 인한 하중은 옹벽 벽체에 작용하는 매우 중요한 하중성분이다. 하지만 지반조사 보고서에는 관련 정보가 부족한 경우가 많다. 이런 문제를 해소하기 위하여 BS8002 : 1994는 설계 시 보수적인 지하수 조건을 가정하도록 제안한다.

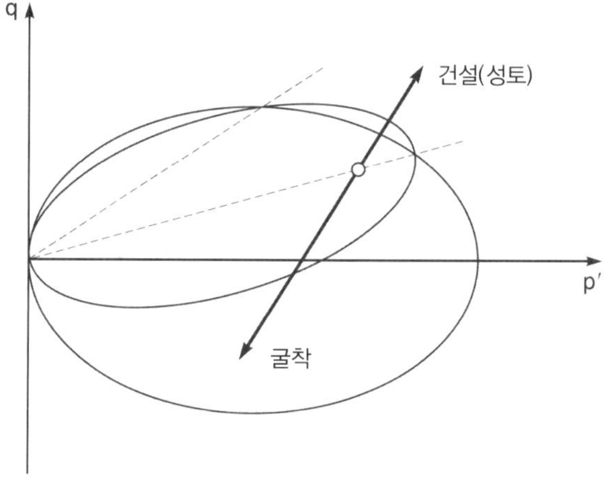

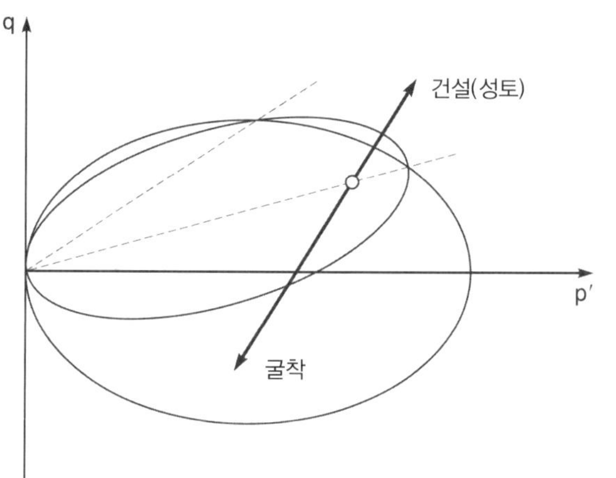

그림 9.16 항복면의 형태에 따른 굴착(수동 측)과 건설과정의 응력 경로

9.4.6 벽체 설치 과정, 굴착 및 간극수압 변화의 모델링

지중연속벽, 현장 타설 말뚝이 지지하는 옹벽설치를 해석할 때 취하여야 할 3가지 모델링 기법이 있다.

(a) 벽체가 이미 원하는 위치에 설치된(wished in place) 것으로 가정하여 해석을 시작

(b) 교란 없는 원지반 상태로 해석을 시작하고, 실제 건설 시간 및 과정에 부합하게 지반과 콘크리트 구조 요소의 물성을 변경

(c) 교란 없는 원지반 상태로 해석을 시작하고 지반의 굴착, 콘크리트의 타설과 양생에 이르는 과정을 모사

Higgins et al.(1989)는 Bell Common 터널 옹벽에 대한 비배수 단기거동 해석과 간극수압 변화로 장기거동을 모사한 해석을 실시하면서 모델링 기법 (a)와 (c)를 비교하였다. Gunn et al.(1993)은 결합압밀해석을 수행하여 모델링 기법 (c)의 수치해석적 측면을 상세히 다루었다. 이들 해석 결과에서 때로는 횡방향 간극수압과 유효응력이 공간적, 일시적으로 널뜀(oscillation) 현상을 보였는데, 이는 시간 간격의 선택에 유의할 필요가 있음을 의미한다.

Gens(1995)는 흙막이 버팀보가 굴착 전 기존의 수평응력과 상관있음을 지적하였다. 이는 구조물 응력이 벽체의 설치 및 건설 과정과 밀접한 관계가 있음을 의미한다.

Ng & Yan(1999) Cambridge의 Lion Yard 흙막이 공사에서 지중연속벽의 건설과정을 3D 해석하여 성공적인 모델링 결과를 보고하였다.

Waston and Carder(1994)는 타협안으로 단일 현장 타설 말뚝에 의하여 발생된 거동과 응력해방의 평가를 위한 축대칭 해석이 수행될 수 있음을 제안하였다.

9.4.7 벽체 구조물에 대한 구성방정식

벽체구조물은 일반적으로 선형탄성으로 모델링한다. 대부분의 경우에 이러한 가정이 적합하다. 콘크리트 벽체에 대하여, 영(Young) 계수는 콘크리트 코어를 채취하여 시험으로 구할 수 있다. 벽체의 휨모멘트를 산정할 때는 주의가 필요하다. 모멘트는 다음을 기초로 산정된다.

(a) 벽체 요소의 단면응력 분포
(b) 벽체 요소에 외적으로 작용하는 수평압력
(c) 벽체 요소들 사이에 작용하는 절점력
(d) 벽체 요소에 외적으로 작용하는 지반으로부터 절점력

맨 앞의 두 방법은 적분점에서 산정된 응력을 사용하므로 직관적으로 타당해 보인다. 그러나 응력 분포는 신뢰할 만하지 않다. 이들 두 방법으로 구한 값을 비교해보면 큰 차이가 있다(Powrie, 1991). 한편, 방법 (c)와 (d)는 절점력을 이용하는 데 앞의 두 방법보다 더 신뢰할 만하다.

Ng et al.(1992)는 부분 균열이 발생한 콘크리트 벽체에 대한 모델링 기법을 제안하였다.

9.4.8 의도하지 않은 과굴착(over-dig)의 모델링

많은 굴착공사에서 계획 굴착선을 초과하는 과굴착(여굴)이 발생한다. 이는 흔히 매설관 설치 시 발생하거나 부정확한 공사 관리에서 비롯된다. BS8002 : 1992는 과굴착이 0.5m를 초과하는 경우 이의 영향을 고려하도록 제안하고 있다.

10

유한요소해석의 한계와 함정

10.1 개요

완전 수치해석(full numerical analysis)은 경계치 문제에 대한 여러 가지 요인이나 물성(변수, parameter)에 대한 영향을 조사하는 데 강력하고 다재다능한 도구이다. 여기에 최신의 그래픽 표현이 더해지면 수치해석법은 더할 나위 없이 근사한 방법처럼 보인다. 그러나 수치해석은 대상 문제의 물리적 이해를 추구하여 얻은 결과가 아니라 단지 입력변수에 근거한 것임을 명심해야 한다.

수치해석은 이미 확인된 물리적인 문제의 이해를 증진하는 데 가장 유익한 방법이 될 수 있다. 수치해석 그 자체보다는 해석과정에서 대상 문제에 대한 이해를 넓히는 유익한 측면이 있다. 구성방정식과 물성을 다루는 과정에서, 그리고 실제 이론 모델링에서 피할 수 없는 부분인 경계조건과 이상화 등의 모델링 작업 과정에서 많은 직관과 영감을 얻는다. 매개 변수 연구(파라미터 스터디)를 수행함으로써 가장 중요한 거동인자의 상대적 영향을 조사할 수 있고, 이로부터 주어진 설계 상황에서의 예측 거동에 확신을 가질 수 있다.

완전 수치해석은 물리적 현상 설명을 위해 도입한 가정을 검증하는 데도 사용할 수 있다. 이 경우 수치해석은 축소 또는 실대형 모형시험과 조합되어야 한다. 이러한 조사는 현상물리의 학습을 목적으로 이루어지는 것이지, 때로 어설프게 진행된 시험에 대한 프로그램 검증을 목적으로 하는 것이 아니다.

완전 수치해석이 갖는 한계에 대하여 아는 것 또한 매우 중요하다. 수치해석은 의도적으로 포함하지 않은 물리적 현상을 예측할 수 없다. 보에 대한 구조해석이 좌굴 문제와 같은 2차 영향을 포함하지 않는 것처럼 말이다. 이 외에도 많은 한계가 있다. 주어진 경우에 대하여 때론 한계의 존재를 확인할 필요도 있다.

심각한 문제 중의 하나는 변형률 연화거동을 나타내는 재료를 모델링할 때 발생한다. 이 경우 수치해석은 명백히 아주 좁은 범위에서 일어나는 대 전단 변형률에 집중하게 될 것이며, 결과는 경계조건, 유한요소의 메쉬, 기하학적 형상에 의존하게 될 것이다. 변형률 연화거동을 하는 재료를 완전 수치해석으로 다루는 경우 세심한 주의가 필요하다.

심각한 어려움을 나타내는 또 다른 현상은 팽창성 지반재료의 비배수 거동(일정한 체적)의 모델링이다. 지반입자의 팽창성 거동을 비배수 거동과 함께 다루는 것은 비정상적 유효응력 상태를 야기하여 강도와 강성 값이 비정상적으로 된다. 따라서 고팽창성 지반재료의 비배수 문제를 다룰 때는 세심한 주의가 필요하다. 이 경우 지반재료의 구조에 대한 체적 구속 및 팽창거동 모두를 실제 상황에 적용하는 시험을 수행하여 검증하는 것이 매우 중요하다.

발생 가능한 세 번째 현상은 운동학적 거동 가능성과 이론에서 채택한 소성유동법칙의 불일치이다. 많은 자유도를 갖는 '고급' 요소를 사용함으로써, 변형의 패턴을 구속하는 결과를 초래할 수도 있는데, 이는 결국 해석 능력(Capacity)을 과소비하는 모양이 된다. 이는 변형함수에 의해 허용되는 변형 패턴과 소성유동법칙에 따른 변형 패턴 사이의 차이를 치유하기 위하여 재료가 탄성적으로 변형하여야 한다는 사실에서 기인한다. 소성상태에서는 때로 단순한 요소가 더 좋은 결과를 주기도 한다.

이상을 요약하면 완전 수치해석(full numerical analysis)을 수행하는 것을 강력히 추천한다. 하지만 해석 결과가 완전하게 실제거동을 대표한다고 믿어서는 절대로 안 되며, 쉽게 접할 수 있는 문제에 대한 적절한 검증을 통해 실제 경험 및 허용되는 공학적 실제와 충분히 비교되어야 한다. 또한 해석 대상 문제가 내포하는 수학적, 물리적 의미를 이해하려고 하는 노력이 강조되어야 한다. 일례로 해석 거동이 근본적 거동의 문제인가? 또는 특정 형태의 거동문제인가? 응력 및 변위장이 신뢰할 만한가? 또는 임의의 경계나 기하학적 조건의 영향을 반영한 것인지? 등에 대해 고찰하여야 한다.

최근의 컴퓨터는 입력변수나 결과에 대한 시각화 처리로 효과적인 검토가 가능하다. 지반공학 문제는 대단히 복잡(complexity)하므로 재료거동에 대한 점검이 강조되어야 하며, 이를 위해 선정한 물성(변수, parameters)을 이용한 역학시험 과정을 모델링해보는 방법이 선호된다. 설계상황의 실제적 모사를 위해 최소한 압밀시험, 직접전단시험, 단순전단시험 그리고 삼축시험(배수, 비배수 모두)이 입력물성의 모든 조합에 대해 모사되어야 한다.

프로그램의 성능검정을 위해 특정 벤치마킹 문제에 대한 시험해석을 실시해 보는 것이 유용하다. 이런 해석은 '공식적 검정 소프트웨어'로 수행된 이상적 검정과 달리 프로그램의 논리성과 수학적 성능 체크를 목적으로 한다. 프로그램 패키지와 최적 연습에 대한 검증의 필요성은 이 책의 제11장 검증시험에 예시하였다.

이 장의 다음 절부터는 완전 수치해석의 더 많은, 다른 한정적인 사항들을 중점적으로 다루고자 한다. 해석자가 주어진 해석에 대한 입력 및 출력 데이터를 체계화하고 표현하는 법에 대한 제언은 제8장에서 다루었다.

10.2 요소화에 따른 오차

이 절에서는 유한요소 메쉬를 작성하는 데 흔히 발생하는 오차를 다룬다. 여기서 다루지 않는 다른 형태의 오차는 2D 또는 3D 모델링에 따른 오차, 평면변형 및 평면응력 가정에 따른 오차 등을 들 수 있다. 또한 구성방정식의 부적합한 선택, 건설과정 모사의 부적절 등에 따른 오차도 있다. 이런 사항들은 이 장의 다른 절에서 다룬다.

다음에 설명하는 오차 유형에 유념하여야 한다.

10.2.1 부정확한 데이터로 인한 오차

이러한 유형의 오차는 절점, 선, 면적, 주요 위치 등을 정의하거나, 물성의 입력, 그리고 어떤 행위를 표현하는 데서 올 수 있다. 일반적으로 이들 오차는 프로그램 자체의 시각화 기능이나 연결정보 등을 확인하는 기능을 통해 쉽게 발견될 수 있다. 기하학적 형상, 지층 구성, 요소, 경계조건을 그래픽으로 처리하여 확인하는 것이 매우 바람직하다. 단위의 사용에 주의하여야 하며 국제단위계인 SI 단위계를 쓰는 것이 바람직하다.

10.2.2 해석 영역(메쉬)의 크기로 인한 오차

토질역학이든, 암반역학이든 지반공학문제를 해석하는 데 메쉬가 횡방향 및 수직 방향 면을 갖도록 요소화하는 것이 일반적이다. 이 경우 수직 경계면의 수평변위를 영으로 설정할 수 있으며, 모델의 바닥 경계에서는 모든 방향의 변위가 구속된 것으로 볼 수 있다.

전체 유한요소 메쉬의 범위(해석 대상영역)는 경계 도입으로 인한 영향이 과도하게 나타나지 않도록 설정하여야 한다. 일반적으로 이 조건을 만족하려면 해석 중 횡방향 경계 근처의 거동이 메쉬의 다른 부분과 비교하여 매우 작거나, 그 경계 부근에서 소성거동이 일어나지 않아야 한다. 모델 저면 경계의 경우도 응력 변화가 일어나는 주 관심 영역에서 충분히 떨어져 있어야 한다. 일반적으로 이 조건은 만족되지 않는 경우도 많다. 일례로 지하굴착 문제의 해석에서 저면 경계의 위치는 해석 결과에 지대한 영향을 미친다. 지반의 물성도 메쉬 경계를 설정할 때 영향을 미칠 수 있다.

10.2.3 해석 대상 문제 성상의 잘못 파악으로 인한 오차

거동에 중요한 영향을 미치는 아주 얇은 지층을 인식 못한 경우에 오차가 유발될 수 있다. 예를 들어 두 점토층 사이에 위치한 얇은 모래 또는 실트질 모래층을 고려하지 못한 경우, 압밀해석은 기대했던 결과와 전혀 다른 결과로 나타날 수 있다. 다른 유형의 오차가 인터페이스 요소를 사용할 때 발생할 수 있다. 이는 다음 절에서 살펴본다.

10.2.4 경계조건

일단 강성행렬이 조합되면 경계조건이 고려되어야 한다. 경계조건의 일부는 변위거동과 관계되고, 일부는 하중조건과 관계된다. 변위든 하중이든 경계조건은 전체 좌표계(global axes)로 정의되어야 한다.

대부분의 지반공학문제에서 횡방향 경계면의 수평거동은 구속되므로 수직거동만 하며, 모델 저면경계는 수직 및 수평거동이 구속된다. 메쉬의 특정 위치 또는 특정 영역에서 다른 형태의 거동 가능성이 고려되어야 한다. 또한 대칭조건을 이용하여 반만 해석하는 모델의 경우 대칭면에서 거동을 이해하고 있어야 한다. 예를 들어 모멘트를 받는 구조물은 대칭면에서 회전각을 '0'으로 설정하여야 한다.

설정된 조건이 전체 좌표계에 부합하지 않는 경우 축 변환 작업이 이루어져야 한다. 또는 조건들이 현재 활성화된 좌표계에 일치하여야 한다. 어떤 경우에도 모델(메쉬)의 전반 강체거동이 일어나지 않도록 경계조건을 설정하여야 한다.

선(line)하중, 상재하중, 체적력 등의 작용 또한 경계조건을 형성한다. 또한 건설과정은 건설에 따른 요소의 추가, 굴착에 따른 요소의 제거 등으로 관련되는 경계에 하중을 발생시킨다.

10.2.5 요소의 선택

응력–변형률 해석을 수행할 때 유한요소해석 프로그램의 사용자는 많은 의사 결정을 하여야 한다. 중요한 결정사항 중의 하나는 적정한 요소 형태를 선정하는 일이다(어떤 프로그램은 10종류 이상의 요소 라이브러리를 가지고 있기도 하다). 이런 측면에서 모델을 구상하는 단계에서의 단순화 작업은 모델의 기능이 올바르게 구현되도록 하여야 한다.

그 다음 사용자는 대상 문제에 가장 적합한 요소를 선정하여야 한다. 해석자는 어떤 요소가 가장 잘 맞는 이론인지 결정하는 데 관련 요인들을 설명하여야 한다. 해석자는 모서리 절점 요소 또는 중간 절점을 갖는 다 절점 요소 중 선택을 하여야 한다. 또한 축소 절점 요소(삼각형 요소, 프리즘 요소, 사면체 요소)를 포함할 것인지도 결정하여야 한다. 이들 요소는 모델의 기하학적인 문제 때문에 필요한 경우가 있다.

다절점 요소(multi-noded elements)는 모서리 절점만 갖는 단순요소보다 개선된 정확도를 제공한다. 유한요소 메쉬에서의 기능에 관한 한 모서리 절점과 중간 절점은 다른 특징을 갖는다. 그들 절점은 서로 공유되거나 연결될 수 없다. 즉, 한 요소에서 모서리 절점은 다른 요소의 중간 절점에 놓일 수 없다.

단순요소(평면변형조건의 3절점 삼각형 요소 또는 3차원 4절점 사면체 요소)의 형상함수는 선형이다. 그러므로 일정한 응력을 제공하며 일반적으로 응력 및 변형률 상태가 나쁘게 표현되는 결과를 초래한다.

요소의 형상, 특히 정상적인 모양(예, 등방 및 직각의 사각형, 사면체 요소)이 아닌 요소 형상은 결과의 질에 영향을 미친다. 일반적으로 메쉬의 요소는 규칙적이고 균등할수록 좋다.

예를 들면, 사각형 요소를 사용할 경우 가로·세로의 비는 20을 넘지 않는 것이 좋다. 마찬가지로 모서리에만 절점을 갖는 4절점 사각형 요소는 마주보는 두 변의 중점을 잇는 직선이 이루는 예각이 45~50도를 넘지 않는 것이 좋으며, 8절점 사각형 요소의 경우 30도를 넘지 않는 것이 좋다. 요소의 상·하면 평행성이 유지되지 않는 경우 결과에 부정적인 영향이 나타날 수 있다.

3차원 프리즘 요소의 경우 전반적 형상은 사각형 요소에 적용한 기준과 같이 요소 면의 기하학적 형상에 의해 결정된다. 요소의 서로 반대편에 있는 면의 무게중심을 잇는 선과 일치하는 면이 이루는 각(angle)과 같은 비틀림 계수의 제약이 있다. 정사면체의 경우 이 값은 '0'이다.

10.2.6 메쉬의 밀도와 정교화(refinement)

유한요소법이 근사해라고만 할 수 없다는 측면을 이해할 필요가 있다. 메쉬 내 최대 크기의 요소가 제로에 수렴할 정도의 작은 크기라면 연속해에 가까운 해를 얻을 수 있기 때문이다.

해석자는 메쉬의 크기와 요소의 밀도를 결정하여야 한다. 이 경우 대부분 그의 경험을 기초로 작업이 이루어지며 통상 해석의 정확도와 계산시간의 타협적 고려가 필요하다. 정확도에 의구심이 가는 경우라면 실제 상황에 부합하는 해를 보증하기 위하여 여러 개의 메쉬에 대한 해석을 수행하는 것이 필요하다.

해석 결과의 정확(유용)성은 Zienkiewicz and Zhu(1922)가 정의한 에너지 오차 놈(energy error norm)을 이용하여 평가할 수 있다. 오차와 관련한 이러한 고찰을 통해 응력 또는 변형률 집중이 일어나는 영역에 대한 메쉬 빈도를 조정할 필요 여부를 판단할 수 있다.

지반공학문제와 같이 대상 문제의 모델이 여러 개의 재료로 구성되어 있다면 재료경계의 공유절점에서 같은 거동이 일어나야 하므로 응력의 불연속성에 대한 고려가 필요하다. 이는 같은 재료로 이루어진 요소로 구성된 부분 영역에 대한 절점응력을 산정하는 것이 적절하다는 의미이다. 마찬가지로 에너지 오차 놈(norm)의 산정도 같은 재료로 구성된 부분 영역에서 이루어져야 한다.

메쉬가 요구되는 정확도를 제공하지 못할 때는 메쉬 밀도를 증가시키는 것이 필요하다. 초창기에 이것은 다음 두 방법으로 이루어졌다.

- 요소의 수를 그대로 두고(모서리 절점 요소인 경우), 요소 종류를 다 절점 요소로 변경
- 요소 수를 증가시킴

그러나 응력이나 변형률의 집중이 특정 영역에서 일어나므로 전체 메쉬의 밀도를 증가시키는 것은 불필요한 상황이 있다. 이 경우 특정 관심 영역의 메쉬 밀도를 증가시키는 방법이 사용될 수 있다.

매우 큰 요소의 경우 비선형 거동의 동적해석에서 모델을 두 부분으로 나누어서 해석을 수행하는 부구조법(substructuring)을 적용할 수 있다. 이 방법은 모델의 한(부분) 영역을 마치 큰 요소(macro element)로 모델링하는 것과 유사하다. 간편한 방법이나 부분 영역의 정확도가 떨어질 수 있다. 이 방법은 먼저 부분 영역을 한 요소로 표현한 전체 모델에 대한 해석을 수행한다. 다음으로, 메쉬 밀도를 보다 더 높여야 할 영역을 선정하여 요소 크기를 작게 한 부분 영역 모델을 만든다. 첫 번째 전체 영역에서 계산된 하중 및 거동과 일치하도록 전체 모델과 부구조 모델의

공유 경계 절점에 적용한다. 부구조 모델의 절점은 첫 번째 전체 해석 모델에는 나타나지 않으므로 경계조건을 결정하기 위하여 보간 작업을 수행하여야 한다.

10.3 평면변형률 해석 시 구조부재의 모델링

1970년대 및 1980년대에 다양한 상업용 유한요소 프로그램이 개발되기 시작하였다. 이들 대부분의 프로그램은 해석에 대한 광범위한 옵션을 제공한다(요소, 구성방정식, 건설과정의 모사 등). 심지어 3차원 해석까지 도입되었다. 그러나 이들 대부분은 대체로 구조해석을 위한 프로그램이다. 결과적으로 지반공학에 적용하기 위한 프로그램은 아닌 것이다. 이런 상황은 지반해석에 적용하는 경우 때때로 상당한 어려움을 주었는데 그 대표적인 예는 유효응력을 도입하여야 하는 경우, 횡 토압계수를 이용하여 초기응력을 설정하는 경우, 그리고 특정 건설단계에서 안전율이 요구되는 경우 등이다.

지난 15~20년부터 최근에 걸친 혁신적인 발전은 지반공학에 적용할 수 있는 프로그램의 출현이다. 이들 프로그램은 안정, 응력-변형률 및 압밀, 지하수 흐름에 관한 문제의 해석을 가능하게 해주고 있다. 이들 프로그램은 또한 건설과정이나 지반개량도 모사할 수 있다. 하지만 이들 프로그램의 중요한 문제는 평면변형률이나 축대칭을 가정한 2차원 해석만 가능하다는 사실이다. 의심할 것 없이 3차원 해석 프로그램이 존재하고 있지만 이는 지금까지 대부분 대학이나 연구 기관의 연구 영역에 국한되었던 문제가 있다.

평면변형률 및 축대칭 모델이 많은 지반공학문제(사면, 제방, 깊은 굴착, 터널 굴착 등)에 대하여 비교적 실제 현상을 정확하게 모사할 수 있지만, 특정 해석 문제에 대해서는 많은 요인들을 고려하여야 하거나 단순화가 필요하다.

이 절에서는 2차원 지반-구조물 상호작용의 해석에서 나타나는 구조 요소(옹벽, 터널 라이닝, 대상 기초, 버팀벽 등)의 모델링과 관련한 특정 측면을 설명하고자 한다.

대부분의 구조 요소는 흙의 거동을 나타내는 데 사용한 요소와 마찬가지의 2차원 요소(삼각형 또는 사각형 요소)로 모델링될 수 있다. 그러나 이 방법에는 불리한 점들이 있다. 일반적으로 구조부재는 두께가 작아, 결과적으로 2D 연속요소로 모델링하는 경우, 요소의 수가 크게 증가하게 된다. 구조물 요소를 너무 크게 모델링하면 요소의 크기에서 인접요소와 균형이 깨진다.

이런 불리한 점들을 고려하여 지반에 적용하는 컴퓨터 프로그램은 2차원 연속 지반 요소와 거동이 일치하는 구조 요소로서 보 요소를 제공하고 있다. 프로그램에 이용할 수 있는 보 요소는 통상 Mindlin Beam Thoery에 기초하여 유도된다. 이 요소는 전단 변형률을 고려할 수 있다.

여러 보 요소들이 개발되었다. 보 요소는 절점당 3개 자유도(1개의 각회전, 2개의 변위)를 갖는다. 선형의 형상함수를 갖는 2절점 요소가 가장 단순한 형태이다. 그러나 가장 흔하게 사용하는 보 요소는 형상함수가 2차 함수로 나타나는 3절점 보 요소이다.

2절점 및 3절점 보 요소 모두 완전 차수 적분을 수행할 경우 강성이 크게 계산되어 거동이 잠기는(구속되는) 현상이 일어날 수 있다. 로킹(locking) 방지를 위한 여러 기법들이 개발되어 왔다. 아마도 가장 유용하고 잘 알려진 방법은 감차적분일 것이다. 이 방법은 강성행렬을 구할 때 가우스 포인트를 모두 사용하는 것이 아니라 몇 개만 사용하는 것이다. 또 다른 방법은 강성행렬을 분할하여 휨(bending)의 영향과 전단영향을 분리하여 다루는 것이다. 여기에는 선택적 적분 기법이 사용된다. 즉, 휨에 대해서는 전체 적분점을 사용하여 강성행렬을 구하고, 전단강성을 구할 때는 감차 적분점을 사용한다. 변위와 회전에 대하여 (차수가) 각기 다른 형상함수를 사용하는 방법도 있다. 하지만 이 방법은 경우에 따라서 단순한 전단력 법칙을 적용할 수 없을 수도 있으므로 주의하여야 한다. 이 밖에도 문헌에서 다른 방법들도 참고할 수 있다.

옹벽, 대상 기초, 터널라이닝은 2절점 또는 3절점 보 요소 또는 그 보다 더 복잡한 요소(어떤 프로그램은 4차함수의 형상함수로 표시되는 5절점 보 요소를 제공한다)들로 모델링하는 것이 타당하다. 해석자는 EI 값(모멘트 강성, I는 단면 2차 모멘트, E는 Young 계수), EA 값(축 강성, A는 단면적), 포아송 비를 입력변수로 준비하여야 한다. 평면변형률 및 축대칭 해석에서 A 및 I는 보의 단위 폭 당 값으로 정의한다. 해석 결과로 단위 폭 당 모멘트, 축 및 전단력을 얻을 수 있다.

간혹 프로그램에 따라 단면형상을 사각형으로 가정하여 전단강성(kGA)을 산정한다. 이때, $k = 5/6$이다. 일례로 이 값은 사각형 단면에 대해서 타당하다. 하지만 쉬트 파일과 같은 철 구조물의 단면이나 세칸트 파일 및 주열식 파일(contiguous pile)의 경우 계산된 전단 변형률에 오차가 발생할 수 있다.

프로그램에 따라서는 최대 모멘트을 설정하거나 축력을 제한함으로써 구조 요소의 항복거동을 모사할 수 있다.

두 보가 만나는 점에서는 단 1개의 회전 자유도가 허용된다. 따라서 연결부의 강체거동으로 회전의 연속성이 성립한다. 힌지 연결을 정의하기 위하여 여러 기법이 사용될 수 있다. 해석 프로그램에 따라 이에 대한 옵션 범위가 다르다. 힌지 연결은 때로 같은 좌표계의 서로 다른 2개의 절점으로 정의되며, 각 절점에서 변위가 같아야 한다는 조건(수직 및 수평)이 적용된다.

또 다른 경우로 해석자가 직접 힌지 연결을 정의하도록 하는 프로그램도 있다. 보 요소는 모멘트나 전단력을 전달하지 못하는 핀 결합부재인 봉(bar) 요소에 연결될 수 있다. 이런 요소는 절점에서 두 자유도를 가지며, 단지 축력만 전달할 수 있다. 이는 스프링 요소와 유사하나 곡선 요소에 접했을 때 축력을 전달할 수 있는 이점이 있다. 깊은 굴착 시 버팀보(props)는 보, 바 또는 스프링 요소로도 모사할 수 있다. 실제로 버팀보는 벽제에서 수 m 안에 설치되므로 3차원 문제에 해당되나 통상 2차원으로 모델링한다. 버팀보의 설치간격은 단위 m 당 등가 강성개념으로 고려하여야 한다. 앵커를 스프링으로 모사할 때도 마찬가지 방법을 적용할 수 있다. 스프링은 축강성과 앵커간 거리를 고려하여 정의할 수 있다.

모델링 재료가 탄소성인 경우 최대 앵커력이 설정되어야 한다. 지반과 구조 접촉면의 거동을 표현하기 위해서 경계(인터페이스)요소를 도입할 수 있다. 어떤 지반-구조물 상호작용에서도 지반과 구조물 사이의 상대거동이 발생할 수 있다. 구조물 거동을 모사하는 보 요소와 지반거동을 표현하기 위한 2D 고체 요소 사이가 결합되어 있다면 이 상대거동을 모사할 수 없다.

옹벽, 기초, 터널라이닝 등의 구조물과 지반 사이의 상대거동을 고려하기 위한 다양한 방법들이 제시되었다. 어떤 방법들은 자체적인 특정 구성방정식을 갖는 연속요소를 사용한다. 또 다른 방법으로서 상대 절점을 연결(스프링)하거나 어느 정도 두께가 있는 절점(경계)요소를 도입하기도 한다. 다른 측면과 마찬가지로 시중의 해석 프로그램은 이러한 경계요소의 사용이 가능한 경우라도 이런 부분에 대하여 분명한 정보를 제공하고 있지 않다. 기껏해야 구조물 주변 요소의 전단강도 변수를 감소시키는 계수를 제공하는 수준이다.

경계요소의 모델링은 매우 중요한 주제이다. 해석자는 충분히 연구해서 매 경우마다 도입 여부를 결정해야 하며, 경계요소가 구조물 요소의 모멘트, 축력 및 전단력, 변위거동에 미치는 영향을 반드시 알아야 한다.

0(zero)의 두께 경계요소는 때로 인접 요소 간(지반 및 구조물) 강성의 차에 따라 수치해석적 오류를 야기한다.

10.4 건설과정의 문제

어떤 지반문제는 건설과정을 표현하기 위한 요소를 도입하게 되므로, 메쉬의 기하학적 형상을 해석 중 변화시키는 것이 필요하다. 일례로 제방에 대한 응력-변형률 해석을 수행하거나 다단계의 건설과정의 고려, 제방이 설치될 지반의 개량 등의 경우가 이에 해당한다. 또 다른 전형적인 예로 굴착이 진행되는 동안 흙막이 벽체의 변위, 전단력, 그리고 휨모멘트를 해석을 들 수 있다.

이와 관련된 지반 문제들의 모델링은 제7장에서 다루었다. 여기서는 단지 지반 모델링 요소인 고체 요소의 활성화 및 비활성화와 관련된 몇 가지 측면만 다루기로 한다.

지난 몇 년간 몇몇 프로그램은 요소의 추가(도입)와 제거, 좀더 정확히 말해 요소의 활성화와 비활성화 기능을 추가해왔다. 하지만 지반문제를 해석하는 프로그램들이야말로 건설과정을 모사하기 위해 이런 기능을 가장 잘 발전시켜왔다.

여러 제언과 고려 사항 중에서도 건설과정을 해석하고자 하는 해석자는 다음 사항들을 고려하여야 한다.

건설과정의 특정 시점에 설치(활성화)되어야 하는 요소들은 최초 메쉬를 작성할 때부터 포함되어야 한다. 해석이 시작될 때 이 요소들은 비활성화되어 있어야 한다.

건설문제의 해석은 가능한 정확하게 건설과정의 모사를 포함하여야 한다. 이는 활성화되는 요소들이 이루는 형상이 실제 건설과정과 정확히 일치하여야 한다는 의미는 아니다. 예로 8~9m의 제방을 해석하는 경우 실제 건설은 1m 두께로 층 다짐 시공되었더라도 실제해석은 3~4단계로 해석해도 충분함을 의미한다. 단지 건설과정에 대체로 일치하도록 요소를 활성화시키면 되는 것이다.

비활성화 상태의 요소응력은 '영'이다. 활성화되는 시점에서 자중에 의한 응력이 계산되어, 실제 모델에 발현된다. 활성화되는 요소들은 이전 건설단계에서 이미 변형된 메쉬에 의해 점유된 위치에서 활성화된다.

실제 상황을 모사하는 것이므로, 각 건설단계마다 이미 활성화된 요소의 물성(강성 및 강도) 및 건설 시작 전부터 있던 지반의 물성을 변화시킬 수 있어야 한다.

많은 프로그램이 비활성화된 요소들에 낮은 강성을 부여하여 메쉬에 그대로 포함하고 있다. 이런 방법은 포아송 비가 0.5에 가깝지 않는 한 문제가 되지 않는다. 포아송 비가 0.5이면 비활성화 요소가 실질적인 비압축성 거동을 한다.

10.5 수중굴착

많은 경우의 지반문제가 물과 관련된다. 이런 경우 지반의 투수성과 수리 경계조건이 고려되어야 한다. 두 종류의 경계조건이 있다.

- 수두 또는 수압 경계조건, 수압 경계조건은 물의 단위중량 × (수위수두 – 위치수두) : 메쉬의 내부 또는 메쉬의 외곽경계에 설정할 수 있다.
- 유량경계 : 유량이 제로인 경계는 흐름이 없는 방수경계이다.

투수성에 대해서는 다양한 가정이 가능하다.

- 선형 등방 투수성
- 선형 이방성 투수성
- 비선형 투수성, 간극비 또는 평균유효응력의 함수

흙막이벽 내부 굴착이 지하수위 아래서 이루어지는 경우가 전형적인 해석 예라 할 수 있다. 벽체 배면 메쉬의 수직면에서 간극수압은 일정하다(또는 수두가 일정하다). 메쉬의 저면은 흐름이 일어나지 않는 경계이다. 벽체 전면의 굴착은 비활성화 기법으로 모사되며 새로 드러나는 굴착면에서의 간극수압은 '영'이 되어야 한다. 프로그램은 각 굴착단계에 주어진 경계조건에 맞는 유출량을 파악하기 위한 흐름 계산이 가능하여야 한다. 경계조건을 도입하는 방식은 프로그램마다 다를 수 있다.

이 해석에서 경계(인터페이스)요소는 중요한 역할을 할 수 있다. 경계요소는 주변 지반보다 훨씬 더 낮은 투수성을 갖도록 설정할 수 있다. 경계요소를 벽체 또는 터널라이닝 뒤에 설치하면 지하수 흐름을 제어하는 역할을 할 수 있다.

대부분 프로그램의 한계는 불포화토 흐름에 대한 해석이 가능하지 않다는 점이다. 불포화 지반의 투수성, 포화도 및 흡입력(suction) 간의 관계는 완전 포화토보다 훨씬 복잡하다.

10.6 입력변수의 일관성 결여

특정 해석에 사용된 재료 모델은 재료입력변수 관점으로 관련 응력준위 및 응력비(stress ratio)에서 '표준 실내시험'을 모사함으로써 검토되어야 한다. 각각의 재료에 대하여 최소한 압밀시험과 삼축압축시험이 모사되어야 한다. 비배수 강도를 모사하는 경우 초기응력 상태 설정에 유의하여야 한다. 어떤 프로그램은 (깊이에 따라) 일정 강도 및 일정 응력비 ($K_o = \sigma_h/\sigma_v =$ 일정) 옵션을 제공한다. 이 경우 수평지반이라도 심도가 깊어지면 초기응력이 파괴에 접근한다. 이런 현상은 실제 지반에서 좀처럼 일어날 수 없다. 그림 10.1은 이 문제를 예시한 것이다.

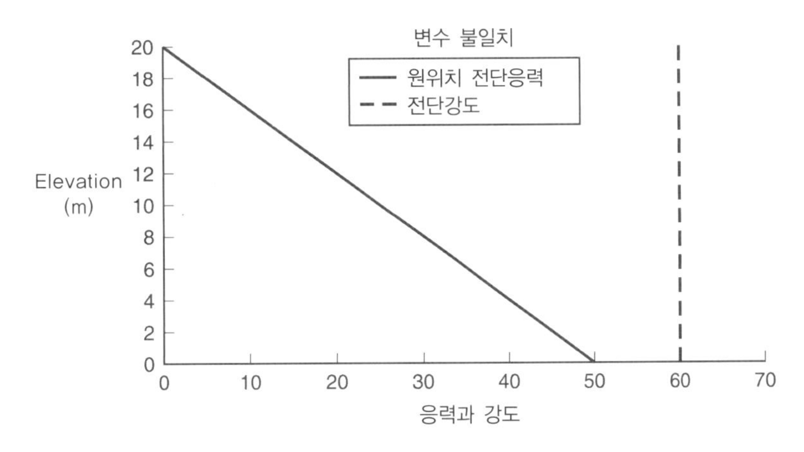

그림 10.1 응력과 강도분포의 불일치

일례로 초기 원지반 전단응력은

$$\tau_{\max} = \frac{1}{2}(\sigma_v' - \sigma_h') = \frac{1}{2}(1 - K_o')\gamma' z$$

$K_o = 0.5$, $\gamma' = 10\text{kN/m}^3$이고, 비배수 전단강도가 60kPa라 하자. 만일 전단강도가 50kPa 이하라면 심도가 깊어질수록 파괴상태에 접근하거나 초기응력이 파괴상태에 있는 불일치가 발생된다.

과압밀 지반은 정규압밀 지반에 비해 큰 수평응력을 나타낸다. 일반적으로 이 경우 큰 응력비($K_o' = \sigma_h'/\sigma_v'$)로 설명할 수 있다. 그러나 이는 그림 10.2와 같이 잘못된 결과가 나타날 수 있다. 이 그림을 보면 다음과 같은 응력 상태가 나타날 수 있기 때문이다.

1. 새롭게 퇴적되고 있는 등가–NC(정규압밀) 지층(즉, 상재하중이 없는 지층), $K_o' = 0.5$
2. $K_o' = 2.0(OCR = 2)$로 나타낸 OC(과압밀) 퇴적층
3. 상부토층 두께 22m 아래의 NC 퇴적층(선사시대 응력 상태)
4. 상부 22m의 지층을 굴착한 후 비 탄성 지반 모델을 이용하여 해석한 OC 퇴적층(현재 응력 상태)

2 및 4번 경우가 부합하지 않음을 알 수 있다.

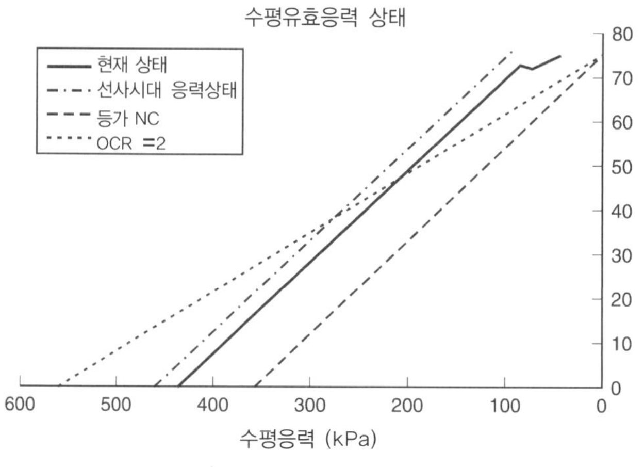

그림 10.2 과압밀 퇴적지반에서 수평응력 분포

11

벤치마킹(benchmarking)

11.1 일반 사항

벤치마킹은 지반공학에서 매우 중요하며, 아마도 구조 공학과 같은 다른 공학 분야와 비교해도 그중요성이 훨씬 더 클 것이다. 그 이유는 앞에서 지반-구조물 상호작용을 특별히 강조하여 지반문제 수치해석을 다루면서 언급되었다. 그 이유들을 요약하면 다음과 같다.

- 일반적으로 해석 영역이 구조물처럼 명확하게 정의되지 않는다.
- 다양한 구성방정식이 제안되어 왔지만, 어떤 지반에 대하여도 '입증'된 구성 모델이 없다.
- 실무적 관점이 아닐지라도, 대부분의 시간적, 공간적 건설 세부과정이 아주 정확하게 모델링될 수 없다(굴착단계, 앵커의 프리스트레싱 등).
- 지반-구조물 상호작용이 중요하며, 경계부의 인터페이스 요소는 수치해석적 문제를 발생할 수 있다.
- 상업용 프로그램들의 이론적 배경이나 풀이 과정이 서로 다르고, 일반적으로 충분히 설명되지도 않는다(명시법 또는 암시법의 채용여부, 스트레스 포인트 알고리즘 등의 상세).

독일지반공학회(DGGT, the German Society for Geotechnics)의 the Working Group 1.6 '지반공학에서의 수치해석'은 이러한 문제들에 답하기 위한 노력을 통해 지반공학 수치해석에 필요한 권장사항을 제공하여 왔다. 지금까지 DGGT는 수치해석 일반 권장사항(Meissner, 1991), 터널 수치해석에 관한 권장사항(Meissner, 1996), 깊은 굴착에 관한 권장사항(Meissner, 2002) 등을 발표해왔다. 여기에 벤치마킹을 위한 예제들을 수록하였고, 각각 다른 프로그램을 이용하는 여러 사용자들이 얻은 결과들을 비교, 제시하였다. 앞으로 기술할 내용들은 위의 Working group의 성과를 요약한 것으로 실무의 지반문제 수치해석에 대한 보다 충분한 객관성을 확보하기 위한 첫걸음이 될 수 있다. 이 책에 DGGT의 Working Group 1.6에 의해 주어진 3가지 예제와 그 결과를 간략하게 기술하였다. 추가 예제로 COST Action의 Working Group A가 선정하고 그 멤버들이 해석한 쉴드터널의 비배수 해석 결과도 함께 제시하였다.

11.2 벤치마킹 예제의 설명

실무적 관점에서 벤치마킹의 목적을 생각해보면, 벤치마킹 예제에 대한 요구조건은 다음과 같다.

- 이론해가 없다.
- 실제적인 문제로서 적당한 계산의 노력으로 해를 얻을 수 있도록 선별되고 단순화될 수 있어야 한다.
- 실험결과를 분석함으로써 구성 모델을 보정하기 어렵다(이런 접근은 연구에서는 광범위하게 이루어지나, 실무 엔지니어에게는 큰 관심사항이 아니다).
- 예제는 전반적인 결과뿐만 아니라 거동의 특정한 측면이 점검될 수 있어야 바람직하다(예, 초기응력의 설정, 팽창 거동, 굴착 과정 등).
- 구성방정식이 결과에 미치는 영향이 뚜렷하여야 한다.
- 다양한 구성방정식의 변수를 파악하는 문제가 포함되어야 한다.

11.3 예제 1 - 터널 굴착

11.3.1 문제 정의

그림 11.1에 이 예제의 기하학적 형상을 보였고 표 11.1에 재료의 물성치를 제시하였다. 추가적인 세부 해석조건은 다음과 같다.

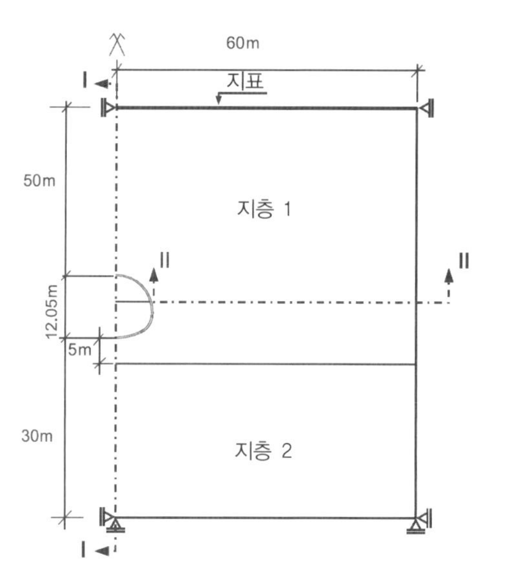

그림 11.1 예제 No.1의 해석 모델

- 평면변형률의 조건
- Mohr-Coulomb 파괴기준을 채용한 선형탄성-완전소성 해석
- 숏크리트-지반 간 완전결합(perfect bonding)
- 숏크리트 라이닝 : 보 또는 연속체 요소, 만약 2차 형상함수의 연속체 요소가 사용되었다면 단면을 두 줄의 요소로 모델링

■ 변형이 막장의 앞부분에서 발생하는 것을 고려하기 위하여 하중감소법(load reduction method) 또는 이와 유사한 개념의 접근법이 사용되어야 한다.

숏크리트($d = 25$cm) : 선형탄성. 탄성계수 $E = 15 \times 10^6 \text{kN/m}^2$;
포아송 비 $\mu = 0.15$

계산 단계의 설정

초기응력은 $\sigma_v = \gamma H$, $\sigma_h = K_o \gamma H$(초기변형=0). 제시된 지반에는 물이 없는 것으로 가정한다.
하중감소법에서는 다음의 하중분담율(이완계수)이 유용하다.
건설 단계 1 : 전단면에 40%의 초기하중 이완
건설 단계 2 : 잔여 60%는 굴착 후 숏크리트 타설과 함께 이완

전단면 굴착뿐만 아니라, 상·하반 분할굴착 또한 고려되었다. 그러나 그 결과는 여기에 기술하지 않을 것이다(Schweiger, 1997, 1998 참고).

표 11.1 터널 굴착 예제에 대한 재료물성

지층	영계수 (kN/m^2)	포아송 비 μ	전단 저항각 φ'	접착력 c' (kN/m^2)	토압계수 K_o	단위 중량 γ (kN/m^3)
지층 1	50,000	0.3	28°	20	0.5	21
지층 2	200,000	0.25	40°	50	0.6	23

11.3.2 주요 결과

그림 11.2에서는 각기 다른 열 가지의 해석방법으로 얻어진 지표침하를 비교하였다. 결과의 50%가 5.2~5.3cm의 최대 침하값을 보여 주고 있고, 다른 결과들은 그 침하값의 대략 20% 이내에 있다. 하지만 TL1A와 TL10은 상당히 작은 침하값을 보여주고 있는데, 그 이유는 두 경우 모두 하중감소법을 올바르게 적용하는 것이 가능하지 않았기 때문이다. 그러므로 다른 굴착 모델링 방법이 사용되었다. 예를 들어 TL10은 강성감소법을 사용하였는데, 강성감소법으로 얻은 결과를 하중감소법으로 얻을 결과와 비교하는 것이 어렵다는 것은 주지의 사실이다.

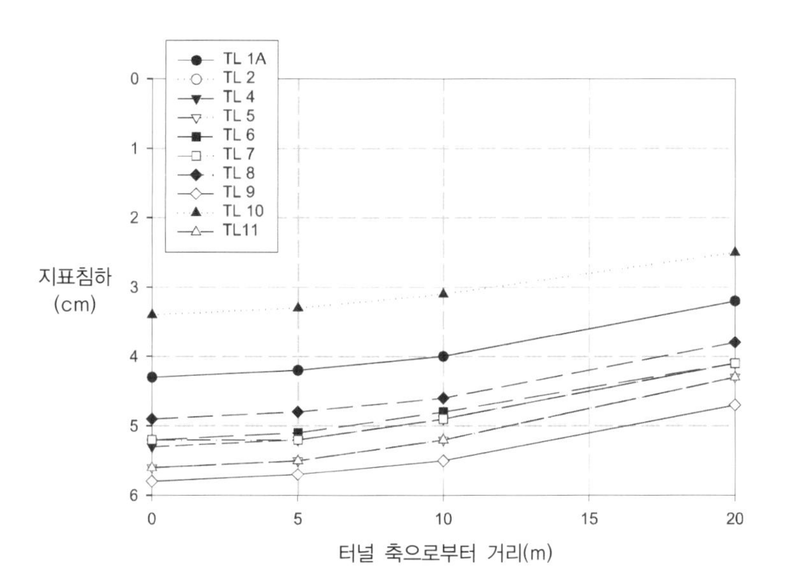

그림 11.2 예제 No.1의 지표침하

그림 11.3은 숏크리트 라이닝의 수직력을 보인 것이다. TL1과 TL10을 제외하고는 상당히 일치함을 보인다. 그림 11.4는 최대 휨모멘트의 크기와 발생 위치로 상당한 차이(대략 300%)가 확인되었다. 설정된 해석조건을 참고하지 않은 TL1, TL9, TL10을 제외하더라도, 편차는 여전히 70%이다. 불행하게도 이용 가능한 정보를 모두 고려하더라도 이와 같은 불일치를 명확하게 설명하기 어렵다. 아마도 라이닝 모델링에 대한 요소방정식이 서로 다르고 요소 내력계산에서 각기 다른 절차를 채용하기 때문일 것으로 추측된다.

11.4 예제 2 - 깊은 굴착(excavation)

11.4.1 문제의 정의

그림 11.5는 문제에 대한 기하학적 형상과 굴착 단계를 나타낸 것이며, 표 11.2는 관련된 입력 물성치를 나타내고 있다. 추가적인 세부사항은 다음과 같다.

- 평면변형률 조건(plane strain condition)
- Mohr-Coulomb 파괴기준에서의 선형탄성-완전소성 해석

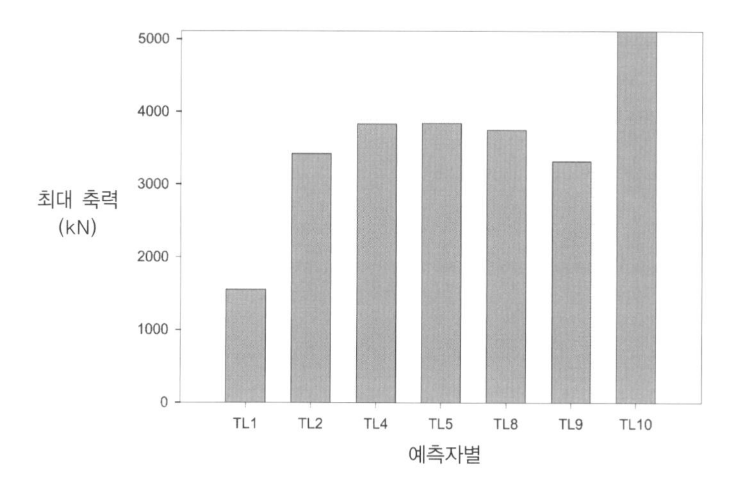

그림 11.3 예제 No.1에 대한 라이닝 최대 축응력 비교

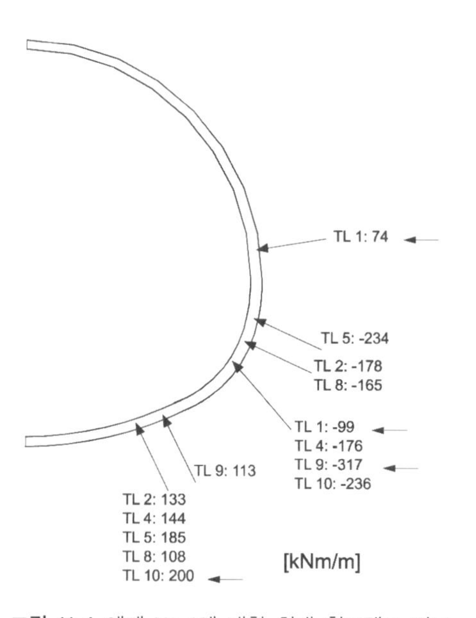

그림 11.4 예제 No.1에 대한 최대 휨모멘트 비교

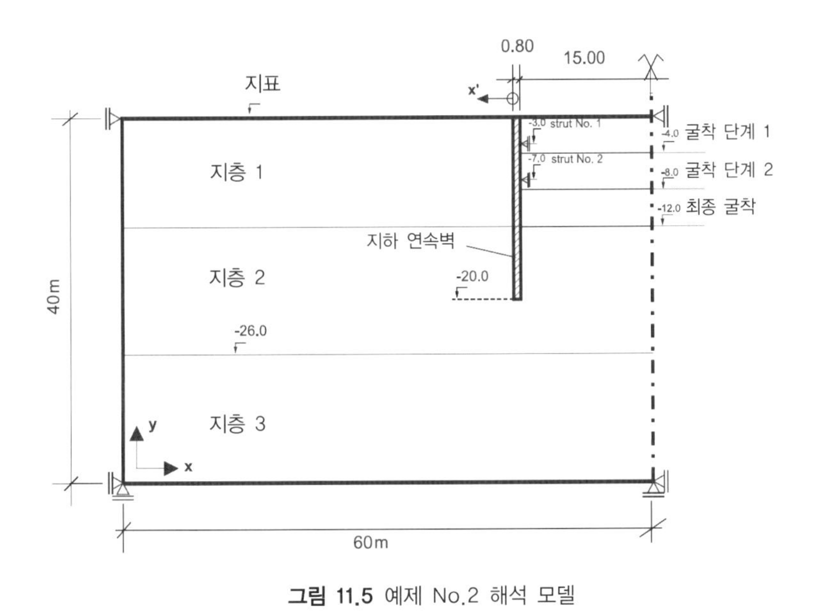

그림 11.5 예제 No.2 해석 모델

표 11.2 깊은 굴착 예제에 대한 재료물성

지층	영계수 (kN/m^2)	포아송 비 μ	전단 저항각 φ'	점착력 c' (kN/m^2)	토압계수 K_o	단위 중량 γ (kN/m^3)
1	20,000	0.3	35	2.0	0.5	21
2	12,000	0.4	26	10.0	0.65	19
3	80,000	0.4	26	10.0	0.65	19

- 완전 접합(perfect bonding) : 지하연속벽과 지반
- 스트럿(strut)은 강체지지(rigid)(예, 수평자유도 고정)
- 지하연속벽의 건설로 인한 영향은 무시. 예를 들어, 벽체가 없을 때의 초기응력 상태에서 건설 위치에 미리 설치되어 있던 것으로 가정
- 지하연속벽 모델링 : 보 또는 고체 요소, 2차 함수의 고체 요소를 사용하는 경우 단면을 두 줄 요소로 모델링

지하연속벽($d = 80$cm) : 선형탄성. $E = 21 \times 10^6 \text{kN/m}^2$, $\mu = 0.15$, $\gamma = 22\text{kN/m}^3$.

계산 단계의 설정

초기응력은 $\sigma_v = \gamma_n H$, $\sigma_h = K_0 \gamma H$ 로 주어진다[변형=0, 벽체가 설치할 자리에 미리 위치(wished-in-place)하고 변형이 '0'인 조건]. 지반에 물이 존재하지 않는 것으로 가정한다.

건설 1단계 : 굴착 1단계(레벨 −4.0m까지)
건설 2단계 : 굴착 2단계(레벨 −8.0m까지), 스트럿 No.1(−3.0m 지점) 설치
건설 3단계 : 최종 굴착(레벨 −12.0m까지), 스트럿 Nos.1 and 2(−7.0m 지점) 설치

11.4.2 주요 결과

제출된 12개의 결과 중 5개는 같은 컴퓨터 프로그램을 사용하는 서로 다른 해석자가 해석한 것이다. 그림 11.6은 건설 1단계 이후 두 그룹의 지표면에서의 융기(heave)와 침하를 비교한 것이다. BG1과 BG2에서 더 작은 융기(heave)가 얻어진 까닭은 문제설정 시 요구하지 않았음에도 인터페이스 요소(interface elements)를 사용했기 때문이다. BG3와 BG12의 결과 차이는 상세히 설명되지 않는다. 그렇지만 특정 컴퓨터 프로그램을 이용한 수치해석에서 빔이나 연속체 요소를 사용하여 지하연속벽을 모델링하였을 때 두 경우 모두에 대하여 상당한 수직변위의 차이가 나타

났다. 이는 여러 가지 모델링 가정의 차이에 대한 영향이 매우 중요하다는 사실과 특정 조건에 대하여 각 모델의 적용성을 평가할 필요가 있다는 사실을 강조하는 것이다. 이것은 또한 다른 컴퓨터 프로그램을 사용하는데 있어서는 그러한 영향이 그 정도 수준으로 발견되지 않았다고 언급할 가치가 있다.

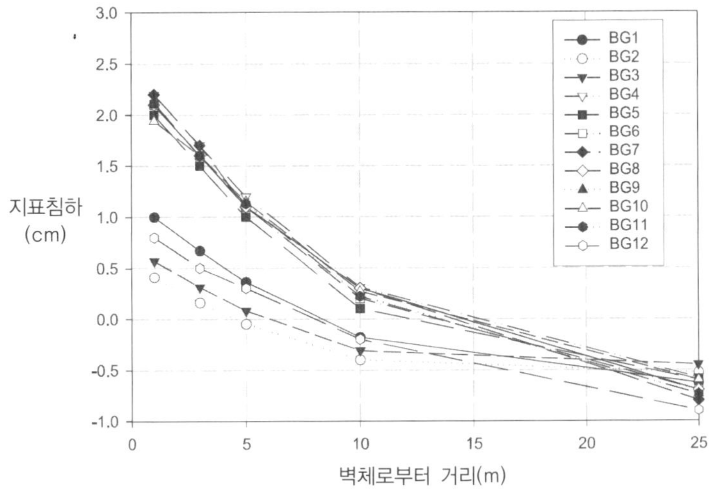

그림 11.6 1단계 굴착 시 벽체 배면 지표침하

그림 11.7은 마지막 굴착 단계에서 지표면의 변위를 나타낸다. 결과들은 어떤 한계 범위 내에서 거의 균등하게 분포하였다. 그림 11.6과 그림 11.7의 단순한 선형탄성-완전소성 구성 모델은 깊은 굴착 주변, 특히, 벽체 뒷면의 지표의 변위 패턴을 분석하는데 적합하지 않음을 분명히 알 수 있다. 왜냐하면 계산된 융기(heave)거동은 실제 현상과 완전히 다르기 때문이다. 그러나 여기에서는 해석 결과를 실제 현장계측 결과와

비교하는 것이 목적이 아니고, 문제를 고려하는 약간의 모델링 차이가 어떤 결과를 발생하는가를 보는 것이다. 첫 단계 굴착 이후 벽체 상단의 수평변위를 비교해보는 것이 흥미롭다(그림 11.8). 수평변위 예측 결과의 50%는 구속된 지반방향을 향하고 있는 것으로 나타났는데 이는 캔틸레버 상태 벽체의 실제 거동과 전혀 다른 것이다. 벽체 바닥의 수평변위, 굴착면 안쪽의 융기(heave), 그리고 벽체에 작용하는 토압분포는 큰 차이를 보이지 않았다. 계산된 휨모멘트의 변화폭은 30% 이내였고, 굴착 2단계에서의 스트럿 축력은 155~232kN/m로 변화하였다. 이 예제에 대한 더 자세한 내용은 Schweiger(1997, 1998)를 참고할 수 있다.

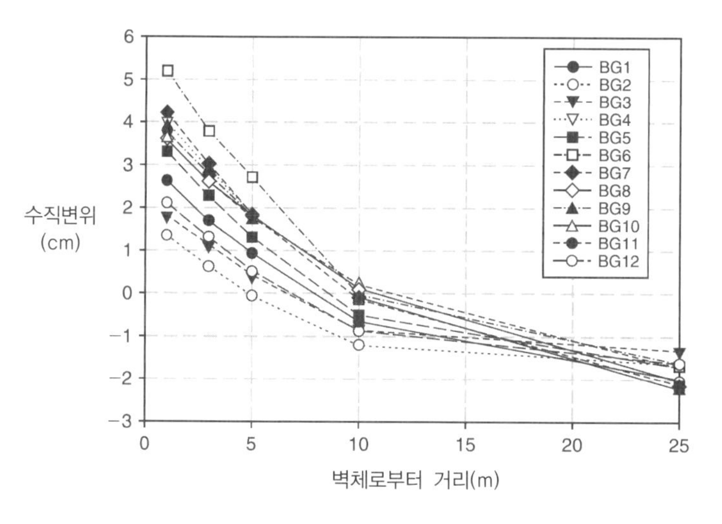

그림 11.7 3단계 굴착 시 벽체 배면 지표침하

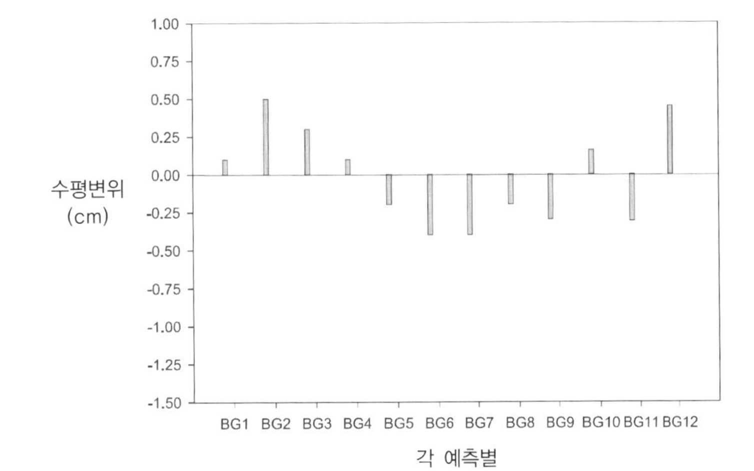

그림 11.8 1단계 굴착 시 벽체 상부의 수평변위

11.5 예제 3 - 타이백 앵커를 이용한 깊은 굴착

11.5.1 배경

이 예제는 흙막이 벽체에 의해 지지되는 굴착문제이며, 베를린(Berlin)에서 시행된 실제 프로젝트와 밀접한 관련이 있다. 건설과정을 모델링하는데 있어서 실제 문제에 약간의 수정을 가하였다. 일례로 현장에서는 여러 단계로 지하수위 저하를 유도하지만 해석에서는 굴착 전에 한 단계로 저하시키는 것으로 모델링하였다. 이 예제에서는 흙의 거동을 모사할 구성 모델은 설정하지 않고, 해석자가 선택할 수 있도록 하였다. 몇몇 기본 물성들은 문헌에서 취하였고, 조밀한 시료에 대한 삼축시험 결과, 그리고 추가적으로 느슨하고 조밀한 시료들에 대한 일축압축시험 결과

가 제공되었다. 그러므로 이 예제(exercise)는 실무의 상황을 잘 나타낸 것이다.

건설 중에 경사계(Inclinometer)로 수평변위를 측정하여 현장의 실제 거동 정보를 확보하였다. 그러나 위에서 언급한 단순화 때문에, 일대일 비교는 불가능하다. 물론 계측치는 해석자들에게 공개되지 않았다. 이 장의 목적은 벤치마킹 연습의 필요성을 예시하는 것이다. 다만, 책 분량의 제약 때문에 가장 연관성 있는 부분만 서술하였다(그림 11.9를 참조). 자세한 내용은 Schweiger(2000)를 참고할 수 있다. 해석 결과 중 일부 결과만 제시하였다. 그러나 모델링에 이용 가능한 데이터의 서로 다른 이해와 해석으로 인해 예측 결과가 넓게 분포하였다.

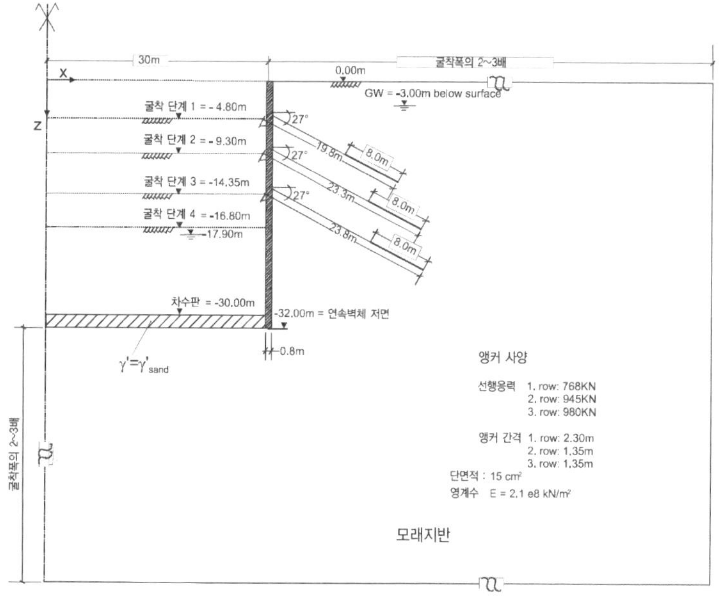

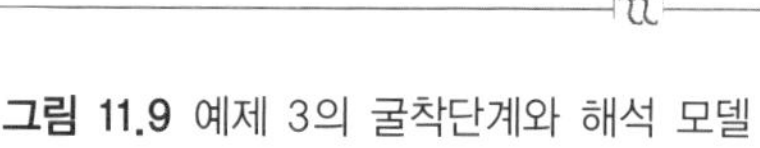
그림 11.9 예제 3의 굴착단계와 해석 모델

11.5.2 문제의 정의

Berlin 모래에서 굴착 설계 시 주로 인용하는 문헌에 제시된 강성과 강도 변수는 다음과 같다.

$Es \approx 20000\sqrt{z}\,\mathrm{kN/m^2}$ for $0 < z \le 20\mathrm{m}$(z = 지표로부터 깊이)
$Es \approx 60000\sqrt{z}\,\mathrm{kN/m^2}$ for $z > 20\mathrm{m}$
$\phi = 35°$ (중간 정도의 조밀)
$\gamma = 19\mathrm{kN/m^3}$
$\gamma' = 10\mathrm{kN/m^3}$(유효 체적 단위 중량)
$K_0 = 1 - \sin\phi'$

지하 연속벽 :
$E = 30000 \times 10^3\mathrm{kN/m^2}$
$\mu = 0.15$
$\gamma = 24\mathrm{kN/m^3}$
$\delta = \phi'/2$(벽면 마찰)

압밀 시험으로부터 얻은 E_s 계수는 적당한 포아송 비를 가정하여 근사적인 Young 계수를 얻을 수 있고, 이를 이용하여 선형탄성-완전소성의 구성 모델(Mohr-Coulomb)에 필요한 변수를 결정할 수 있다.

이와 더불어, 압밀시험(느슨한 시료와 조밀한 시료)과 삼축시험(σ_3 = 100, 200, 300kN/m^2)의 결과가 제공되었다. 모든 수의 시험 결과를 포함할 수는 없으며, 중요한 것은 강성 수치가 대표성이 있는 것인지 여부이다. 예를 들어, 구성방정식 모델이 입력변수로서 기준 압력 100kN/m^{2}일 때의 압밀 강성(oedometric stiffness)을 요구할지라도 데이터로부터 얻는 값은 단지 12,000kN/m^{2}이다. 이 수치들은 많은 연구자들로부터 너무 낮은 값이라 평가되었고 문헌에 제시된 값들과도 제대로 비교할 만하지 않다. 이는 흔히 제한된 실험 데이터만이 이용가능한 실제상황과 관련한 시험으로부터 얻어진 강성이 현장 상황을 대표할 수 있는지에 대한 의문을 제기한다. 이로 인해 불가피하게 수치해석의 입력변수를 정하는데 따른 공학적인 판단의 여지가 남는다.

일반적 가정

- 평면변형률의 조건
- 지하연속벽 건설에 대한 영향은 무시. 예를 들어, 벽이 없을 때의 초기 응력을 가정하고 벽은 원래부터 '정해진 위치'에 있다고 가정
- 벽과 흙 사이의 경계면 요소
- 해석 영역(제안 : 그림 11.9 참조)
- 심도 −30.00m에서 침투저항구조(hydraulic barrier)는 지지구조(structural support)로 고려하지 않는다.
- 주어진 앵커력은 설계 하중이다.

계산단계의 설정

초기응력 상태는 $\sigma'_v = \gamma' z$, 지하수위 이하의 간극 수압은 $u = (z - 3.0)\gamma_w$, $\sigma'_h = K_0 \sigma'$(벽체가 '정해진 위치', 변형=0)으로 주어진다.

건설 1단계 : 수위 저하(lowering)는 −17.90m까지
건설 2단계 : 굴착 1단계(−4.90m까지)
건설 3단계 : −4.30m에서 앵커 1 설치와 프리스트레싱
건설 4단계 : 굴착 2단계(−9.30m까지)
건설 5단계 : −8.80m에서 앵커 2 설치와 프리스트레싱

건설 6단계 : 굴착 3단계(−14.35m까지)

건설 7단계 : −13.85m에서 앵커 3 설치와 프리스트레싱

건설 8단계 : 굴착 4단계(−16.80m까지)

11.5.3 해석에 대한 가정의 개략 정리

표 11.3에 제시된 모든 해석의 주요 특징들을 여러 가정들을 강조하기 위해 요약하였다. 단지 일부 해석자만이 제시된 실내시험 결과를 이용하여 해당 모델을 보정(calibrate)하였다. 대다수의 수치해석자들은 Berlin 모래에 대한 참고문헌 또는 그들 자신의 경험으로부터 그들의 해석을 위한 입력변수를 설정하였다. 표 11.3을 잘 살펴보면, 강도 변수에 대해서는 약간의 차이만 있음을 알 수 있다(많은 해석자들이 실험결과를 신뢰하였다). 많은 해석자들이 수치해석의 안정성을 높이기 위해 전단저항각 φ'은 36°나 37°를 취하고, 작은 점착력(small cohesion)을 가정하였다. 그러나 주목할만한 차이는 0 ~ 15° 범위로 분포하는 팽창각(dilatancy angle) ν에 대한 가정이다. 또한, 강성 변수에 대한 가정에서도 상당한 차이가 발견된다. 대부분의 해석자들은 Ohde(1951)에 의해 도입되고, Janbu(1963)에 의해 공식화된 멱급수형 공식(power law formulation)을 도입하거나 또는 지층마다 다른 영(Young) 계수를 정의하여 깊이에 따른 강성 증가를 고려하였다. 프리스트레스 앵커(prestressed anchors)의 모사(modelling)를 위해 인터페이스 요소의 유도, 요소 유형, 분석된 영역 등의 추가적인 시도를 하였다. 일부 컴퓨터 코드는 프리스트레싱된 지반앵커를 모델링하는데 한계가 있었고, 지반의 변형에 의해 앵커력의 일부가 손실되었다. 이러한 경우에 대한 설명(remark)을 표 11.3에 수록하였다.

표 11.3 해석 요약(계속)

해석	구성 모델	강성 모델링	강성값(재하/제하) (kPa)	φ (°)	υ (°)	해석 영역 폭×깊이 (m)	지반 요소	벽체 요소	경계거동 고려 여부	비고
B1	탄성-완전소성	응력의존성	$z < 20$m : 14,900 $z > 20$m : 44,700	35	5	100×64	포물선형 (2차 곡선) 중간절점 요소	9절점 고체 요소	고려	–
B2 B2a	탄성-소성 ($z < 40$m) 탄성-완전소성 ($z < 40$m)	응력의존성	$z < 40$m : 15,000/39,000(B2) $z < 40$m : 60,000/180,000(B2a) $z > 40$m : 253,000(B2), 27,000(B2a)	36	6	100×100	포물선	보 요소	고려	–
B3 B3a	입자 간 변형률을 고려(B3a) 및 고려하지않은 (B3) 소성 모델					161×162	선형 (모서리 절점 요소)	4절점 고체 요소	고려	앵커 선행응력 도입 오류
B4	탄성-완전소성	43지층, 지층마다 일정강성	$z < 2$m : 10,500 $102 < z < 107$m : 457,000	35	0	105×107	선형	4절점 고체 요소	–	–
B5	탄성-완전소성	6지층, 지칭마다 일정강성	$z < 5$m : 32,600 $32 < z < 60$m : 303,000	35	15	80×60	–	보 요소	고려하지 않음	–
B6	탄성-완전소성	20지층, 지칭마다 일정강성	$z < 20$m : $20,000\sqrt{z}$ $z > 20$m : $44,700\sqrt{z}$	35	15	122×90	–	–	–	앵커 선행응력 도입 오류

B7	탄성-완전소성	상수	60,000	40.5	13.5	90×60	포물선형	고체 요소	고려	c=2.5kPa 모관 접착력 고려
B8	탄성-소성	응력의존성	z < 20m : 20,000/ 74,400 z > 20m : 60,000/ 120,000	35	10	90×70	포물선형	보 요소	고려	–
B9 B9a	탄성-완전소성 탄성-소성	상수 3지층, 지층마다 일정강성	z < 20m : 39,400 z > 40m : 310,000 25,000/100,000	35	5	150×100	포물선형	보 요소	고려	–
B10	탄성-소성	응력의존성	60,000/180,000	36	6	100×72	포물선형	보 요소	고려	–
B11	탄성-소성	응력의존성	z < 20m : 20,000/ 100,000 z > 20m : 60,000/ 300,000	35	0	150×120	포물선형	보 요소	고려	앵커 선행응력 도입 오류
B12	탄성-완전소성	상수, 9지층, 지층마다 일정강성	z < 5m : 23,000 42 < z < 92m : 365,000	35	4	90×92	포물선형	보 요소	고려	앵커 선행응력 도입 오류
B13	입자 간 변형률을 고려한 소성 모델					100×100	선형	보 요소	고려	앵커를 경계에 고정
B14	미소 변형률 비선형 탄성-소성	응력/변형률 의존성	G_{min}=30,000 $G_{small\ strain}$=240,000	35	5	120×100	포물선형	8절점 고체 요소	고려	–
B15	탄성-소성 (0–20m) 탄성-소성 (> 20m)	응력의존성	z < 20m : 32,000/ 96,000 z > 20m : 192,000/ 384,000	35 41	7 14	95×50	포물선형	보 요소	고려	–

11.5.4 주요 결과(selected results)

총 15개의 기관(독일, 오스트리아, 스위스, 이탈리아의 대학 연구소와 컨설팅 회사)이 B1~B15까지의 해석 결과를 제출하였다. 해석 결과를 구체적으로 보면, 상당수가 너무 낮은 모래 강성 값을 사용하였음을 알 수 있다(표 11.3 참조). 이들 결과는 압밀시험으로부터 입력변수를 산정하여 일반 문헌치보다 훨씬 낮은 강성을 적용하였다. 이 때문에 비현실적인 과도한 변형이 발생했다. 따라서 아래 비교 결과에 포함하지 않았다.

앞서 언급한대로, 이 프로젝트에 대해서는 계측결과를 이용할 수 있고 비록 손쉬운 계산을 위해 약간은 변형된 것이긴 하지만 변위 크기의 수준은 알려져 있다. 그림 11.10에 최종 건설 단계에서 측정된 옹벽의 변형을 해석 결과와 비교하였다. 분포범위가 상당히 넓게 나타났다. 경사계(inclinometer)에 의한 계측이 시행되었지만 불행히도 벽체의 상단에 대한 변위의 계측 데이터도 없다. 경사계 측정 시 가정한대로 옹벽 저면이 고정된 것으로 보이지 않는다. 대략 5~10mm 정도 평행 이동했다는 분석이 원위치(in situ) 거동을 더 잘 설명해준다. 이는 베를린에서 유사한 상황에서 측정된 다른 계측 값들에 의해서도 확인된다. 계산된 옹벽의 최대 수평변위는 7~57mm 사이이며, 변형 형상도 매우 다르다. 그림 11.11은 계산된 지표침하량을 나타낸다. 대략 50mm의 침하는 약 15mm 정도의 융기(heave)와 비교해야 한다. 지표침하 계산은 해석의 주요 목적의 하나라는 사실을 고려할 때, 비현실적 모델링을 최소화하기 위한 가이드라인의 필요성은 명백하다. 그림 11.12는 앵커 상부층에 대한 앵커력(forces)의 분포를 보여준다. 최종 굴착 단계에 대한 최대 앵커력은

106~634kN/m로 분포한다. 몇몇 해석은 앵커의 프리스트레싱(선 긴장력 도입)을 올바르게 모델링하지 못하였다. 때문에 각 건설 단계에서 도입된 긴장력을 나타내지 못하였다. 설계의 중요한 결과인 휨모멘트 역시 상당한 차이를 보였으며, 500~1350kN/m의 범위로 나타났다.

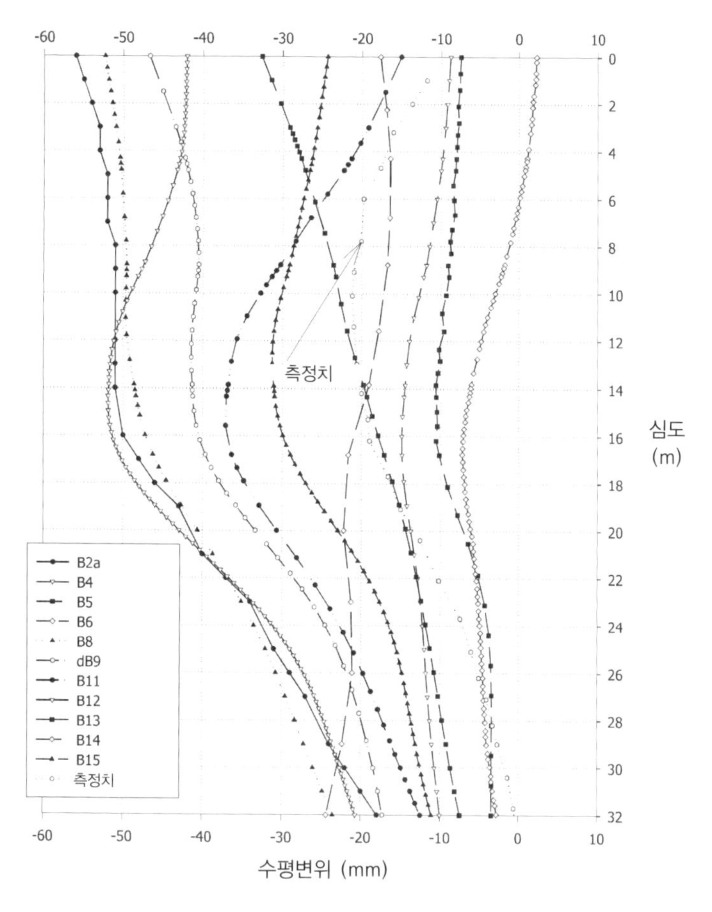

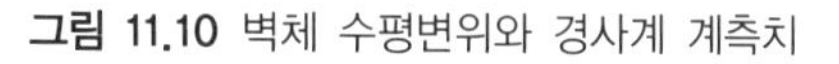

그림 11.10 벽체 수평변위와 경사계 계측치

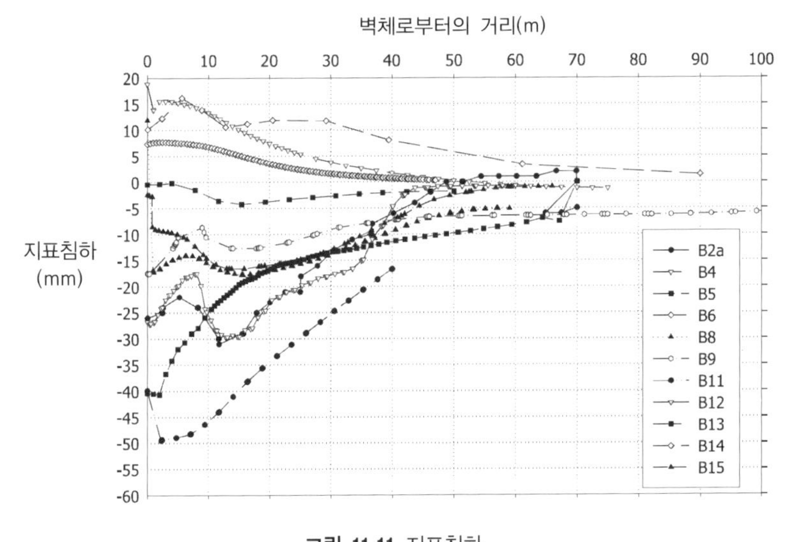

그림 11.11 지표침하

그림 11.10에서 11.12, 표 11.3을 종합하면, 구성 모델이나 요소 형태에 대한 가정과 관련하여 아무런 결론을 내릴 수 없다는 것이 매우 흥미롭다. 비록 같은 컴퓨터 코드와 같은 구성 모델을 사용한 경우라도, 해석 결과가 입력한 강성 변수의 이해 수준에 따라 상당한 차이가 발견되었다는 사실을 언급하는 것은 가치가 있다. 이러한 연습에 대한 보다 종합적인 고찰은 이 가이드라인의 수준(scope)을 넘어서므로, Schweiger(2000)를 참고할 수 있다.

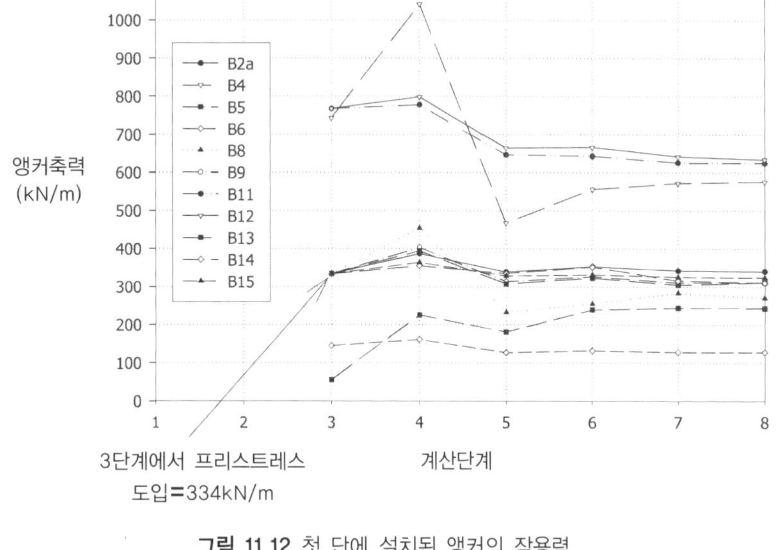

그림 11.12 첫 단에 설치된 앵커의 작용력

이 예제에 대하여 '참고 해(conference solution)'는 지금 준비 중에 있고, 이것에 기초하여, 여러 형태의 문제를 모델링하는데 따른 가이드라인을 제공하기 위하여 가장 중요한 모델링 변수를 변화시키는 매개변수 연구를 수행할 수 있을 것이다. 이 작업은 곧 발표될 것이고 Technical Committee ETC7 of the International Society for Soil Mechanics and Geotechnical Engineering(ISSMGE)에서 계속 다룰 것으로 예상한다.

11.6 예제 4 – 쉴드 터널의 비배수 해석

11.6.1 문제의 정의

이 예제는 'Working Group A of this COST Action'에 의해 설정되었다. 예제 3에서의 특별히 경험한 바와 같이 결과의 심각한 불일치를 피하기 위하여 의도적으로 매우 단순한 해석조건을 선정하였다. 이 문제는 탄성 또는 탄소성(elasto-plastic)인 지반을 평면변형률 상태에서 원형의 터널을 굴착하는 것이다. 탄소성 해석의 경우, 심도에 따른 비배수 강도 상수(undrained strength constant)를 가지는 것으로 가정한다.

비배수 조건의 가정 하에, 다음의 3가지 경우에 대한 해석을 모두 평면변형률 상태의 전응력해석으로 수행하였다.

- 해석 A : 탄성, 라이닝 없음, 균일 등방 초기응력 상태
- 해석 B : 탄성–완전소성, 라이닝 없음, $K_0=1.0$
- 해석 C : 탄성–완전소성, 세그먼트 라이닝(segmental lining), $K_0=1.0$ 조건으로서 지반 손실 값이 주어짐

터널의 직경이 10m이고, 토피(천단부터 지표까지)는 15m로 가정하였다. 지표 아래 45m 깊이에 기반암이 나타나는 것으로 가정하였다(그림 11.13 참고).

11.6.1.1 해석 A의 조건

지반입력변수(탄성)

- 전단탄성계수, $G = 12000\text{kPa}$; 포아송 비, $\mu = 0.495$
- 균일 등방 초기응력 상태 : $\sigma_v = \sigma_h = 400\text{kPa}$
- 라이닝 없음

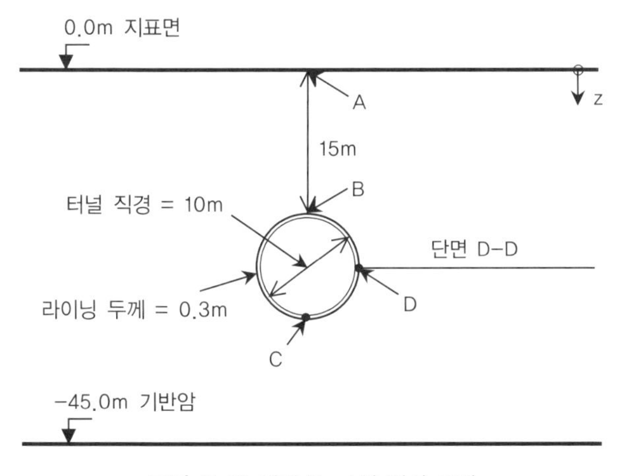

그림 11.13 예제 No.4의 해석 모델

굴착 단계

- 전단면 굴착(full excavation)

11.6.1.2 해석 B의 조건

지반입력변수(탄성-완전소성)

- $G = 12000\text{kPa}$, $\mu = 0.495$, 비배수 전단력, $S_u = 130\text{kPa}$
- 초기응력 상태 : $\sigma_v = \gamma z$, $\sigma_h = K_0 \gamma z$, $\gamma = 20\text{kN/m}^3$, $K_0 = 1.0$
- 고려할 라이닝 없음

굴착 단계

- 전단면 굴착(full excavation)

11.6.1.3 해석 C의 조건

지반입력변수(탄성-완전소성)

- $G = 12000\text{kPa}$, $\mu = 0.495$, $S_u = 60\text{kPa}$
- 초기응력 상태 : $\sigma_v = \gamma z$, $\sigma_h = K_0 \gamma z$, $\gamma = 20\text{kN/m}^3$, $K_0 = 1.0$

세그먼트 라이닝 입력변수

- $E = 2.1 \times 10^7\text{kPa}$(연결부 힌지로 인한 강성감소를 고려하였음)
- 라이닝 두께, $d = 0.3\text{m}$
- $\mu = 0.18$
- $\gamma = 24\text{kN/m}^3$

굴착 단계

- 지반 손실 2%를 가정한 전단면 굴착[예를 들어, 목표한 지반손실에 도달한 때 라이닝을 설치(활성화)]

참고 : 단순화를 위해 여기서는 터널 굴착면에서는 지반 손실이 발생하지 않는 것으로 가정한다[실제 이런 가정은 토압균형(EPB) 쉴드의 경우에 타당하다].

11.6.2 주요 결과

11.6.2.1 해석 A

그림 11.14에 지표침하 결과를 보였다. 단순 탄성 해석에서도 어느 정도 결과의 차이가 발견된다. 불일치의 원인은 서로 다른 경계조건 때문이다. 예를 들어, 해석 ST5는 모델 경계의 수직변위와 수평변위를 구속한 반면에, 대부분의 다른 해석들은 모델 경계에서 수평변위만을 구속하였다. 터널의 중심선(centre-line)에서부터 모델 경계까지의 거리도 결과에 영향을 미친다. 지표 수평변위를 나타내는 그림 11.15는 수평경계조건의 영향이 뚜렷함을 알 수 있다. 몇몇 해석자들은 측면 모델 경계(lateral boundary)와 수평 거동이 고정되어 있다고 가정하지 않고, 탄성 스프링이나 응력 경계조건(stress boundary condition)을 도입하였다.

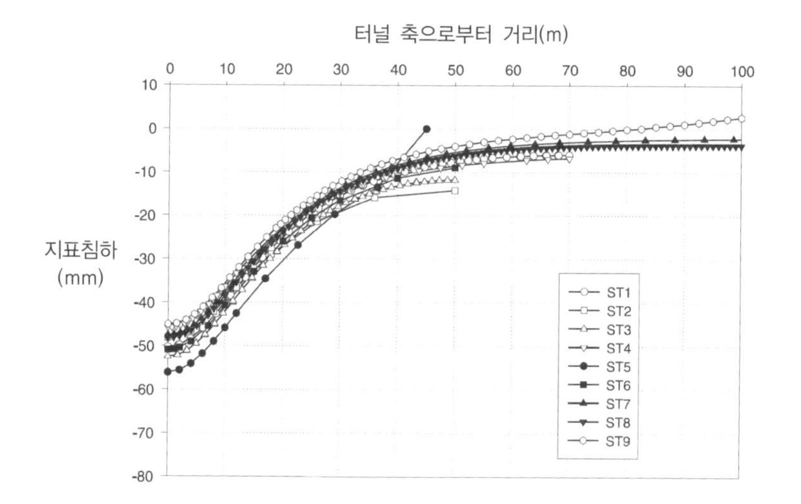

그림 11.14 해석 A의 지표침하

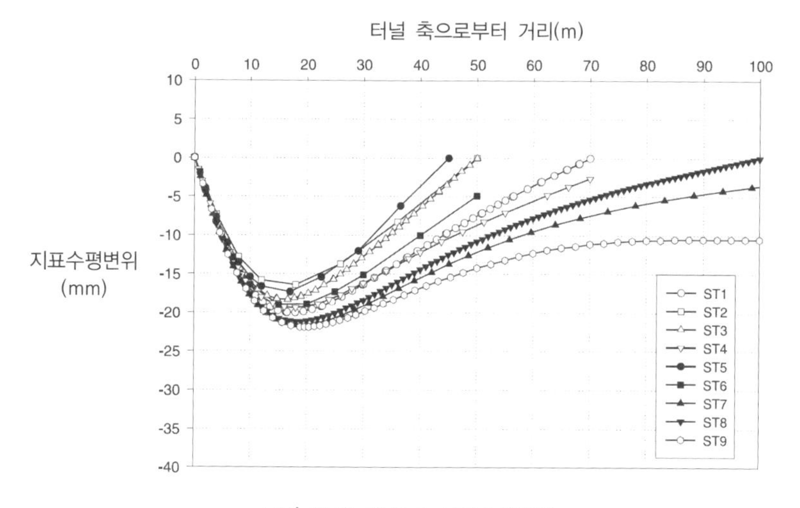

그림 11.15 해석 A 지표수평변위

표 11.4에 그림 11.13의 특정 지점(specific point)에 대한 변위를 요약하였

다. A 지점에서 수직변위가 최대 10mm까지 차이(대략 20% 정도)가 나는 것을 알 수 있다. 이는 선형탄성 해석으로서는 지나치게 큰 값이라 할 수 있다.

표 11.4 해석 A-지점 A, B, C, D의 변위 결과(mm)

	A	B	C	D_{vert}	D_{horiz}
ST1	-50	-115	62	-24	-80
ST2	-48	-110	64	-21	-79
ST3	-53	-116	62	-25	-79
ST4	-46	-111	67	-20	-82
ST5	-56	-118	60	-27	-79
ST6	-51	-115	62	-26	-81
ST7	-48	-114	63	-24	-83
ST8	-48	-114	63	-24	-83
ST9	-45	-111	62	-22	-82

11.6.2.2 해석 B

그림 11.16과 11.17에 비배수 전단 강도의 탄소성 해(elasto-plastic solution)로 구한 지표침하와 수평변위를 보였다. 그림 11.16은 평균으로부터 큰 편차(deviation)를 보이는 ST4와 ST9을 제외하고 그림 11.14와 비슷한 경향을 보였다. ST5는 모델 경계에서 수직변위를 구속하였고, 그로 인해 침하는 영(zero)이다. 주로 터널의 대칭축(symmetry axes)으로부터 모델 수직경계(far field vertical boundary)까지의 거리에 따라 큰 차이를 보였다. 그림 11.18과 11.19에 스프링라인(D-D 단면, 그림 11.13 참고)의 수직변위와 수평변위를 보였다. ST9는 165mm의 수평변위를 나타내었다. 반면에, 나머지 대다수의 해석은 약 260mm 정도로 나타났다. 스프링라인(그림 11.18)에서 수직변위의 상당한 차이가 발견되었다. 표 11.5에 A에서 D까지의 변위를 요약하였다.

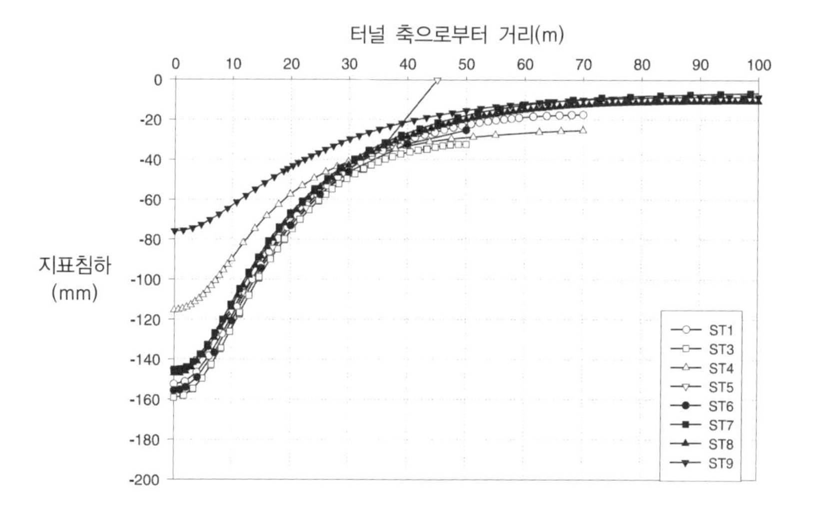

그림 11.16 해석 B의 지표침하

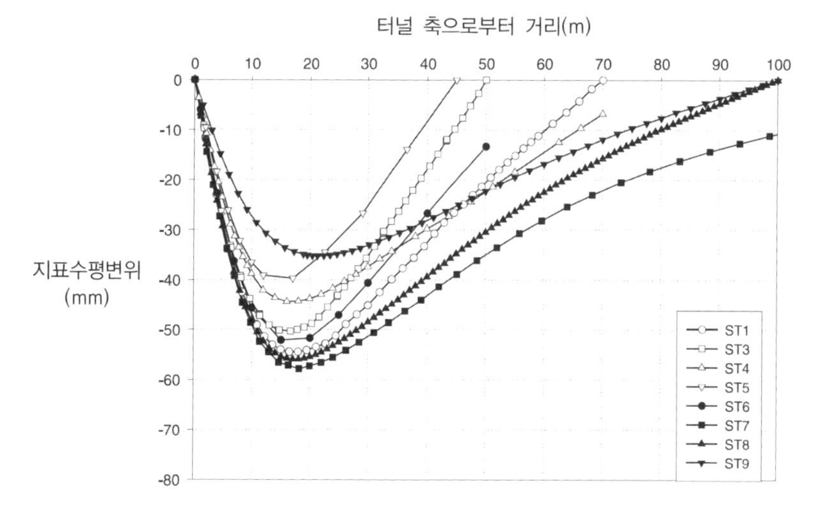

그림 11.17 해석 B의 지표수평변위

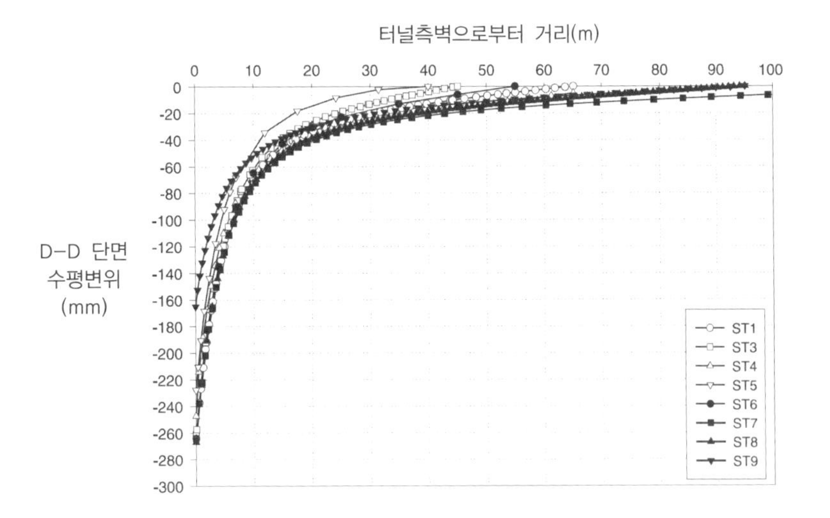

그림 11.18 해석 B의 단면 D-D에서 수직변위

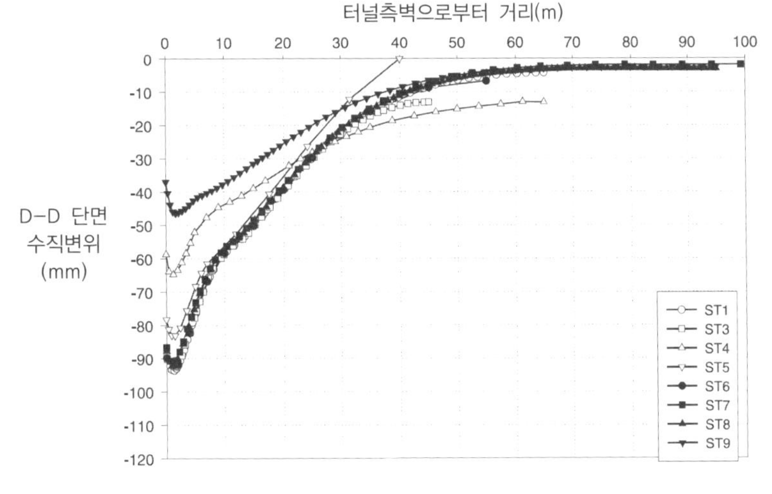

그림 11.19 해석 B의 단면 D-D에서 수평변위

11.6.2.3 해석 C

그림 11.20은 2%의 체적 손실 시 탄성-완전소성 해석에 대한 지표침하를 보인 것이다. 해석 결과가 넓게 분포하고 있다. ST7의 큰 침하의 원인은 체적 손실에 대한 잘못된 이해로 인해 체적손실을 4%로 적용하였기 때문인 것으로 설명할 수 있다. ST5는 모델의 수직경계를 구속하여 해석 결과에 영향을 미쳤다. 그러나 다른 해석에서는 대칭축(symmetry axes)으로부터 모델의 수평 경계거리가 다르다는 사실을 제외하고는, 차이에 대한 다른 명백한 원인을 발견할 수 없었다. 단지 ST8과 ST5만이 도달한 체적 손실을 확인하였음을 언급하였다. 따라서 대부분의 다른 해석자들은 체적손실을 확인하지 않은 것으로 결론 내릴 수 있다. 그림 11.21에 지표의 수평변위를 보였다. 이전의 해석 결과와 유사함을 보였다. ST1, ST1a, ST2, ST2a는 동일한 해석자에 의해 체적 손실이 서로 다르게 모델링된 경우이다. 스프링라인의 수평변위와 수직변위에 대하여도 마찬가지로 언급할 수 있다(그림 11.22와 11.23).

표 11.5 해석 B-지점 A, B, C, D에서 변위(mm)

	A	B	C	D_{vert}	D_{horiz}
ST1	−152	−252	233	−90	−266
ST3	−159	−244	221	−92	−260
ST4	−115	−219	267	−59	−247
ST5	−146	−220	183	−78	−228
ST6	−156	−249	227	−90	−264
ST7	−145	−259	247	−87	−264
ST8	−147	−256	242	−88	−267
ST9	−79	−166	173	−37	−165

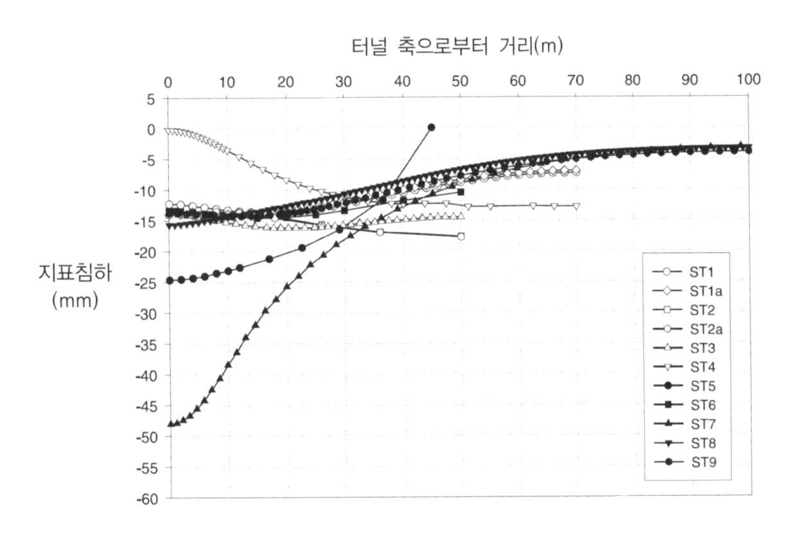

그림 11.20 해석 C의 지표침하

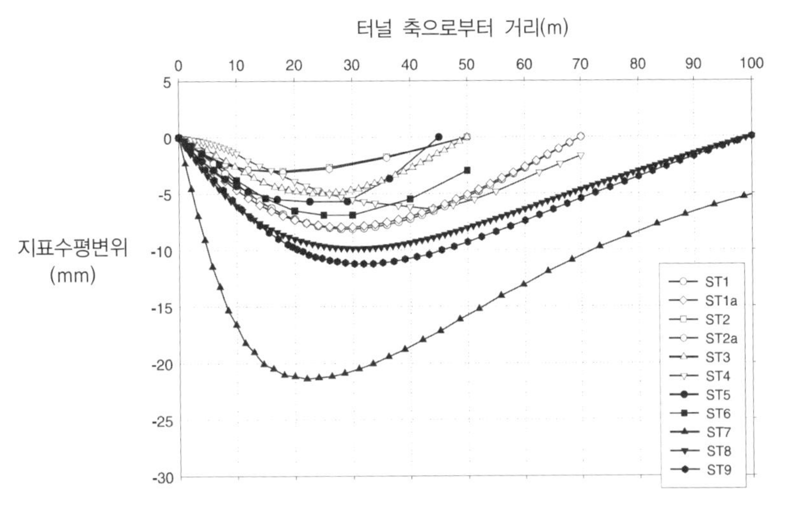

그림 11.21 해석 C의 지표수평변위

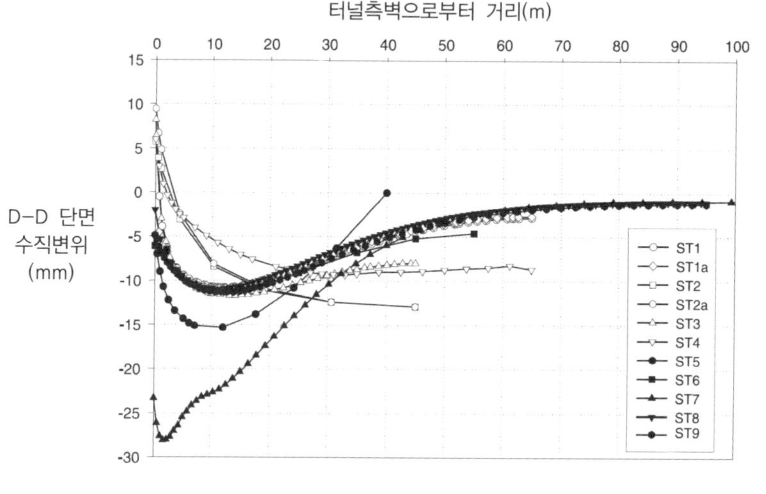

그림 11.22 해석 C의 단면 D-D에서 수직변위

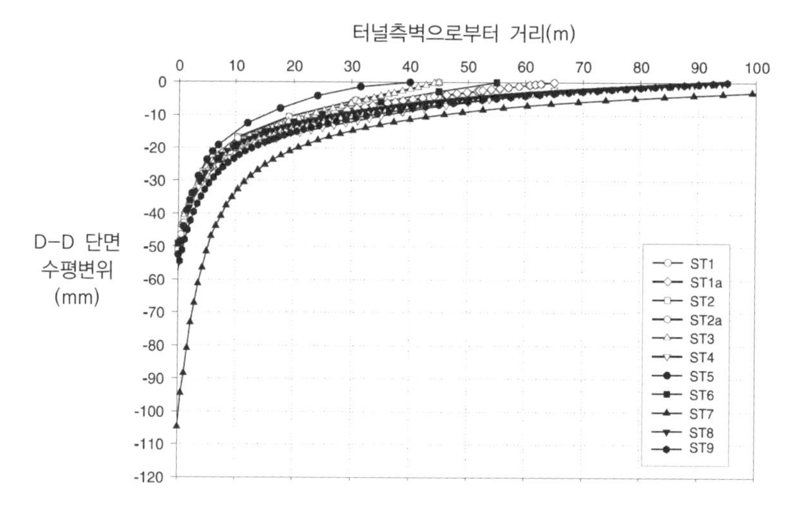

그림 11.23 해석 C의 단면 D-D에서 수평변위

11.6.3 결과의 보정

터널의 대칭축으로부터 다양한 거리의 모델 경계로 작성된 유한요소 메쉬(또는 유한 차분 격자)에 대한 모델 경계의 영향, 그리고 이 경계에 적용된 다양한 경계조건 때문에, 두 번째(second round) 해석은 모든 해석자에게 수평변위를 고정하고, 터널의 중심선(centre-line)으로부터 100m 떨어진 모델 경계를 동일 조건으로 하여 재해석(redo)을 수행시켰다. 해석 A에 대한 새로운 결과를 정리한 그림 11.24~11.27에서 보듯, 모든 결과가 일치한다. 따라서 앞에서 설명된 해석 결과의 불일치(discrepancies)는 모델 경계까지의 거리와 경계조건에 의해 발생된 것임을 알 수 있다. 그림 11.24와 11.25에 이론해를 함께 표시한 결과 경계조건의 영향을 다시 확인할 수 있다. Tresca 파괴기준 대신 Von Mises 파괴기준을 사용한 ST9 해석에서도 약간의 차이가 발견되긴 하지만 해석 B에 대해서도 유사한 결과를 얻었다. 해석 ST9과 ST9a 둘 다 Von Mises 기준을 사용하였지만, 다른 입력변수를 사용하였다. 해석 ST9는 Lode각이 0°인 응력 경로에 대한 Tresca 파괴기준과 일치시키기 위하여 감소된 파괴강도를 적용한 반면에, ST9a는 강도감소를 적용하지 않았다(그림 11.28~11.31).

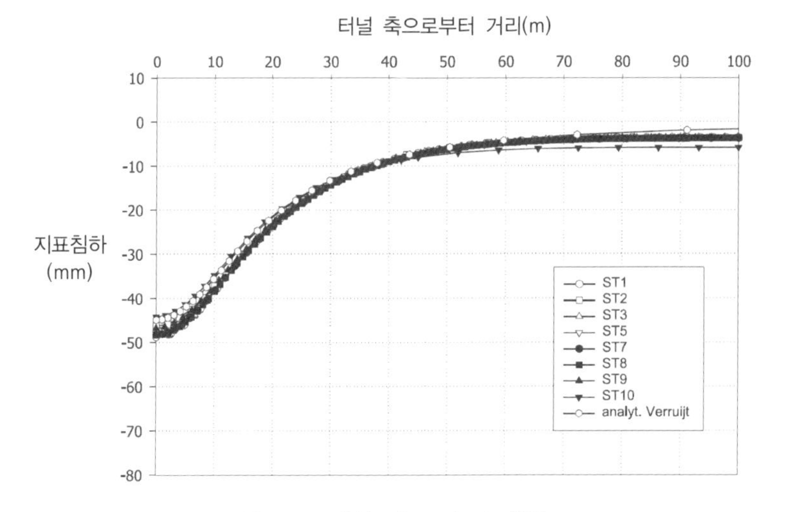

그림 11.24 해석 A/100의 지표침하

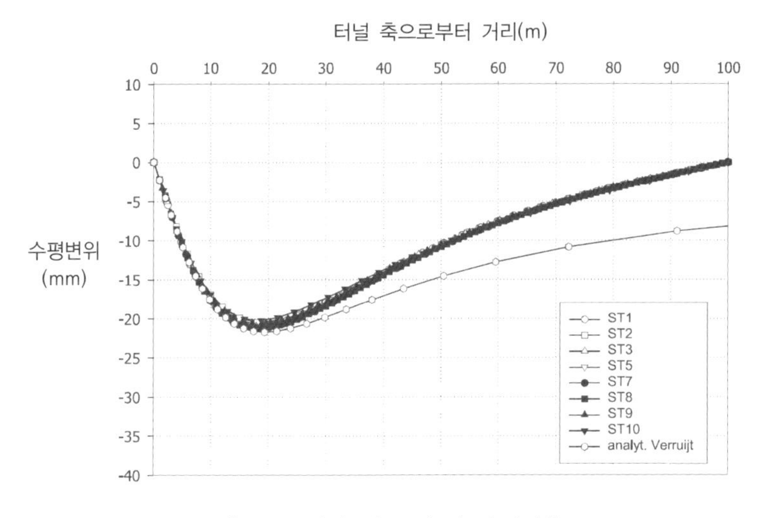

그림 11.25 해석 A/100의 지표수평변위

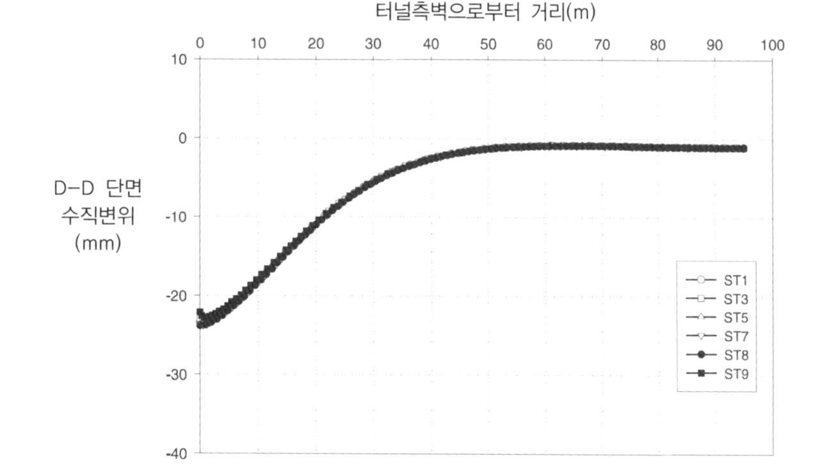

그림 11.26 해석 A/100의 단면 D-D에서 수직변위

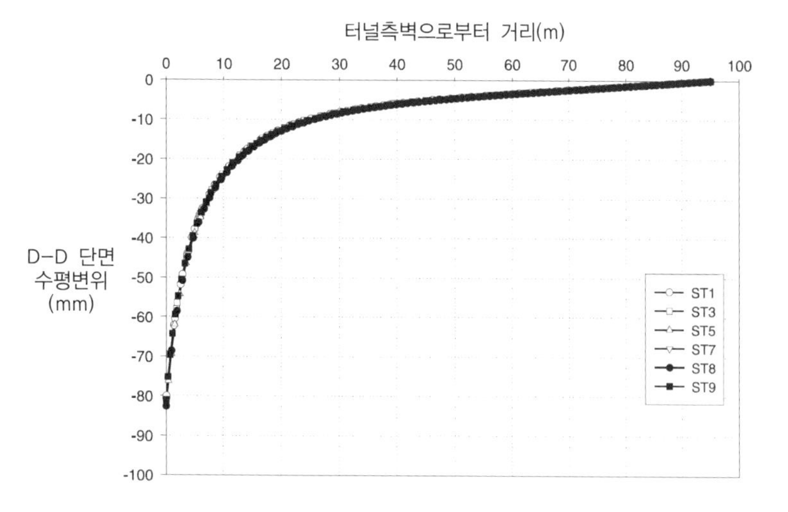

그림 11.27 해석 A/100의 단면 D-D에서 수평변위

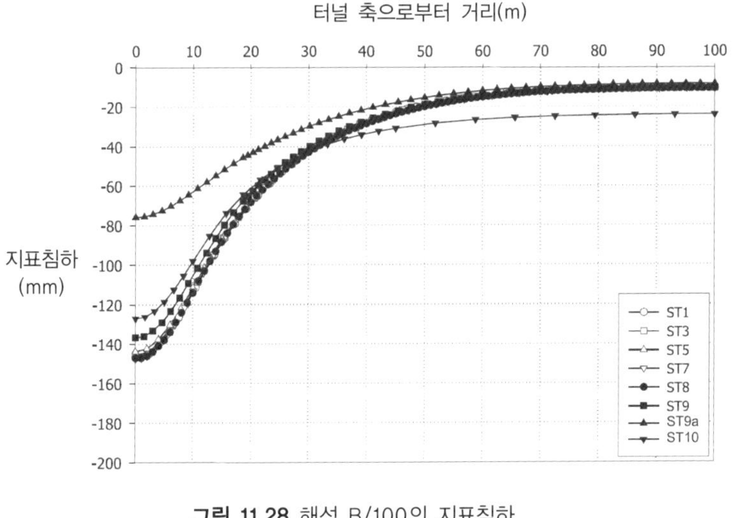

그림 11.28 해석 B/100의 지표침하

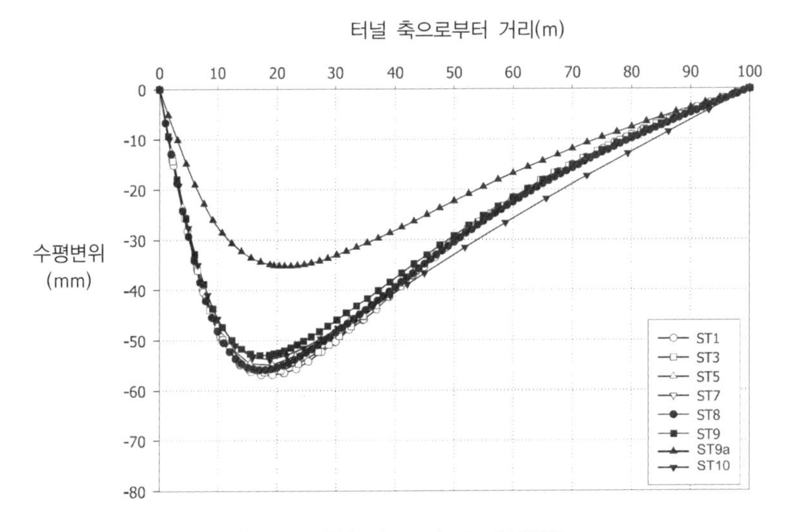

그림 11.29 해석 B/100의 지표수평변위

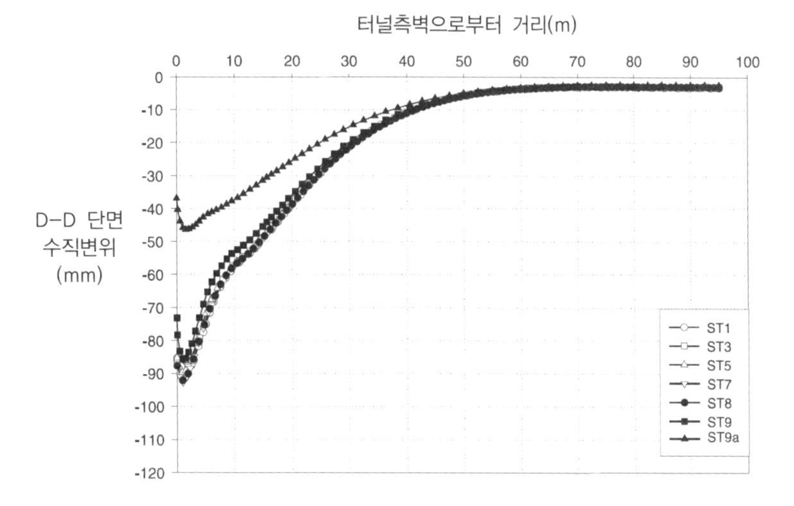

그림 11.30 해석 B/100의 단면 D-D에서 수직변위

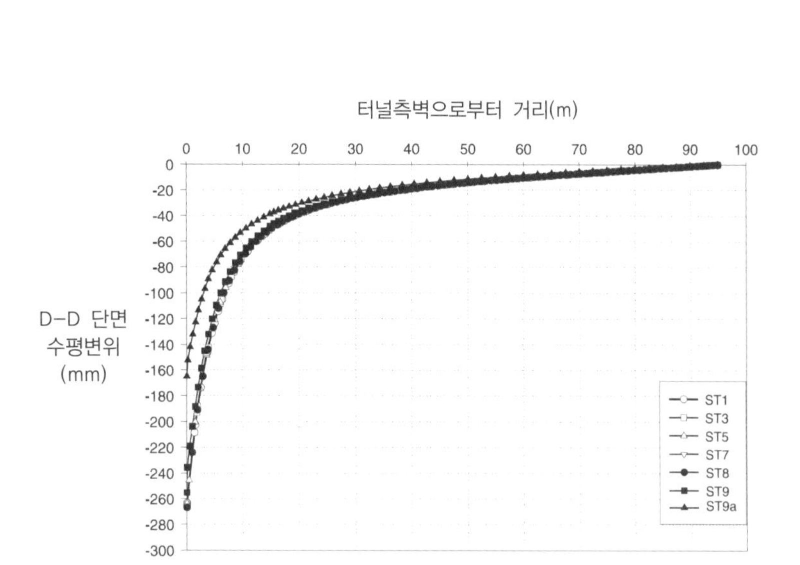

그림 11.31 해석 B/100의 단면 D-D에서 수평변위

해석 C(그림 11.32~11.35)의 결과를 비교해보면 이 역시 정확도가 개선되었음을 알 수 있다. 그러나 체적 손실을 다루는 방법이 컴퓨터 프로그램마다 다르므로 이로 인한 상당한 차이가 여전히 존재한다. 단면 D-D에서 터널 주면의 수직변위는 서로 차이를 보였다. 그러나 변위 값은 그림과 같이 라이닝 전체 두께의 포함여부에 따라 달라진다.

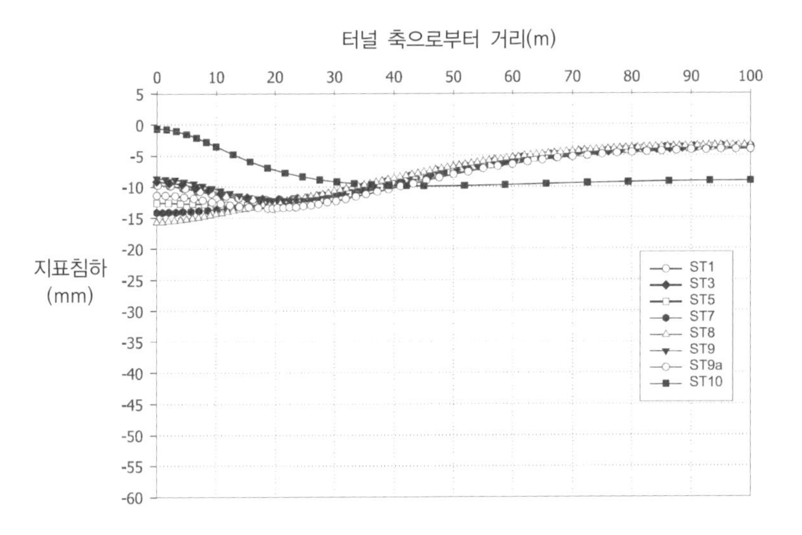

그림 11.32 해석 C/100의 지표침하

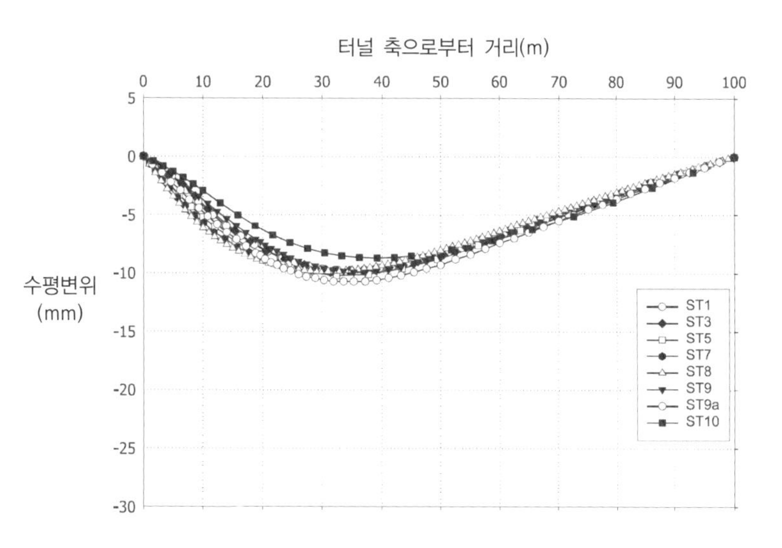

그림 11.33 해석 C/100의 지표 수평변위

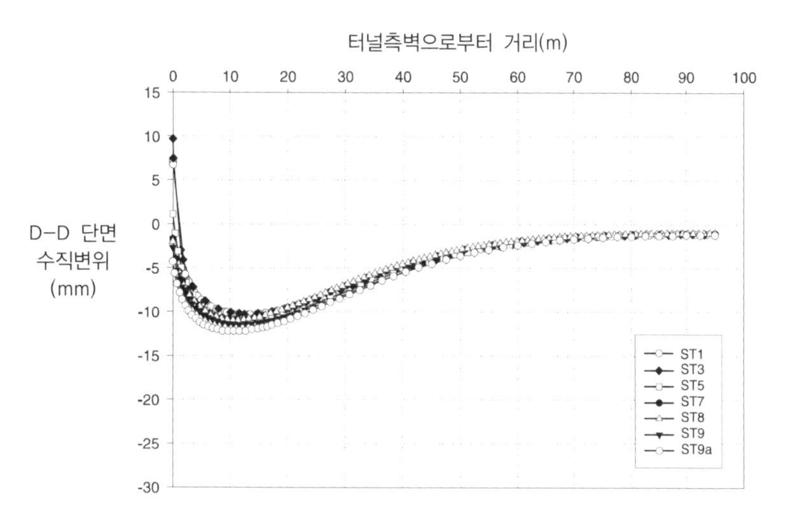

그림 11.34 해석 C/100의 단면 D-D에서 수직변위

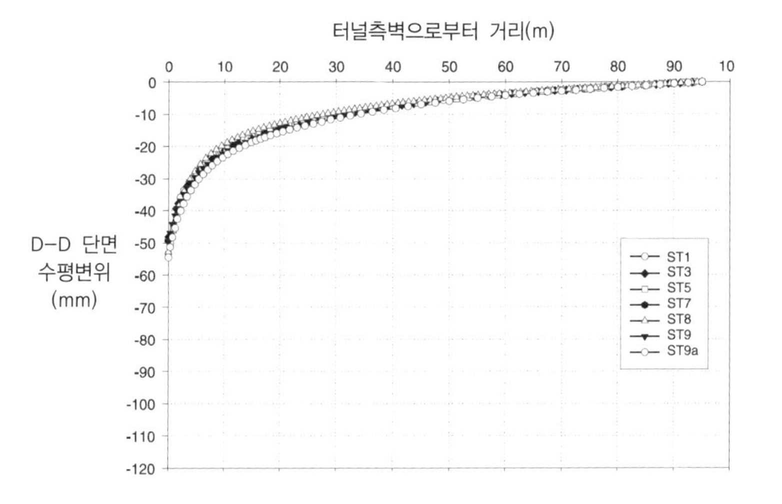

그림 11.35 해석 C/100의 단면 D-D에서 수평변위

모델 경계면 수직 경계조건의 영향을 비배수 조건(일정 체적 조건)에서 알아보기 위해서 배수거동에 상응하는 포아송 비를 제외한 나머지 지반 변수들을 동일하게 사용하는 A 해석이 수행되었다. 거칠기(roughness) 영향도 조사되었다. 그림 11.36으로부터 지표침하는 모델의 수직경계까지의 거리나 모델 저면경계의 변위 구속조건 모두에 대해 영향을 받지 않음을 알 수 있다. 이에 상응하는 수평지표변위는 그림 11.37과 같이 영향을 나타내었다. 하지만 그 차이는 크지 않다.

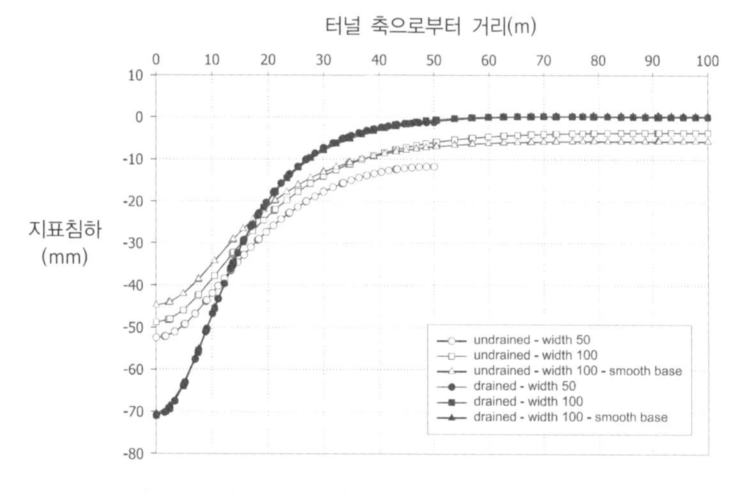

그림 11.36 해석 A/100의 지표침하 : 배수 및 비배수 조건

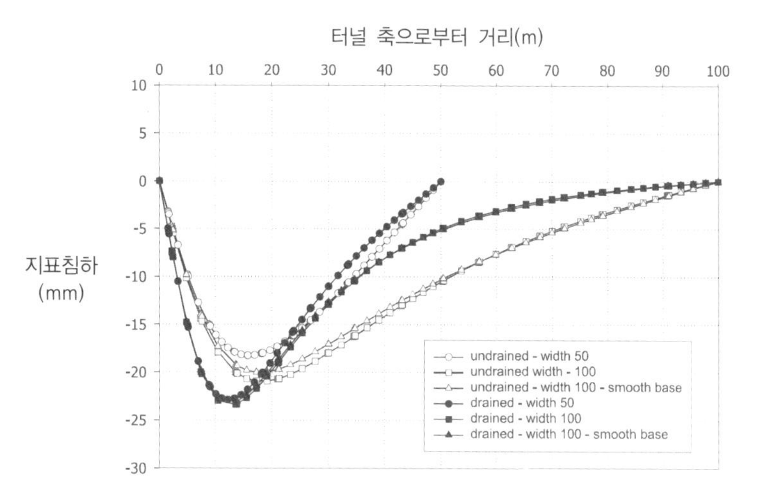

그림 11.37 해석 A/100의 지표 수평변위 : 배수 및 비배수 조건

11.7 결론

벤치마킹 예제 결과를 비교함으로써 왜 이러한 연습이 필요한지를 분명히 알 수 있었다. 처음 두 예제의 결과 차이는 아주 엄격한(strict) 해석조건을 적용하였음에도 불구하고 발생하였다. 같은 소프트웨어를 사용한 해석일지라도 해석자에 따라 상당한 차이를 보였다. 일반적으로 수치해석에서 재해석(re-analysis)을 수행하지는 않는다. 따라서 해석조건, 해석자 간 불일치(discrepancies)는 설명될 수 없다. 세 번째 예제는 특정 구성방정식을 사용하도록 명시하지 않았다. 따라서 수집 가능한 정보의 개인적 이해에 따라 결과에 상당한 편차가 나타났다. 이러한 편차는 놀라울 것도 없다. 이러한 상황은 해석의 한 단면에 불과할 뿐이다. 그러므로 향후 보다 개선된 수치해석을 위하여 입력변수를 결정하는 표준 절차를 수립하기 위한 더 많은 작업이 필요하다.

마지막으로, 아주 간단한 예제를 통해 해석의 차이가 주로 해석자의 모델링 가정에서 기인한다는 사실이 확인되었다. 같은 문제에 대해 경계조건을 구체적으로 명시한 두 번째(second round) 해석을 수행한 경우, 비록 터널 해석에 있어 지반손실을 모델링하는 소프트웨어의 차이가 있었음에도 불구하고 해석 결과의 차이가 줄어듦을 보였다.

이 장에서 살펴본 예제로부터 수치해석으로 의미 있는 결과를 얻기 위해서는 해석자의 경험과 이론적 지식이 충분하여야 함을 분명히 알 수 있었다. 비현실적인 해석 결과가 전적으로 프로그램 또는 해석법의 탓이 아님을 유념할 필요가 있다.

12

참고 문헌

Alawaji, H., Runesson, K., Sture, S. and Axelsson, K. (1992) Implicit integration in soil plasticity under mixed control for drained and undrained response. Int. J. Numer. Anal. Methods Geomech., 16, 737-756.

Al-Tabbaa, A. (1987) Permeability and stress-strain response of speswhite kaolin, PhD thesis, Cambridge University.

Al-Tabbaa, A. and Wood, D.M. (1989) An experimentally based 'bubble' model for clay. International Conference of Numerical Models in Geomechanics, NUMOG III, Pietruszczak and Pande(eds), Balkema, pp.91~99.

Anagnostou, G. (1995a) Seepage flow around tunnels in swelling rock. Int. J. Numer. Anal. Methods Geomech., 19, 705-724.

Anagnostou, G. (1995b) The influence of tunnel excavation on the hydraulic head. Int. J. Numer Anal. Methods Geomech., 19, 725-746.

Anagnostou, G. and Kovári, K. (1996) Face stability conditions with earth pressure balanced shields. Tunnell. Undergrd Space Technol., 11(2), 165-173.

Anagnostou, G. and Kovári, K. (1999) Tunnelbau in Störzonen. Symposium Geologie AlpTransit, Zürich.

Arn, Th. (1987) Numerische Erfassung der Stroemungsvorgaenge im gekluefteten Fels. Swiss Federal Institute of Technology, Zurich, IBETH, Mitteilung 1/89.

Atahan, C., Leca, E. and Guilloux, A. (1996) Performance of a shield driven sewer tunnel in the Val de Marne, France. In : Mair and Taylor(eds), Geotechnical Aspects of Underground Construction in Soft Ground, London, Balkema, Rotterdam, pp.641~646.

Atkinson, J.H. and Potts, D.M. (1975) A note on associated field solutions for boundary value problems in a variable φ-variable ν soil. Géotechnique, 25(2) 379-384.

Bathe, K.J. (1982) Finite element procedures in engineering analysis. New Jersey : Prentice Hall.

Bazant, Z.P. (1978) Endochronic inelasticity and incremental plasticity. Int. J. Solids Struct., 14, 691–714.

Bear, J. (1972) Dynamics of Fluids in Porous Media, New York : American Elsevier, p.764.

Beer, G. (1985) An isoparametric joint/interface element for finite element analysis. Int. J. Numer. Methods Eng., 21, 585–600.

Booker, J.R. and Small, J.C. (1982) Finite element analysis of consolidation, Papers I and II. Int. J. Numer. Methods Geomech., 6, 151–194.

Boone, S.J. and Crawford, A.M. (2000) Braced excavations : Temperature elastic modulus and strut loads. ASCE J. Geotech. Geoenviron. Engn., 126(10), 870–881.

Borin, D.L. (1989) Wallap-omputer program for the stability analysis of retaining walls. Geosolve.

Borja, R.I. (1991) Cam Clay plasticity, part II : Implicit integration of constitutive equations based on nonlinear elastic stress prediction. Comput. Methods Appl. Mech. Eng., 88, 225–240.

Borja, R.I. and Lee, S.R. (1990) Cam Clay plasticity, part I : Implicit integration of constitutive relations. Comput. Methods Appl. Mech. Eng., 78, 49–72.

British Standards Institution (1994) BS 8002 : Code of Practice for Earth Retaining Structures.

Brown, P.T. and Booker, J.R. (1985) Finite element analysis of excavation. Comput. Geotech., 1, 207–220.

Burland, J.B. and Hancock, R.J.R. (1977) Underground car park at the House of Commons, London : geotechnical aspects. Struct. Eng., 55(2), 87–105.

Calladine, V.R. (1963) Correspondence. Géotechnique, 13, 250–255.

Carol, I. and Alonson, E.E. (1983) A new joint element for the analysis of fractured rock. 5th International Congress on Rock Mechanics, Melbourne, Australia, Vol. F, pp.147～151.

Carter, J.P. (1977) Finite deformation theory and its application to elastoplastic soils. PhD thesis, University of Sydney, Australia.

Carter, J.P., Booker, J.R. and Davies, E.H. (1977) Finite deformation of an elastoplastic soil. Int. J. Numer. Methods Geomech., 1.

Carter, J.P., Booker, J.R. and Small, J.C. (1979) The analysis of finite elastoplastic consolidation. Int. J. Numer. Anal. Methods Geomech., 3, 107–129.

Castro, G. (1969) Liquefaction of sands. PhD thesis, Harvard University, USA. Soil Mechanics Series No. 81. Chambon, R., Desrues, J., Hammad, W. and Charlier, R. (1994) CLoE, a new rate-type constitutive model for geomaterials-heoretical basis and implementation. Int. J. Numer. Anal. Methods Geomech., 18(4), 253–278.

Chen, W.F. (1975) Limit analysis and plasticity. In : Developments in Geotechnical Engineering, Vol. 7, Elsevier, Amsterdam.

Clarke, B.G. (1995) Pressuremeters in Geotechnical Design, London : Blackie.

Clayton, C.R.I. and Symons, I.F. (1992) The pressure of compacted fill on retaining walls. Géotechnique, 42(1), 127–130.

Coulomb, C.A. (1776) Essai sur une application des règles de maximis et minimis à quelques problèmes de statique, relatifs à l'architecture. Mém. Math. Phys. Acad. R. Sci., 7, 343–382.

Dafalias, Y.F. (1975) On cyclic and anisotropic plasticity. PhD thesis, University of California, Berkeley, CA. Dafalias, Y.F. and Popov, E.P. (1975) A model of nonlinearly hardening materials for complex loadings.

Acta Mech., 21, 173–192.

Davinson, H.L. and Chen, W.F. (1976) Nonlinear analyses in soil and solid mechanics. Proceedings of 2nd Conference on Numerical Methods in Geomechanics, Desai (ed.), Blacksburg, VA, pp.205～216.

Day, R.A. (1990) Finite element analysis of sheet pile retaining walls. PhD thesis, Imperial College, University of London.

Day, R.A. and Potts, D.M. (1990) Curved Mindlim beam and axi-symmetric shell elements-new approach. Int. J. Numer. Methods Eng., 30, 1263–1274.

Desai, C.S. (1999) Mechanics of Materials and Interfaces : The Disturbed State Concept, Boca Raton, FL : CRC Press.

Desai, C.S., Zaman, M.M., Lightner, J.G. and Siriwardane, H.J. (1984) Thin-layer element for interfaces and joints. Int. J. Numer. Anal. Method. Geomech., 8, 19–43.

Di Maggio, F.L. and Sandler, I.S. (1971) Material model for granular soils. ASCE EM Div., 97, 935–950.

Dolezalová, M. and Danko, J. (1999) Effect of dimension of the analysis and other factors on the accuracy of numerical prediction of surface settlements due to tunnelling. Scientific Seminar on Soil-tructure Interaction, Bratislava, pp.13～20(in Czech).

Dolezalová, M., Havlena, V., Karhanek, J., Hamza, P. and Stavicek, J. (1991) Numerical analysis of staged excavation of a sewer tunnel. Proceedings, Underground Structures '91, Prague, pp.16～25(in Czech).

Dolezalová, M., Zemanová, V. and Danko, J. (1998) An approach for selecting rock mass constitutive model for surface settlement predictions. Proceedings of 1st International Conference on Soil-tructure Interaction in Urban Civil Engineering, Darmstadt, 1(4), 44–66.

Drucker, D.C. and Prager, W. (1952) Soil mechanics and plasticity analysis or limit design. Q. Appl. Math., 10(2), 157-165.

Drucker, D.C., Gibson, R.E. and Henkel, D.J. (1957) Soil mechanics and work hardening theories of plasticity. Trans. ASCE, 122, 338-349.

Duncan, J.M. (1994) The role of advanced constitutive relations in practical applications. Proceedings of 13th ICSMFE, New Delhi, vol. 5, pp.31～48.

Duncan, J.M. and Chang, C.-Y. (1970) Nonlinear analysis of stress and strain in soils. J. Soil Mech. Found. Div. ASCE(SM5) 96, 1629-1653.

Dyer, M.R., Hutchinson, M.T. and Evans, N. (1996) Sudden Valley Sewer : A case history. In : Mair and Taylor(eds), Geotechnical Aspects of Underground Construction in Soft Ground, pp.671～76, London, Balkema, Rotterdam.

Francavilla, A. and Zienkievicz, O.C. (1975) A note on numerical computation of elastic contact problems. Int. J. Numer. Methods Eng., 9, 913-924.

Frank, R., Guenot, A. and Humbert, P. (1982) Numerical analysis of contacts in geomechanics. Proceedings of 4th International Conference on Numerical Methods in Geomechanics, Balkema, Rotterdam, pp.37～42.

Ganendra, D. (1993) Finite element analysis of laterally loaded piles, PhD thesis, Imperial College, University of London.

Ganendra, D. and Potts, D.M. (1995) Discussion on Evaluation of constitutive model for overconsolidated clays, by A.J. Whittle. Géotechnique, 45(19), 169-173.

Gens, A. (1995) General report : Prediction, performance and design. In : Shibuya, Mitachi and Miura(eds), Prefailure Deformation of Geomaterials, Rotterdam : Balkema.

Ghaboussi, J., Wilson, E.L. and Isenberg, J. (1973) Finite element for rock joint interfaces. ASCE (SM10) 99, 833-848.

Goodman, R.E., Moye, D.G., van Schalkwyk, A. and Javendel, I. (1965)

Ground water inflows during tunnel driving. Eng. Geol., 2, 39–56.

Goodman, R.E., Taylor, R.L. and Brekke, T.L. (1968) A model for the mechanics of jointed rock. ASCE (SM3), 94, 637–659.

Griffiths, D.V. (1980) Finite element analyses of walls, footings and slopes, PhD thesis, University of Manchester.

Griffiths, D.V. (1985) Numerical modelling of interfaces using conventional finite elements. Proceedings of the 5th International Conference on Numerical Methods in Geomechanics, Nagoya, Balkema, Rotterdam. pp.837～844.

Gudehus, G. (1996) A comprehensive constitutive equation for granular materials. Soils Found., 36(1), 1–12.

Gunn, M. (1992) Small strain stiffness model for CRISP. Proceedings of Wroth Memorial Symposium, Predictive Soil Mechanics, Oxford, July, Houlsby and Schofield(eds), London : Thomas Telford.

Gunn, M.J., Satkunananthan, A. and Clayton, C.R.I. (1993) Finite element modelling of installation effects. In : Retaining Structures, Clayton, C.R.I. (ed) London : Thomas Telford, pp.46～55.

Hashash, Y.M.A. (1992) Analysis of deep excavations in clay, PhD thesis, Massachusetts Institute of Technology.

Hermann, L.R. (1978) Finite element analysis of contact problems. ASCE (EM5), 104, 1043–1057.

Hernández, S. and Romera, L.E. (2001) A non-linear finite element procedure for evaluation of settlement induced by tunnel excavation. Computer Methods and Advances in Geomechanics, Tucson, Arizona, Desai et al. (ed), Balkema, Rotterdam. pp.641～646.

Hibbit, H.D., Marchal, P.V. and Rice, J.R. (1970) Formulation for problems of large strain and large displacements. Int. J. Solids Struct., 6, 1069–1086.

Higgins, K., Potts, D.M. and Symons, I.F. (1989) Comparison of predicted and measured performance of the retaining walls of the Bell Common tunnel, TRL Report CR 124, Crowthorne : Transport Research Laboratory.

Hight, D.W. and Higgins, K.G. (1995) An approach to the prediction of ground movements in engineering practice : Background and application. In: Shibuya, Mitachi and Miura(eds), Pre-failure Deformation of Geomaterials, Rotterdam : Balkema, pp.909～945.

Hoeg, K., Christian, J.T. and Whitman, R.V. (1968) Settlement of strip load on elastic–lastic soil. J. Soil Mech. Found. Div. ASCE (SM2) 94, 431–445.

Hofmeister, L.D., Greenbaum, G.A. and Evensen, D.A. (1971) Large strain, elastoplastic finite element analysis. AIAA J., 9, 1248–1254.

Hou, X.Y., Liao, S. and Zhao, Y. (1996) Field measurements from two tunnels in Shanghai. In : Mair and Taylor(eds), Geotechnical Aspects of Underground Construction in Soft Ground, London, Balkema, Rotterdam, pp.689～694.

Hvorslev, M.J. (1937) Ü ber die Festigkeitseigenschaften gestörter bindiger Böden, Danmarks Naturvidenskaplige samfund, Ingeniorvidenskaplige Skrifter A45, Copenhagen.

Janbu, N. (1963) Soil compressibility as determined by oedometer and triaxial tests. Proceedings of European Conference for Soil Mechanics and Foundation Engineering, Wiesbaden, pp.19～25.

Jardine, R.J., Potts, D.M., Fourie, A.B. and Burland, J.B. (1986) Studies of the influence of non-linear stress-strain characteristics in soil-tructure interaction. Géotechnique, 36(3), 377–396.

Jardine, R.J., Potts, D.M., St John, H.D. and Hight, D.W. (1991) Some practical applications of a non-linear ground model. Proceedings of Xth European Conference for Soil Mechanics and Foundation Engineering, Firenze, vol. 1, pp.223~228.

Kamenicek, I. et al. (1997) Mrazovka Exploratory Adit, 1st stage, Technical Report. Monitoring NATM, IKE Ltd, Prague : PUDIS(in Czech).

Kastner, R., Ollier, C. and Guibert, G. (1996) In situ monitoring of the Lyons Metro D line extension. In : Mair and Taylor(eds), Geotechnical Aspects of Underground Construction in Soft Ground, London, Balkema, Rotterdam, pp.701~706.

Katona, M.G. (1983) A simple contact-friction interface element with application to buried culverts. Int. J. Numer. Anal. Methods Geomech., 7, 371-384.

Katzenbach, R., Arslan, U., Moormann, C. and Reul, O. (1998) Piled raft foundations-nteraction between piles and raft. Proceedings of the 1st International Conference on Soil-tructure Interaction in Urban Civil Engineering, Darmstadt, October, vol. 2, pp.279~296.

Kavvadas, M. and Amorosi, A. (2000) A constitutive model for structured soils. Géotechnique, 50(3), 263-273.

Klisinski, M. (1998) On constitutive equations for arbitrary stress-train control in multi-surface plasticity. Int. J. Solids Struct., 35, 2655-2678.

Klisinski, M., Mroz, Z. and Runesson, K. (1992) Structure of constitutive equations in plasticity for different choices of state and control variables. Int. J. Plast., 8, 221-243.

Kolymbas, D., Herle, I. and von Wolffersdorff, P.A. (1995) Hypoplastic constitutive equation with back stress. Int. J. Numer. Anal. Methods Geomech., 19(6), 415-446.

Kondner, R. (1963) Hyperbolic stress-train response : cohesive soils. J. Soil Mech. Found. Div. ASCE (SM1) 89, 115-143.

Krieg, R.D. (1975) A practical two-surface plasticity theory. J. Appl. Mech., 42, 641-46.

Lade, P.V. (1977) Elasto-plastic stress-train theory for cohesionless soil with curved yield surfaces. Int. J. Solids Struct., 13, 1019–1035.

Lade, P.V. and Duncan, J.M. (1973) Cubical triaxial tests on cohesionless soil. J. Soil Mech. Found. Div. ASCE, (SM10), 99, 793–812.

Lade, P.V. and Duncan, J.M. (1975) Elasto-plastic stress–train theory for cohesionless soil. ASCE, GT Div., 101, 1037–1053.

Lai, J.Y. and Booker, J.R. (1989) A residual force finite element approach to soil–tructure interaction analysis. Research Report No. 604, University of Sydney.

Lee, K. and Sills, G.C. (1981) The consolidation of a soil stratum including self weight effects and large strains. Int. J. Numer. Methods Geomech., 5, 405–428.

Long, M. and Brangan, C. (2001) Behaviour of a deep basement in Dublin glacial till. Geotech. Eng. J. (submitted).

Long, M.M., Hamilton, J., Clarke, J.C. and Lambson, M.D. (1992) Cyclic lateral loading of an instrumented pile in over consolidated clay at Tilbrook Grange. Proceedings of a Conference on Recent Large Scale Fully Instrumented Pile Tests in Clay, London : ICE, June.

Lunne, T., Robertson, P.K. and Powell, J.J.M. (1997) Cone penetration testing in geotechnical practice, Blackie, London.

Magnan, J.P., Belkeziz, A., Humbert, P. and Mouratidis, A. (1982) Finite element analysis of soil consolidation with special reference to the case of strain hardening elasto-plastic stress-train models. 1st International Conference on Numerical Methods in Geomechanics, Zürich, pp.601～609.

Mair, R.J. and Taylor, R.N. (1997) Bored tunnelling in the urban environment. Proceedings of 14th International Conference for Soil Mechanics and Foundation Engineering, Hamburg, Balkema, Rotterdam, pp.2353～

2385.

Marchetti, S. (1997) Flat dilatometer design applications. Geotechnical Engineering Conference, Cairo University, January, vol. 3.

Marsily, G. de (1986) Quantitative Hydrogeology. Groundwater Hydrology for Engineers, London : Academic Press, p.434.

Matsuoka, H. and Nakai, T. (1977) Stress-train relationship of soil based on the 'SMP'. Constitutive equations of soils. Proceedings of specialty session 9, IX ICSMFE, Tokyo, pp.153~162.

Mattsson, H. (1999) On a mathematical basis for constitutive drivers in soil plasticity. PhD thesis, Lulea University of Technology, Lulea, Sweden.

Mattsson, H., Axelsson, K. and Klisinski, M. (1997) A method to correct yield surface drift in soil plasticity under mixed control and explicit integration. Int. J. Numer. Anal. Methods Geomech., 21, 175–197.

Mattsson, H., Axelsson, K. and Klisinski, M. (1999) On a constitutive driver as a tool in soil plasticity. Adv. Eng. Software, 30, 511–528.

Mattsson, H., Klisinski, M. and Axelsson, K. (2000) Optimisation routine for identification of model parameters in soil plasticity. Int. J. Numer. Anal. Methods Geomech. (submitted).

Meissner, H. (1991) Empfehlungen des Arbeitskreises 1.6 'Numerik in der Geotechnik', Abschnitt 1, 'Allgemeine Empfehlungen'. Geotechnik, 14, 1–10.

Meissner, H. (1996) Tunnelbau unter Tage-Empfehlungen des Arbeitskreises 1.6 'Numerik in der Geotechnik', Abschnitt 2. Geotechnik, 19, 99–108.

Meissner, H. (2002). Baugruben-Empfehlungen des Arbeitskreises 1.6 'Numerik in der Geotechnik', Abschnitt 3. Geotechnik, 25, 44–56.

Mohr, O. (1882). Über die Darstellung des Spannungszustandes und des Deformationszustandes eines Körperelements und über die Anwendung derselben in der Fesigkeitslehre. Civilingenieur, 28, 113–156.

Mouratides, A. and Magnan, J.P. (1983) Un modèle élastoplastque anisotrope avec écrouissage pour les argilles molles naturelles. MELANIE. Rev. Fr. Geotech., 25, 55–62.

Mroz, Z. (1967) On the description of anisotropic work hardening. J. Mech. Phys. Solids, 15, 163–175.

Mroz, Z. and Norris, V.A. (1982) Elastoplastic and viscoplastic constitutive models for soils with application to cyclic loading. In : Pande, G.N. and Zienkiewicz, O.C.(eds), Soil Mechanics. Transient and Cylic Loads, pp.173～217.

Naylor, D.J., Pande, G.N., Simpson, B. and Tabb, R. (1981) Finite Elements in Geotechnical Engineering, Swansea : Pineridge Press.

Nelder, J.A. and Mead, R. (1965) A simplex method for function minimization. Comput. J., 7, 308–313.

Ng, C.W.W. (1999) Stress paths in relation to deep excavation, ASCE J. Geotech. Geoenviron. Eng., 125(5), 357–363.

Ng, C.W.W. and Yan, R.W.M. (1999) Three-dimensional modelling of a diaphragm wall construction sequence. Géotechnique, 46(6), 825–834.

Ng, C.W.W., Lings, M.L. and Nash, D.F.T. (1992) Back-analysing the bending moment in a concrete diaphragm wall. Struct. Eng., 70 (23 & 24), 421–426.

Nieminis, A. and Herle, I. (1997) Hypoplastic model for cohesionless soils with elastic strain range. Mech. Cohes. Frict. Mater., 2(4), 279–299.

Nova, R. (1989) Liquefaction, stability, bifurcations of soil via strain hardening plasticity. In : Dembicki, E., Gudehus, G. and Sikora, Z.(eds), Numerical Methods for Localization and Bifurcation of Granular Bodies, TU Gdansk, pp.117～131.

Nova, R. and Wood, D.M. (1979) A constitutive model for sand in triaxial compression. Int. J. Num. Anal. Methods Geomech., 3(3), 255-278.

Nuebel, K., Karcher, C. and Herle, I. (1999) Ein einfaches Konzept zur Abschaetzung von Setzugnen. Geotechnik, 22(4), 251-258.

Ohde, J. (1939) Zur Theorie der Druckverteilung im Baugrund. Bauingenieur, 20, 451-459.

Ohde, J. (1951) Grundbaumechanik, Huette, BD, III, 27. Auflage.

Ohta, H. and Wroth, C.P. (1976) Anisotropy and stress reorientation in clay under load. Second International Conference on Numerical Methods in Geomechanics, Blacksburg, vol. 1, pp.319～328.

O'Reilly, M.P. and New, B.M. (1982) Settlements above the tunnels in the United Kingdom-heir magnitude and prediction. Tunnelling '82, London, pp.173～182.

Osias, J.R. and Swedlow, J.L. (1974) Finite elastoplastic deformation-heory and numerical examples. Int. J. Solids Struct., 10, 321-339.

Owen, D.R.J. and Hinton, E. (1980) Finite Elements in Plasticity : Theory and Practice, Swansea : Peneridge Press.

Pan, X.D. and Hudson, J.A. (1988) Plane strain analysis in modelling three-dimensional tunnel excavations. Int. J. Rock Mech. Min. Sci. Geomech. Abstr., 25(5), 331-337.

Pan, X.D., Hudson, J.A. and Cassie, J. (1989) Large deformation of weak rocks at depth-numerical case study. Rock at Great Depth, 2, 613-620.

Pande, G.N. and Pietruszczak, S. (1986) A critical look at constitutive models for soils. In : Dugnar, R. and Studer, J.A.(eds), Geomechanical Modelling in Engineering Practice, Balkema, Rotterdam, pp.369～395.

Pande, G.N. and Sharma, K.G. (1983) Multilaminate model for clays—numerical evaluation of the infleunce of rotation of the principal stress axes. Int. J. Numer. Anal. Methods Geomech., 7, 397-418.

Pande, G.N., Beer, G. and Williams, J.R. (1990) Numerical Methods in Rock Mechanics, Chichester : John Wiley & Sons.

Panet, M. and Guenot, A. (1982) Analysis of convergence behind a face of a tunnel. Proceedings of International Symposium on Tunnelling '82, pp.197～204.

Pani, M., Battelino, D. and Zanette, N. (2001) The new computer aided design using cell method. International Workshop on Computational Mechanics of Materials, IWCM11, Freiberg.

Papin, J.W., Simpson, B., Felton, P.J. and Raison, C. (1985) Numerical analysis of flexible retaining walls. Conference on Numerical Methods in Engineering, Theory and Application, Swansea, pp.789～802.

Pietruszczak, S. and Pande, G.N. (1987) Multi-laminate framework of soil models—lasticity formulation. Int. J. Numer. Anal. Methods Geomech, 11, 651-658.

Potts, D.M. and Addenbrooke, T.I. (1997) A structure's influence on tunnelling-induced ground movements. Proc. ICE, Geotech. Eng., 125, 109-125.

Potts, D.M. and Ganendra, D. (1994) An evaluation of substepping and implicit stress point algorithms. Comput. Methods Appl. Mech. Eng., 119, 341-354.

Potts, D.M. and Zdravkovic, L. (1999) Finite Element Analysis in Geotechnical Engineering : Theory, London : Thomas Telford.

Potts, D.M. and Zdravkovic, L. (2001a) Finite Element Analysis in Geotechnical Engineering-pplication, London : Thomas Telford.

Potts, D.M. and Zdravkovic, L. (2001b) Prediction and reality in geotechnical practice. In : Desai et al.,(eds) Computer Methods and Advances in Geomechanics, Tucson, AZ, pp.57～65.

Powrie, W. and Batten, M. (2000) Comparison of measured and calculated temporary-prop loads at Canada Water Station. Géotechnique, 50(2), 127-140.

Powrie, W. and Li, E.S.F. (1991) Finite element analysis of an in situ wall propped at formation level. Géotechnique, 41(4), 499-514.

Powrie, W., Chandler, R.J., Carder, D. and Watson, G.V.R. (1999) Back analysis of an embedded retaining wall with a stabilising base. Proc. ICE, Geotech. Eng., 127, 75-86.

Prager, W. (1961) An elementary discussion of definitions of stress rate. Q. Appl. Math., 17, 403-407.

Prevost, J.H. and Hoeg, K. (1975) Effective stress-train-trength model for soils. ASCE, GT Div., 10, 257-278.

Puzrin, A.M. and Burland, J.B. (1998) Nonlinear model of small strain behaviour of soils. Géotechnique, 48(2), 217-233.

Randolph, M.F. and Houlsby, G.T. (1984) The limiting pressure on a circular pile loaded laterally in cohesive soil. Géotechnique, 34(4), 613-623.

Renati, E.B. and Roessler, K. (1998) Tunnel design and construction in extremely difficult ground conditions. Tunnel, 8, 23-31.

Riggs, C.O. (1982) Proposed standard test method for a free fall penetration test. ASTM Geotech. Test. J., 5 (3/4), 89-92.

Roscoe, K.H. and Burland, J.B. (1968) On the generalised stress-train behaviour of 'wet' clay. In : Engineering Plasticity, Cambridge University Press, pp.535~609.

Roscoe, K.H. and Schofield, A.N. (1963) Mechanical behaviour of an idealised 'wet' clay. European Conference for Soil Mechanics and Foundation Engineering, Wiesbaden, vol. 1, pp.47~54.

Roscoe, K.H., Schofield, A.N. and Wroth, C.P. (1958) On the yielding of soils.

Géotechnique, 8, 22-52.

Rosenbrock, H.H. (1960) An automatic method for finding the greatest or least value of a function. Comput. J., 3, 175-184.

Rouainia, M. and Muir Wood, D. (2000) A kinematic hardening constitutive model for natural clays with loss of structure. Géotechnique, 50(2), 153-164.

Rozsypal, A. (2000) Influence of tunnelling on surface subsidence. Proceedings of International Conference on Underground Construction, Prague, pp.156~163 (in Czech).

Runesson, K., Axelsson, K. and Klisinski, M. (1992) Characteristics of constitutive relations in soil plasticity for undrained behaviour. Int. J. Solids Struct., 29, 363-380.

Sachdeva, T.D. and Ramakrishnan, C.V. (1981) A finite element solution for the two dimensional elastic contact problem. Int. J. Numer. Methods Eng., 17, 1257-1271.

Sakurai, S. (1978) Approximate time dependent analysis of tunnel support structure considering progress of tunnel face. Int. J. Numer. Anal. Methods Geomech., 2, 159-175.

Sakurai, S. (1992) The deformation behaviour of underground openings excavated in soils and jointed rocks. Proceedings of International Conference, NUMEG '92, Prague, Balkema, Rotterdam.

Sandler, I.S., Di Maggio, F.L. and Baladi, G.Y. (1976) Generalised cap model for geological materials. ASCE, GT Div., 102, 683-697.

Schofield, A.N. and Wroth, C.P. (1968) Critical State Soil Mechanics, London : McGraw-Hill.

Schweiger, H.F. (1997) Berechnungsbeispiele des AK 1.6 der DGGT-ergleich der Ergebnisse für Beispiel 1 (Tunnel) und 2 (Baugrube). Tagungsband Workshop 'Numerik in der Geotechnik', DGGT/AK 1.6, 1-29.

Schweiger, H.F. (1998) Results from two geotechnical benchmark problems. Proceedings of 4th European Conference on Numerical Methods in Geotechnical Engineering, Cividini, A. (ed.), pp.645~654.

Schweiger, H.F. (2000) Ergebnisse des Berechnungsbeispieles Nr. 3 '3-fach verankerte Baugrube.' Tagungsband Workshop 'Verformungsprognose für tiefe Baugruben', DGGT/AK 1.6, 7-67.

Sekiguchi, H. and Ohta H. (1977) Induced anisotropy and time dependency in clays. Ninth International Conference for Soil Mechanics and Foundation Engineering, Tokyo, Special Session 9, pp.163~175.

Simpson, B. (1992) Retaining structures, displacement and design, 32nd Rankine Lecture. Géotechnique, 42(4), 541-576.

Simpson, B. (1994) A model of interaction between tunnelling and a masonry structure. In : Smith (ed.), Numerical Methods in Geotechnical Engineering, Rotterdam : Balkema.

Simpson, B., O'Riordan, N.J. and Croft, D. (1979) A computer model for the analysis of ground movements in London clay. Géotechnique, 29, 149-175.

Sloan, S.W. (1987) Substepping schemes for numerical integration of elasto-plastic stress-train relations. Int. J. Numer. Methods Eng., 24, 893-911.

Small, J.C. and Chung, M.O. (1991) Finite element analysis of excavation in jointed rock. In Computer Methods and Advances in Geomechanics Beer et al.(eds), Balkema, Rotterdam, Cairns, 1227-1232.

Sokolovski, V.V. (1960) Statics of Soil Media, London : Butterworth.

Sokolovski, V.V. (1965) Statics of Granular Media, Oxford : Pergamon Press.

Stallebrass, S.E. and Taylor, R.N. (1997a) The development and evaluation of a constitutive model for the prediction of ground movements in overconsolidated clay. Géotechnique, 47(2), 235-254.

Stolle, D.F. and Higgins, J.E. (1989), Viscoplasticity and plasticity-umerical stability revisited. International Conference on Numerical Methods in Geomechanics, NUMOG III, pp.431～438.

Stroud, M.A. (1971) Sand at low stress levels in the S.S.A., PhD thesis, Cambridge University.

Swoboda, G., Mahmoud, M. and Hladik, I. (2001) Simulation of initial stresses for tunnel models. 10th IACMAG, Tucson, AZ, vol. 2, Balkema, Rotterdam.

Tatsuoka, F. and Ishihara, K. (1974) Yielding of sand in triaxial compression. Soils Found., 14(2), 63–76.

Tavenas, F. (1981) Some aspects of clay behaviour and their consequences on modelling techniques. ASTM STP, 740, 667–677.

Thomas, J.N. (1984) An improved accelerated initial stress procedure for elasto-plastic finite element analysis. Int. J. Numer. Methods Geomech., 8, 359–379.

Timoshenko, S. and Goodier, J.N. (1951) Theory of Elasticity, New York : McGraw-Hill.

Tonti, E. (2001) A direct discrete formulation of field laws : the cell method. Comput. Model. Eng. Sci., 2.

Truesdell, C. and Noll, W. (1965) The non-linear field theories of mechanics. In : Handbuch der Physik III/c, Berlin : Springer-Verlag.

Valanis, K.C. (1971) A theory of viscoplasticity without a yield surface, Part I, General theory. Arch. Mech., 23, 517–534.

Valanis, K.C. (1982) An endochronic geomechanical model for soils. IUTAM Conference on Deformation and Failure of Granular Materials, Delft. Vermeer and Luger Delft(eds), Balkema, pp.159～165.

Van der Heijden and Besseling (1984) A large strain plasticity theory and the symmetry properties of its constitutive equations. Int. J. Comput.

Struct., 19, 271–276.

Vermeer, P. (1982) A five-constant model unifying well-established concepts. International Workshop on Constitutive Relations for Soils, Grenoble, Balkema, pp.477～483.

Vogt, C., Bonnier, P. and Vermeer, P.A. (1998) Analysis of NATM tunnels with 2D and 3D FEM. NUMGE98, Udine, pp.211～220.

Watson, G.V.R. and Carder, D.R. (1994) Comparison of the measured and computed performance of a propped bored pile retaining wall at Walthamstow. Proc. ICE, Geotech. Eng., 107, 127–133.

Whittle, A.J. (1987) A constitutive model for overconsolidated clays with application to the cyclic loading of friction piles, PhD thesis, Massachusetts Institute of Technology.

Whittle, A.J. (1991) MIT-E3 : A constitutive model for overconsolidated clays. In : Computer Methods and Advances in Geomechanics, Beer et al.(eds) Rotterdam : Balkema.

Whittle, A.J. (1993) Evaluation of a constitutive model for overconsolidated clays. Géotechnique, 43, 289–313.

Wilson, E.L. (1977) Finite elements for foundations, joints and fluids. Chapter 10 In : Gudehus (ed), Finite Elements in Geomechanics, John Wiley & Sons, New York.

Wissman, J.W. and Hauck, C. (1983) Efficient elasto-plastic finite element analysis with higher order stress point algorithms. Comput. Struct., 17, 89–95.

Wu, W. and Bauer, E. (1994) A simple hypoplastic constitutive model for sand. Int. J. Numer. Anal. Methods Geomech., 18, 833–862.

Zienkiewicz, O.C. and Cormeau, I.C. (1974) Visco-plasticity, platicity and creep in elastic solids—unified numerical solution approach. Int. J. Numer. Methods Eng., 8, 821–845.

Zienkiewicz, O.C. and Naylor, D.J. (1973) Finite element studies of soils and porous media. Lecture, finite elements, Oden and de Arantes(eds), UAH Press, pp.459~493.

Zienkiewicz, O.C. and Zhu, J.Z. (1992) The super convergent patch recovery and a posteriori error estimates, Part 2 : error, estimates and adaptivity. Int. J. Numer. Methods Eng., 33, 1365-1382.

Ziolkowski, J.C. (1984) Numerical study of strain rate effects on stress-strain response of soils, PhD thesis, Imperial College, University of London.

COST

COST(Co-operation in Science and Technology)는 과학기술연구 분야에서 유럽의 협력을 위해 1971년에 설립된 범정부간 조직체이다. COST는 대중의 관심과 관련된 활동은 물론이고, 기초적이고 전문적인 연구도 포함하고 있다.

COST의 목적은 유럽의 협력과 상호교류의 증진을 통해 유럽이 강력한 지위를 유지할 수 있도록 하는 것이다. 또한 비회원 국가의 연구기관들도 쉽게 접근할 수 있도록 하여 COST가 진정한 범지구적인 주제를 다루는 매우 성공적인 도구가 될 수 있게 하였다.

연구의 주도권이 과학자, 기술전문가 및 심화적 국제협력에 직접적인 관심이 있는 사람을 통해 나오는 것을 강조함으로써, COST의 재정 설립자들은 유연하고 실용적인 접근을 할 수 있도록 하였다. COST의 과거활동은 공동체의 활동을 위한 길을 만들어 주었고, 그 유연성은 COST의 활동이 새롭게 떠오르는 주제에 대한 실험 및 탐사분야에 이용될 수 있게 하였다.

회원국은 자유로운 원칙으로(a la carte principle) 참여하며, 활동은 bottom-up 접근법으로 시작한다. COST는 유럽연합을 넘어서는 지리학적 범위를 가지고 있고, 대부분의 중앙/동부 유럽 국가들이 회원국이다. 또한, COST는 지리적 제한 없이 비회원 국가의 관심 있는 연구기관의 참여를 환영한다.

COST는 유럽에서 가장 큰 공동연구의 토대로 발전되어 왔으며, 유럽에서 국가적 연구를 조정하는 소중한 메커니즘이다. 오늘날 COST는 200개의 활동을 가지고 있으며 32개 유럽 회원국가의 30,000의 과학자와 11개 비유럽 국가의 50개가 넘는 연구기관이 참여하고 있다.

도심지 토목공학에서 구조물-지반 상호거동에 대한 COST action C7은 1996년 출범하였고, 17개의 COST 국가에서 67명의 전문가로 구성되어 있다. 활동의 이해에 대한 양해각서에 표현되어 있듯이 주요 목적은 지표나 지중에서 수행되는 건설공사의 계획, 설계 및 관리를 위한 보다 효율적이고, 통합된 접근법을 추천하는 것이다.

본 도서는 COST Action C7의 성공에 대한 구체적인 증거이다. 준비된 다른 핸드북은 서문에 리스트가 되어 있다. 활동의 강력한 추진력, 성과물에 대한 완성도 및 유럽전문가팀의 자질 덕분에, 본 활동은 당초 2000년에 종료될 예정이었으나 COST의 고위관료위원회를 통해 2002년 5월로 연기되었다.

Oddvar Kjekstad
COST Action C7 위원장

색인

ㅊ

ㅋ

ㅌ

ㅍ

ㅎ

기타

역자 소개

신종호

고려대학교 토목공학과를 졸업하고 KAIST에서 터널굴착에 따른 지반거동연구로 석사학위, 영국 Imperial College에서 터널거동의 구조-수리상호작용연구로 박사학위를 받았다. 대우엔지니어링에서 지하철, 사력댐안정분석 등의 프로젝트에 참여하였고, 기술고시로 서울시에 들어가 건설사업의 계획, 설계 및 공사관리를 담당하였으며, 2009년부터 2012년 초까지 청와대 국토해양비서관 및 지역발전비서관을 역임하였다. 2004년부터 건국대학교 토목공학과 교수로 재직 중이다.

이용주

성균관대학교 토목공학과를 졸업하고 동 대학에서 공동의 분포에 따른 얕은 기초의 지지력 특성에 대한 연구로 석사학위를 받았다. 동부엔지니어링을 거쳐 영국 University College London에서 Richard, H. Bassett 교수의 지도 아래 터널 굴착에 따른 인접한 말뚝기초에 대한 상호거동 연구로 박사학위를 받았다. 이후 한국건설기술연구원과 한국철도기술연구원 Post-Doc.을 거쳐 2006년부터 2009년 초까지 포항산업과학연구원(RIST) 강구조연구소에서 철강과 관련된 지반구조물 연구를 수행하였다. 2009년부터 서울과학기술대학교 건설시스템디자인공학과 교수로 재직 중이다.

이철주

연세대학교에서 토목공학을 전공하고 AIT에서 한계상태토질역학과 관련된 연구로 석사학위를 받았다. LG 건설(현 GS 건설)을 거쳐 Cambridge 대학교에서 부마찰이 작용하는 말뚝의 거동에 대한 연구로 박사학위를 받았다. 이후 홍콩과기대(HKUST) 전임연구원과 GCG(Hong Kong branch)에서 지반기술자를 거쳐, 삼성중공업 건설 사업부에서 근무하였다. 2006년부터 강원대학교 토목공학과 교수로 재직 중이며, 주요 관심분야는 한계상태토질역학, soil plasticity 및 soil-structure engineering이다.

지반공학 수치해석을 위한 가이드라인

초판인쇄 2014년 1월 15일
초판발행 2014년 1월 22일

역　　자 신종호, 이용주, 이철주
저　　자 D. Potts, K. Axelsson, L. Grande, H. Schweiger, M. Long
펴 낸 이 김성배
펴 낸 곳 도서출판 씨아이알

책임편집 박영지, 이지숙
디 자 인 김진희, 황수정
제작책임 윤석진

등록번호 제2-3285호
등 록 일 2001년 3월 19일
주　　소 100-250 서울특별시 중구 예장동 1-151
전화번호 02-2275-8603(대표)　**팩스번호** 02-2275-8604
홈페이지 www.circom.co.kr

ISBN 979-11-5610-016-4 93530
정가 28,000원

토목지질도 작성 매뉴얼
일본응용지질학회 저 / 서용석, 정교철 김광염 역 / 2012년 10월 / 312쪽(국배판) / 36,000원

엑셀을 이용한 수치계산 입문
카와무라 테츠야 저 / 황승현 역 / 2012년 8월 / 352쪽(신국판) / 23,000원

관리형 폐기물 매립호안 설계·시공·관리 매뉴얼(개정판)
(재)항만공간고도화 환경연구센터(WAVE) 저 / 권오순 · 오명학 · 채광석 역 / 안희도 감수 / 2012년 8월 / 240쪽(사륙배판) / 20,000원

강구조설계(5판 개정판)
William T. Segui 저 / 백성용, 권영봉, 배두병, 최광규 역 / 2012년 8월 / 728쪽(사륙배판) / 32,000원

지반기술자를 위한 지질 및 암반공학 III
(사)한국지반공학회 저 / 2012년 8월 / 824쪽(사륙배판) / 38,000원

수처리기술
쿠리타공업(주) 저 / 고인준, 안창진, 원홍연, 박종호, 강태우, 박종문, 양민수 역 / 2012년 7월 / 176쪽(신국판) / 16,000원

엑셀을 이용한 구조역학 공식예제집
IT환경기술연구회 저 / 다나카 슈조 감수 / 황승현 역 / 2012년 6월 / 344쪽(신국판) / 23,000원

풍력발전설비 지지구조물 설계지침·동해설 2010년판
일본토목학회구조공학위원회 풍력발전설비 동적해석/구조설계 소위원회 저 / 송명관, 양민수, 박도현, 전종호 역 / 장경호, 윤영화 감수 / 2012년 6월 / 808쪽(사륙배판) / 48,000원

엑셀을 이용한 토목공학 입문
IT환경기술연구회 저 / 다나카 슈조 감수 / 황승현 역 / 2012년 5월 / 220쪽(신국판) / 18,000원

엑셀을 이용한 지반재료의 시험·조사 입문
이시다 테츠로 편저 / 다츠이 도시미, 나카가와 유키히로, 다니나카 히로시, 히다노 마사히데 저 / 황승현 역 / 2012년 3월 / 342쪽(신국판) / 23,000원

토사유출현상과 토사재해대책
타카하시 타모츠 저 / 한국시설안전공단 시설안전연구소 유지관리기술그룹 역 / 2012년 1월 / 480쪽(사륙배판) / 28,000원

해상풍력발전 기술 매뉴얼
(재)연안개발기술연구센터 저 / 박우선, 이광수, 정신택, 강금석 역 / 안희도 감수 / 2011년 12월 / 282쪽(사륙배판) / 18,000원

에너지자원 원격탐사 †
박형동, 현창욱, 오승찬 저 / 2011년 12월 / 284쪽(사륙배판) / 28,000원

해양시추공학
최종근 저 / 2011년 12월 / 376쪽(사륙배판) / 27,000원

터널설계시공 ※
Pietro Lunardi 저 / 선우춘, 김영근, 민기복, 장수호, 김광염 역 / 2011년 10월 / 584쪽(사륙배판) / 38,000원

건설공사와 지반지질
다나카 요시노리, 후루베 히로시 저 / 백용, 정재형 역 / 2011년 9월 / 228쪽(신국판) / 20,000원

해외광물자원 개발실무 ※
강대우 저 / 2011년 9월 / 736쪽(사륙배판) / 50,000원

수문설비공학
일본 水工環境防災技術研究会 저 / 최범용, 김영도, 조현욱, 양민수 역 / 2011년 9월 / 440쪽(사륙배판) / 27,000원

준설토 활용공학 ※
윤길림, 김한선 저 / 2011년 9월 / 308쪽(사륙배판) / 25,000원

댐 및 수력발전 공학
이응천 저 / 2011년 5월 / 374쪽(사륙배판) / 27,000원

엑셀을 이용한 지반공학 입문
이시다 테츠로 저 / 황승현 역 / 2011년 3월 / 204쪽(신국판) / 18,000원

지반기술자를 위한 지질 및 암반공학 II †
(사)한국지반공학회 저 / 2011년 2월 / 742쪽(사륙배판) / 35,000원

홍콩 트랩
백이호 저 / 2011년 2월 / 352쪽(신국판) / 18,000원

방호공학개론
Theodor Krauthammer 저 / 박종일 역 / 2011년 1월 / 400쪽(사륙배판) / 30,000원

토목기술자를 위한 한국의 암석과 지질구조
이병주·선우춘 편 / 2010년 12월 / 296쪽(사륙배판) / 20,000원

보강토 공법 실무
한국토목섬유학회 편 / 2010년 11월 / 492쪽(사륙배판) / 30,000원

실무자를 위한 흙막이 가설구조의 설계
황승현 저 / 2010년 9월 / 472쪽(사륙배판) / 25,000원

지질공학 †
M. H. de Freitas 편저 / 선우춘, 이병주, 김기석 역 / 2010년 9월 / 492쪽(사륙배판) / 27,000원

토석류 재해대책을 위한 조사법
사방사태기술협회 저 / 한국시설안전공단 역 / 2010년 4월 / 244쪽(신국판) / 18,000원

말레이시아에 대한민국을 심다
백이호 저 / 2010년 4월 / 304쪽(신국판) / 15,000원

엑셀을 이용한 구조역학 입문
차바타 요스케 · 다나카 카즈미 저 / 송명관 · 노혁천 역 / 2010년 4월 / 224쪽(신국판) / 18,000원

지반기술자를 위한 입상체 역학
일본지반공학회 저 / 한국지반공학회 역 / 2010년 3월 / 392쪽(사륙배판) / 28,000원

그라운드 앵커 유지관리 매뉴얼
독립행정법인 토목연구소 일본앵커협회 저 / 한국시설안전공단 역 / 2009년 10월 / 238쪽(신국판) / 18,000원

토질역학 †
장연수 저 / 2010년 2월 / 614쪽(사륙배판) / 33,000원

자원개발공학
Howard L. Hartman, Jan M. Mutmansky 저 / 정소걸, 선우춘, 조성준 역 / 2010년 2월 / 540쪽(사륙배판) / 30,000원

터널붕괴 사례집 ※
(사)한국터널공학회 저 / 2010년 1월 / 420쪽(사륙배판) / 35,000원

한국의 터널과 지하공간 †
(사)한국터널공학회 저 / 2009년 12월 / 500쪽(사륙배판) / 30,000원